PENGFENQUAN SHUZHI JIQI YINGYONG

硼酚醛树脂及其应用

赵 敏 孙均利 等编著

化学工业出版社

·北京·

本书比较全面地阐述和总结了硼酚醛树脂结构、性能、特点、合成方法、固化方式、应用领域以及国内外研究情况等方面的内容。重点介绍了硼酚醛树脂的制备方法、固化方式和硼酚醛树脂的性能与应用，并对硼酚醛树脂的成型加工、硼酚醛使用中的安全环保与回收处理技术、国外硼酚醛树脂的合成和应用进行了介绍。

本书可供从事硼酚醛树脂和相关产品的科研、生产、应用领域的技术人员和研究人员阅读参考。

图书在版编目（CIP）数据

硼酚醛树脂及其应用/赵敏，孙均利等编著．—北京：化学工业出版社，2015.7

ISBN 978-7-122-24096-5

Ⅰ．①硼…　Ⅱ．①赵…②孙…　Ⅲ．①酚醛树脂　Ⅳ．①TQ323.1

中国版本图书馆 CIP 数据核字（2015）第 112637 号

责任编辑：李　辉　丁尚林　　文字编辑：李　玥

责任校对：程晓彤　　装帧设计：刘剑宁

出版发行：化学工业出版社（北京市东城区青年湖南街 13 号　邮政编码 100011）

印　　装：北京科印技术咨询服务有限公司数码印刷分部

850mm×1168mm　1/32　印张 9　字数 241 千字

2015 年 7 月北京第 1 版第 1 次印刷

购书咨询：010-64518888　　售后服务：010-64518899

网　　址：http://www.cip.com.cn

凡购买本书，如有缺损质量问题，本社销售中心负责调换。

定　　价：48.00 元

前　言

酚醛树脂是世界上最早的一类合成树脂，从 1872 年，德国拜耳研究制造出酚醛树脂，到 1910 年成立了世界上第一家生产酚醛树脂的企业（美国贝克兰公司），再到后来第二次世界大战以后，酚醛树脂的研发和生产在美国、日本等国得到迅猛发展，酚醛树脂在一百多年的发展历程中，应用范围大大扩宽（从酚醛模塑料、涂料的应用，再到电绝缘制品、酚醛泡沫塑料、热防护材料、耐磨材料等的应用），生产总量大大增加（从 1950 年的 14 万吨，到 2003 年的 325 万吨）。我国于 1946 年由上海塑料厂开始小批量生产酚醛树脂，已经有近 70 年的历史，产量超过 50 万吨，但生产工艺及其应用领域，始终与美、日等发达国家具有一定的差距。据国家行业协会统计，我国目前从事酚醛树脂业务的企业超过 600 多家，酚醛树脂生产企业有 100 多家，生产能力近 70 万吨。平均单家生产企业的产能不足 0.7 万吨。据工业企业数据库统计，我国中等规模以上的酚醛树脂生产企业不足 60 家。下游各类酚醛树脂应用产品的生产企业约有 40 多家。酚醛树脂生产企业主要分布在山东、江苏、辽宁和浙江四省，中等规模以上企业数量所占比重为 64.2%。另外，酚醛树脂产业规模较大的省市还有河南、上海和广东。这些中等规模以上的酚醛树脂生产企业超过 60%成立于 2000 年之后，2001～2006 年间是我国酚醛树脂产业迅速发展的时期。硼酚醛树脂因为具备了优于普通酚醛树脂的结构与性能，最近几十年成为各国研究人员研究的热点。硼酚醛树脂的研究工作最早起始于 20 世纪 50 年代的美国，而商品定型于 20 世纪 60 年代的联邦德国，至今申请硼酚醛树脂专利的国家主要有美国、英国、法国、德国、日本、俄罗斯等。我国对硼酚醛树脂的研究工作始于 20 世纪 60 年代后期，到 20 世纪 70 年代为军工的需要研制了硼酚醛树脂，并建成工业试验装置。目前已有多家硼酚醛树脂生产厂，产品不仅应用于军工，还应用于民用产品中。

本书是笔者在长期技术积累的基础上，参考了国内外有关硼酚醛树脂的最新成果编写而成，比较全面地阐述和总结了硼酚醛树脂结构、性能、特点、合成方法、固化方式、应用领域等方面的内容，试图为从事硼酚醛树脂研究和生产领域工作的人提供参考与帮助。

本书共分 8 章，赵敏执笔第 1 章、第 4 章，高维英执笔第 2 章、第 3 章，孙均利执笔第 6 章，贾惠敏执笔第 7 章，王鹏执笔第 8 章，第 5 章由赵敏和贾惠敏共同编写。全书由孙均利全面修改、补充、整理后完成，最后经赵敏统稿。

在编写过程中，参考并引用了国内外同行专家的文献资料，在此表示感谢，还要特别感谢蚌埠市天宇高温树脂材料有限公司总经理陈士年、副总经理陈树，在此书的编写过程中提供了关于硼酚醛树脂生产方面的技术资料。

硼酚醛树脂应用领域在不断扩宽和发展，合成方法技术日新月异，限于笔者水平和时间，书中可能有疏漏之处，敬请同行专家和广大读者给予补充和指正，不胜感谢。

编著者

2015 年 7 月于廊坊

目录

第1章 绪论

1.1 硼酚醛树脂的发展

酚醛树脂是世界上最先发现并实现工业化的合成树脂，迄今已有一百多年的历史，现在已有许多品种，已发展成为世界上重要的一类工业树脂。它原料易得、合成方便，工艺性能、热性能及电绝缘性能优良，且树脂固化后能满足许多使用要求，因而在工业上得到广泛应用，如电子、电气、汽车、交通等高新技术领域。由于酚醛树脂有较好的烧蚀性能，因此作为耐烧蚀绝热材料是必不可少的，从 20 世纪 60 年代起，酚醛树脂就作为空间飞行器、导弹、火箭和超音速飞机的瞬时耐高温材料和烧蚀材料被广泛应用。此外，酚醛树脂也被广泛用于塑料、复合材料、胶黏剂、涂料、纤维等领域。

普通酚醛树脂在 200℃以下能够稳定存在，若超过 200℃，便明显发生氧化，从 340～360℃起就进入热分解阶段，且随着温度的升高，酚醛树脂将逐渐出现热解、碳化现象，基本结构变化剧烈，释放出大量小分子挥发物。例如，到 600～900℃时，树脂会释放出 CO、CO_2、H_2O、苯酚等物质，在 800℃时残炭率约为 55%。为改善酚醛树脂的耐热性，通常采用化学方法对树脂进行改性，如将酚醛树脂的酚羟基醚化、酯化、重金属螯合以及严格后固化条件、加大固化剂用量等。然而，酚醛树脂结构上的酚羟基和亚甲基容易氧化，耐热性受到影响，并且固化后的酚醛树脂因苯环间仅由亚甲基相连显脆性而使产品应用受到一定的限制。因此，随着应用领域的扩展和对产品性能要求的不断发展，单纯酚醛树脂的性能已不能完全满足日益发展的需要，对酚醛树脂进行改性使其具有更好的性能已成为当前研究的一个热点。目前，人们已开发出多种高残炭率酚醛树脂，如氨酚醛树脂、钼酚醛树脂、磷酚醛树脂、硼酚醛树脂以及酚三嗪树脂等。其中硼酚醛树脂900℃残炭率是71%，远高于氨酚醛树脂的59%和钼酚醛树脂的56%，因此硼酚醛树脂是当前最成功的改性酚醛树脂品种之一。

硼酚醛树脂在酚醛树脂的分子结构中引入了硼元素，可通过自交联反应形成含有硼的三维交联网状结构，使其具有高氧指数、低毒、低烟和低发热量的高耐燃性的性能。此外还具有耐候性、耐化学稳定性、可黏合性及抗冲击性能等特点，另外硼酚醛树脂还具有优良的防中子辐射的能力和良好的耐烧蚀性能，适合于制备层压复合材料、模压复合材料、绝缘材料、耐烧蚀和耐磨材料。因此，在航空、航天、火箭、导弹、空间飞行器、核电站、核潜艇和飞机、汽车摩擦材料等军工和民用方面都具有广阔的前景。

我国对硼酚醛树脂的研究工作起始于20世纪60年代后期，70年代河北大学和北京玻钢院复合材料有限公司（北京二五一厂）为军工的需要研制了硼酚醛树脂，并建成工业试验装置，并且已用于其他行业中，该产品由于无法进行粉碎，只能作50%乙醇溶液产品，用于耐高温玻璃钢制品及湿法生产刹车片等。由于液体产品含有乙醇或其他溶剂，这些低分子物质对其制品的强度产生影响，因此应用受到一定限制。该产品仍是目前军工产品的主要原料来源。

经过不断的技术攻关，20世纪90年代贵州省化工研究院研制成BF-206硼酚醛树脂，并建成$200t \cdot a^{-1}$工业试验装置。该树脂具有显著的抗灼烧稳定性、良好的研磨性，在粉碎状态下具有较长时间储存稳定性，在芳香族溶剂中有较好的溶解性。该树脂可应用于高速切割砂轮及重负荷砂轮、轿车的刹车片、耐高温玻璃钢及耐高温的模压塑料等。但由于转制等原因，市场上已见不到该产品。

蚌埠市天宇高温树脂材料有限公司是硼酚醛行业的后起之秀，研制成功了固体块状硼酚醛树脂、耐高温阻燃热固性硼酚醛树脂和粉状热固性硼酚醛树脂，并建成了$800t \cdot a^{-1}$硼酚醛树脂系列产品工业装置，最近又研制成功了热塑性硼酚醛树脂，并已形成生产能力，同时该公司还生产橡胶增韧改性硼酚醛树脂、腰果油改性硼酚醛树脂、有机硅改性硼酚醛树脂、松香改性硼酚醛树脂和环保增韧硼酚醛树脂等，在硼酚醛树脂系列产品中，可以生产供应从20%～90%不同浓度的液体树脂、不同分子量的固态和粉末状的产品、不同固化速度增韧型的硼酚醛系列，可以满足不同行业用户的需求。蚌埠市天宇高温树脂材料有限公司是目前生产硼酚醛树脂的主要企业，为硼酚醛树脂工业化和推广应用做出了应有的贡献。硼酚醛树脂系列产品已经应用于航天、航空、军工等尖端领域和各种制动材料、石油化工、冶金、防腐、特种橡胶制品等民用工业领域。该树脂已经成为新型航天耐烧蚀材料、C/C 材料、复合材料、绝热隔热材料、高性能摩阻材料、刹车片、离合器片、金刚石砂轮、绝缘材料、阻燃玻璃钢、耐火材料、酚醛泡沫、环氧树脂固化剂、耐高温胶黏剂和高温防腐涂料等领域的高性能基体树脂。

目前，我国硼酚醛树脂工业仍处于起步阶段，总产能不过1万吨，工艺也相对落后。但随着我国经济发展水平的提高，人们对高性能材料的需求在逐步增加，特别是鉴于硼酚醛树脂具有极为优良的耐热、耐烧蚀、防火、阻燃特性，一定会在材料领域显示出独特优势，进一步扩大民用产品应用范围。

1.2 硼酚醛树脂的特点

在酚醛树脂分子结构中引入硼元素即可得到硼酚醛树脂，硼酚醛树脂的初始分解温度在455.16℃左右，具有极高的残炭率。由此可见，硼酚醛树脂的耐高温性能明显优于普通酚醛树脂。由于酚醛树脂中部分酚羟基中的氢原子被硼原子所取代，减少了体系中的游离酚羟基，另外所引入硼氧键的键能远大于碳碳键的键能，故硼改性的酚醛树脂固化物（含有硼的三维交联网状结构）的耐热性和耐烧蚀性远高于普通酚醛树脂；又由于 B—O 键具有较好的柔顺性，故硼改性酚醛树脂（PF）的脆性降低、力学性能有所提高。硼酚醛树脂可通过自交联反应形成含有硼的三维交联网状结构，使其具有高氧指数、低毒、低烟和低发热量的高耐燃性的性能。此外还具有耐候性、耐化学稳定性、可黏合性及抗冲击性能等特点，另外硼酚醛树脂还具有优良的防中子辐射的能力和良好的耐烧蚀性能。

硼酚醛树脂复合材料的特点简单总结为，硼酚醛树脂及其复合材料具有良好的热稳定性；硼酚醛树脂基复合材料与氨酚醛树脂基复合材料的热导率、平均比热容、热膨胀系数均处于同一水平；硼酚醛树脂基复合材料具有良好的力学性能，碳纤维/BPR树脂力学性能更为突出；硼酚醛树脂具有良好的耐烧性能，其中高硅氧/BPR的线烧蚀率为 $0.081mm \cdot s^{-1}$，质量烧蚀率为 $0.0527g \cdot s^{-1}$，而高硅氧/氨酚醛的线烧蚀率为 $0.1341mm \cdot s^{-1}$；硼酚醛树脂生产工艺简便，和一般酚醛树脂相同，可以用在小型固体火箭发动机上做隔热烧蚀材料。

1.3 酚醛树脂的合成、改性、固化

近几年来，为了更好地提高硼酚醛树脂的性能，开发了多种类型的硼酚醛树脂，以及研究了硼酚醛树脂的不同合成方法、改性方法和固化方式。苯酚型硼酚醛树脂为传统的树脂，其耐热性较酚醛树脂有很大提高，但由于硼原子核外电子层的不饱和性，使该类树脂的耐水性较差。近年来人们开始采用不同类型的酚来合成硼酚醛树脂或在合成硼酚醛树脂过程中加入各种胺类，引进硼氧、硼氮配位键以提高树脂的耐水性。例如，高羟甲基含量的硼改性酚醛树脂，其羟甲基含量可达24.1%，并且相对分子质量较高，用 CO_2 固化可以得到一种耐高温、高强度和抗潮湿的硼改性酚醛树脂胶黏剂；双酚A型和邻甲酚型酚醛树脂在固化后的结构中形成了B—O配位键，改善了硼酚醛树脂耐水性差的缺点；双酚S型硼酚醛树脂具有较好的强度，但双酚A和双酚S型硼酚醛树脂的黏度很大，工业合成工艺难度大，而黏度较低的双酚F硼酚醛树脂合成、结构、固化及热降解过程也有了报道。另外在硼酚醛树脂的合成过程中加入胺类，生成硼氮酚醛树脂，固化后形成B—N配位键，也可

以改善硼酚醛树脂耐水性差的缺点，关于硼氮酚醛树脂的合成、结构、固化及热降解过程也有了报道。一些改性方面的研究也很活跃，如将纳米粒子引入硼改性酚醛树脂中，可以提高 PF 的综合性能；采用原位生成法将 TiO_2 等加入硼酚醛树脂中，用量 5%时，起始分解温度提高约 150℃，冲击强度提高 231%。另外，对硼酚醛树脂的耐热机理、成炭规律、成型加工方面的研究也有报道。对于硼酚醛树脂的结构、性能以及合成、改性、固化方法，本书的相关章节中有详细的介绍。

1.4　硼酚醛树脂的应用领域与发展方向

当硼酚醛树脂被用作火箭、导弹、飞行器等航空、航天领域中的耐烧蚀结构材料时，其耐烧蚀性能优异；当硼酚醛树脂用作汽车离合器面片等摩阻材料时，其使用温度高达 300℃以上；高强度高耐磨砂轮中使用硼酚醛树脂，能够显著提高砂轮的高温切割能力；将硼酚醛树脂用作灯泡灯头的胶黏剂时，可在 450℃条件下长期使用；而硼酚醛树脂的氧指数高达 38%，比普通酚醛树脂提高近 40%（一般认为氧指数大于 27%时为难燃材料），因此常用作阻燃材料。

对于硼酚醛树脂的应用研究也已经进入快速发展的时期，应用领域也进一步扩宽，比如，将硼酚醛树脂用作饰面型防火涂料和膨胀型钢结构防火涂料，可以有效降低防火涂料的烧蚀率，减少有毒气体的排放，且改善了防火涂料耐燃时间和耐火极限；玻璃纤维硼酚醛树脂复合材料具有较低的介电常数和介质损耗，可以作雷达罩等材料；将硼酚醛树脂用作防腐材料时，常温干燥后能满足一般的防腐要求，而经过进一步加温固化后，涂料的防腐耐热性能比常温固化的涂料有很大的提高；硼酚醛树脂作为锂离子电池热解碳负极材料前驱体的研究取得了进展，已经到了应用中试阶段，这种硬碳材料可以明显提高锂电池的嵌锂容量，同时，充放特性也得到了改善；硼酚醛树脂还具有分子量分布较窄，溶液黏度小，固化温度低于 200℃，工艺条件容易确定等优点，将其用作浸渍剂或者前驱体，均可以制得烧蚀性能和力学性能优良的 C/C 复合材料；硼酚醛树脂与环氧树脂复合，可以作为防火保温板的耐高温、耐烧蚀胶黏剂；硼酚醛树脂还具有中子吸收能力，可以制作防辐射耐高温硼酚醛塑料和玻璃制品。

硼酚醛树脂由于具有优异的抗氧化性、高温稳定性、力学性能和高残炭率等特点，并且在热解时不会释放出有毒气体等优点，已在航空、航天、民用工业的碳化功能材料中获得广泛的应用。随着应用研究的深入，这种性能优异的改性酚醛树脂将满足日趋发展的尖端领域和广大的民用工业领域对先进复合材料、功能材料的发展要求，硼酚醛树脂应用领域也必将进一步扩宽。

参考文献

[1] 杨莹，王汝敏，王德君．硼酚醛树脂及其塑料的合成制备研究进展．工程塑料应用，2012，40 (9)：87-92.

[2] 朱苗淼，王汝敏，魏晓莹．硼酚醛树脂的合成及改性研究进展．中国胶粘剂，2011，20 (6)：60-64.

[3] 何金桂，薛向欣，李勇．硼酚醛树脂的合成及应用研究进展．辽宁化工，2010，39 (1)：48-52.

[4] 河北大学化学系高分子教研室．国外硼酚醛的发展概况．河北大学学报：自然科学版，1976，(00)：140-150.

[5] 夏立娅．双酚 F 硼酚醛树脂的结构、固化机理和热性能研究 [D]．保定：河北大学，2004，6：6-8.

[6] Wangduan Chih，Changgeng Wen，Chen Yun. Preparation and thermal stability of boron-containing phenolic resin/clay nanocomposites. Poymer Degradation and Stability，2008，93 (1)：124-133.

[7] 闫联生．高性能酚醛树脂研究进展．玻璃钢/复合材料，2000，(6)：47-50，54.

[8] 康路林，李乃宁，吴培熙．高性能酚醛树脂及其应用技术．北京：化学工业出版社，2008.

[9] 李崇俊，马伯信，金志浩．酚醛树脂前驱体 C/C 复合材料研究．新型炭材料，2001，16 (1)：19-24.

[10] 周瑞涛，郑元锁，孙黎黎，等．硼酚醛树脂/丁腈橡胶烧蚀材料性能研究．固体火箭技术，2007，3：159-162.

[11] 顾澄中．耐高温刹车片基体树脂双酚F硼酚醛的研究．复合材料学报，1991，8（4）：37-43.

[12] 刘学彬，毕文军，蒋洪敏，等．硼酚醛F环氧树脂涂料的研制．沈阳化工大学学报，2014，28（1）：57-64.

[13] 李崇俊，闫联生，苏红，等．炭布铺层2D炭/炭复合材料研究．材料工程，1999，（10）：7-10.

第2章 硼酚醛树脂的制备

根据国内外有关资料报道，硼酚醛树脂的制备目前主要有三种方法。根据反应机理可分为硼酸酯法、水杨醇法和共聚共混法，其中前两种方法是利用酚、醛和硼化物在一定条件下进行化学合成，属于化学合成法；第三种方法为物理改性或化学改性，主要是用硼化合物对现有的线型或体型酚醛树脂进行改性，使硼化合物以物理混合或化学交联方式引入到酚醛树脂中。化学合成法根据所用原料又可分为甲醛水溶液法和多聚甲醛法。

2.1 主要单体及其性质

2.1.1 酚

制备硼酚醛树脂的酚主要有苯酚、甲酚、芳烷基酚、双酚 A、双酚 F 或混合酚等。下面重点介绍几种常用的酚。

2.1.1.1 苯酚

(1) 物理性质 苯酚（英文名 Phenol)，是一种具有特殊气味的白色针状晶体，1834 年德国化学家龙格（F. Runge）在煤焦油中发现，故又称石炭酸（carbolic acid)。分子式 C_6H_6O，相对分子质量 94.11，熔点 41℃，沸点 181.9℃，相对密度 1.07，折射率 1.5418，饱和蒸气压 0.13kPa（40.1℃)。可混溶于醚、氯仿、甘油、二硫化碳、凡士林、挥发油、强碱水溶液。常温时易溶于乙醇、甘油、氯仿、乙醚等有机溶剂，微溶于水，与大约 8%水混合可液化，65℃以上能与水混溶，几乎不溶于石油醚。

(2) 化学性质 由于酚羟基氧上带孤对电子的 p 轨道与芳环上 π 键共轭，使酚的酸性和亲电性增强，碱性和亲核性减弱。因此苯酚主要发生芳环亲电取代和酚羟基反应。酚羟基反应主要有碱中和反应，酯化、醚化和与三氯化铁的显色反应等。芳环亲电取代反应主要有卤化、硝化、磺化、烷基化、羧基化、羰基缩合等反应。其中与饱和溴水反应，生成 2,4,6-三溴苯酚白色沉淀，用于苯酚的定性与定量检测，但与稀溴水不发生反应。本节重点介绍苯酚与醛、酮等羰基化合物的缩合反应。苯酚的亲电反应官能度为 3，与甲醛在酸和碱的作用下，可发生邻对位亲电取代反应，按酚和醛的用量比例不同，可得到不同结构的高分子化合物。

酸催化时，甲醛先与质子结合。

$$CH_2{=}O + H^+ \rightleftharpoons \overset{+}{C}H_2OH$$

$\overset{+}{C}H_2OH$ 比甲醛具有更强的亲电性，容易对苯环发生亲电取代反应。

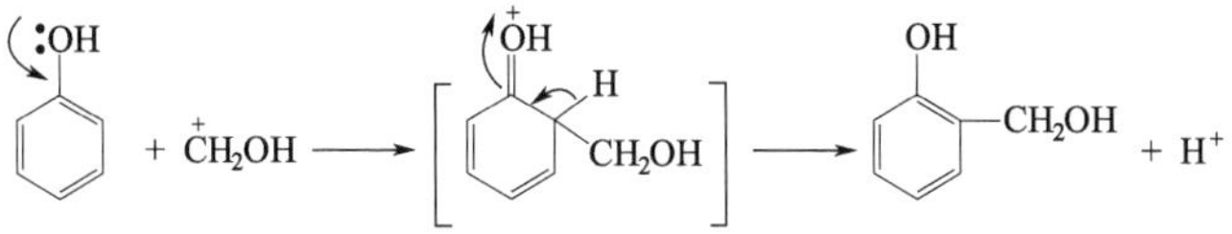

碱催化时，苯酚成为苯氧负离子，它比苯酚具有更强的亲核性。

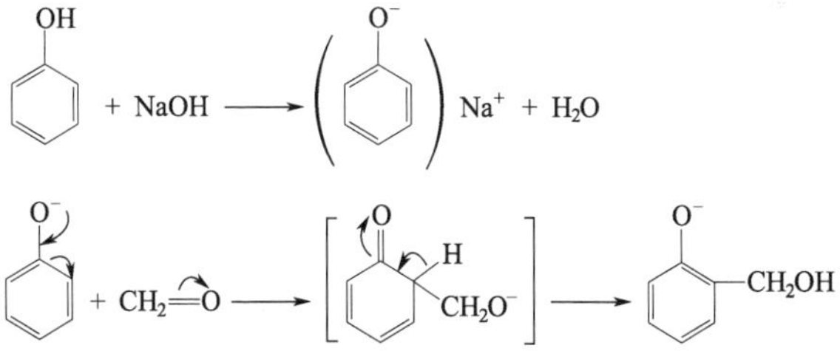

当醛过量时，生成含羟基较多的 2,4-二羟甲基苯酚和 2,6 二羟甲基苯酚。

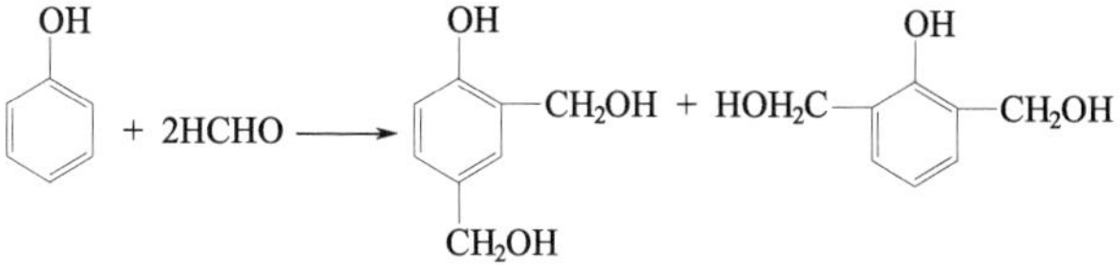

$$C_6H_5OH + 2HCHO \longrightarrow \text{2,4-}(HOH_2C)_2C_6H_3OH + \text{2,6-}(HOH_2C)_2C_6H_3OH$$

当酚过量时，可生成不含羟甲基的 4,4′-二羟基二苯甲烷和 2,

2′-二羟基二苯甲烷。

$$2\,C_6H_5OH + HCHO \longrightarrow HO-C_6H_4-CH_2-C_6H_4-OH + H_2O$$

$$\text{或}\quad (o\text{-}HOC_6H_4)-CH_2-(C_6H_4OH\text{-}o) + H_2O$$

这些中间产物相互缩合，并与甲醛、苯酚继续作用，就可得到线型或体型的缩聚物，即酚醛树脂。

(3) 制备方法　工业上可由煤焦油粗酚精制而得，人工合成主要有磺化法、异丙苯法、氯苯水解法和拉西法等。

(4) 应用领域　苯酚是重要的有机化工原料，用它可制取酚醛树脂、己内酰胺、双酚 A、水杨酸、苦味酸、五氯酚、2,4-二氯苯氧乙酸、己二酸、酚酞、n-乙酰乙氧基苯胺等化工产品及中间体，在化工原料、烷基酚、合成纤维、塑料、合成橡胶、医药、农药、香料、染料、涂料和炼油等工业中有着重要用途。此外，苯酚还可用作溶剂、实验试剂和消毒剂，苯酚的水溶液可以使植物细胞内染色体上蛋白质与 DNA 分离，便于对 DNA 进行染色。

(5) 健康危害　苯酚对皮肤、黏膜有强烈的腐蚀作用，可抑制中枢神经或损害肝、肾功能。

急性中毒：吸入高浓度蒸气可致头痛、头晕、乏力、视物模糊、肺水肿等。误服引起消化道灼伤，出现烧灼痛，呼出气带酚味，呕吐物或大便带血液，有胃肠穿孔的可能，可出现休克、肺水肿、肝或肾损害，出现急性肾衰竭，可死于呼吸衰竭。眼接触可致灼伤。可经灼伤皮肤吸收，经一定潜伏期后引起急性肾衰竭。

慢性中毒：可引起头痛、头晕、咳嗽、食欲减退、恶心、呕吐，严重者引起蛋白尿，可致皮炎。

2.1.1.2　甲酚

甲酚有邻、间、对位三种异构体，都存在于煤焦油中，由于它们的沸点相近，不易分离，所以工业上应用的多为三种异构体未分离的粗甲酚。

1. 邻甲酚

(1) 物理性质　邻甲酚，又称 2-甲基苯酚（英文名 *o*-cresol 或 2-cresol），分子式 C_7H_8O，相对分子质量 108.14。为无色或略带淡红色晶体，有苯酚气味，有毒，有腐蚀性。熔点 30.9℃，沸点 190.8℃，相对密度 1.0273，折射率 1.5361。属高热可燃、有机腐蚀物品。微溶于水，25℃时在水中溶解度可达 2.5%，100℃时可达 5.3%。溶于氢氧化钠溶液，几乎全部溶于常用有机溶剂。

(2) 化学性质　有弱酸性，与氢氧化钠作用生成可溶性的钠盐，但不与碳酸钠作用。由于邻甲酚的甲基为供电子基团，使羟基的酸性减弱，因此邻甲酚的酸性弱于苯酚。邻甲酚钠盐与硫酸二甲酯一类的烷基化剂反应，生成酚醚。邻甲酚由于甲基的引入，亲电性减弱，亲电反应官能度变为 2，与甲醛类反应可生成线型酚醛树脂，反应速率仅为苯酚的 0.26 倍。催化加氢生成甲基环己醇。在温和条件下，邻甲酚和苯酚一样可进行硝化、卤化、烷基化和磺化反应。邻甲酚容易氧化，与光和空气接触颜色即变深，生成醌类及其他复杂的化合物。遇明火、高热或氧化剂能引起燃烧。

(3) 制备方法　邻甲酚的生产方法主要采用苯酚甲醇烷基化法，其他还有煤焦油分离回收法、邻甲苯胺重氮化法、甲苯羟基化法等方法。其中苯酚甲醇烷基化法是当今世界上生产邻甲酚最先进、应用最多的方法。

(4) 应用领域　邻甲酚主要用作合成树脂，还可用于制作农药二甲四氯除草剂、医药上的消毒剂、香料和化学试剂及抗氧剂等，其下游产品主要有合成树脂邻甲酚酚醛树脂、邻甲基水杨酸、对氯邻甲苯酚、邻羟基苯甲醛、2-甲基-5-异丙基酚和抗氧剂等。此外还可用于癸二酸生产的稀释剂、消毒剂以及增塑剂等。

(5) 健康危害　邻甲酚为细胞原浆毒，能使蛋白变性和沉淀，对皮肤及黏膜有明显的腐蚀作用，故对各种细胞有直接损害。经口中毒时，口腔、咽喉及食管黏膜有明显腐蚀和坏死，周围组织有出血及浆液性浸润。蒸气经呼吸道吸收时，可引起气道刺激，肺部充血，水肿和支气管肺炎伴胸膜上出血点。吸收入血后，分布到全身各组织，透入细胞后，引起全身性中毒症状。

2. 间甲酚

（1）物理性质　间甲酚，又称3-甲基苯酚（英文名*m*-cresol或3-cresol），分子式C_7H_8O，相对分子质量108.14。间甲酚为无色或淡黄色液体，有苯酚气味，熔点10.9℃，沸点202.8℃，相对密度1.03，折射率1.544。有腐蚀性，微溶于水，可溶于乙醇、乙醚、氢氧化钠溶液。

（2）化学性质　间甲酚和邻甲酚一样，由于甲基的引入，使其酸性变弱。但其芳环的亲电性显著增强，和甲醛的反应速率是苯酚的2.8倍多。其亲电反应官能度为3，可进行硝化、卤化、烷基化、磺化及三氯化铁的显色反应。易氧化，可燃。

（3）制备方法　早期间甲酚主要由煤焦油中提取，由于资源有限，甲酚含量较低（约0.25%），满足不了发展的需要。目前国外主要采用合成法，主要有异丙基甲苯氧化法、邻二甲苯氧化法、甲基烯丙基氯闭环法、间甲苯胺重氮化水解法等。其中异丙基甲苯氧化法是目前生产间甲酚的主要方法。

（4）应用领域　间甲酚是农药、医药、抗氧剂、香料和合成维生素E的重要原料。在农药工业中主要用于合成杀虫剂杀螟松、速杀威、倍硫磷以及拟除虫菊酯类农药中间体间苯氧基苯甲醛等。间甲酚经甲基化制备2,3,6-三甲基苯酚，它是合成维生素E的重要原料，另外也是生产聚苯醚工程塑料的单体和国内较为紧俏的化工中间体。由间甲酚合成6-叔丁基-3-甲基苯酚，它可以与丁烯醛、二氯化硫等分别合成受阻酚类抗氧剂，如抗氧剂CA、抗氧剂300、抗氧剂260等。在香料领域用于合成麝香草酚、卜薄荷醇等。还可以用于生产传真复印纸的着色材料、彩色胶片显影剂、合成树脂、胶黏剂等，以及合成多种重要的新型精细化学品等。

（5）健康危害　本品对皮肤、黏膜有强烈刺激和腐蚀作用。急性中毒会引起肌肉无力、胃肠道症状、中枢神经抑制、虚脱、体温下降和昏迷，并可引起肺水肿和肝、肾、胰等脏器损害，最终发生呼吸衰竭。慢性中毒可引起消化道功能障碍，肝、肾损害和皮疹。对水体可造成污染。

3. 对甲酚

(1) 物理性质　对甲酚，又名 4-甲酚（英文名 *p*-cresol 或 4-cresol），分子式 C_7H_8O，相对分子质量 108.14。白色晶体，有苯酚气味，与光或空气接触颜色变深。熔点 36℃，沸点 202.5℃，相对密度 1.034，折射率 1.5395。微溶于水，能与乙醇、乙醚、苯、氯仿、乙二醇、甘油、碱液等混溶。

(2) 化学性质　酸性弱于苯酚。亲电反应官能度为 2，可进行硝化、卤化、烷基化、磺化及三氯化铁的显色反应，但芳环的亲电性显著减弱，和甲醛的反应速率仅是苯酚的 0.35 倍。

(3) 制备方法　对甲酚早期也是从煤焦油中提取，目前主要通过工业合成，制备方法有甲苯磺化碱溶法、对甲苯胺重氮水解法、对甲基苯甲醛法等，其中甲苯磺化碱溶法是目前生产对甲酚的主要方法。

(4) 应用领域　是制造防老剂 264（2,6-二叔丁基对甲酚）和橡胶防老剂的原料。在塑料工业中可制造酚醛树脂和增塑剂。在医药上用作消毒剂。此外，还可作染料和农药的原料。

(5) 健康危害　对甲酚和邻甲酚、间甲酚一样，会对皮肤、黏膜有强烈刺激和腐蚀作用。急性中毒会引起肌肉无力、胃肠道症状、中枢神经抑制、虚脱、体温下降和昏迷，并可引起肺水肿和肝、肾、胰等脏器损害，最终发生呼吸衰竭。慢性中毒可引起消化道功能障碍，肝、肾损害和皮疹。对水体可造成污染。

2.1.1.3　双酚 A

(1) 物理性质　双酚 A（英文名 bisphenol A），是一种白色针状晶体或片状粉末。分子式 $C_{15}H_{16}O_2$，相对分子质量 228.29，相对密度 1.195，熔点 159℃，沸点 220℃。微溶于水、脂肪烃、二氯甲烷、甲苯，溶于丙酮、乙醇、甲醇、乙醚、醋酸及稀碱液等。

（2）化学性质　双酚 A 是苯酚的衍生物，具有酚的基本性质。含有酚羟基，易发生氧化反应，且—OH 邻位有 H 原子，可与溴、硝酸、甲醛等发生亲电取代反应。苯环的不饱和性可与氢发生加成反应。

（3）制备方法　传统双酚 A 生产方法主要采用硫酸或氯化氢作为催化剂，苯酚与丙酮进行缩合。但生产的双酚 A 质量较差，对设备腐蚀性大，环境污染严重。为了克服上述两种方法的弊端，各国在 20 世纪 70 年代初就开始进行离子交换树脂作催化剂合成双酚 A 的研究。目前已实现工业化，该工艺大大改变了传统工艺的不足，反应物质极易分离，后处理简单，离子交换树脂对设备腐蚀性较弱，系统运作的可靠性大大提高，而投资费用并未增加。所以树脂法生产双酚 A 技术已成为双酚 A 生产的主流和发展方向。

（4）应用领域　双酚 A 主要用于生产聚碳酸酯、环氧树脂、聚砜树脂、聚苯醚树脂、不饱和聚酯树脂等多种高分子材料。也可用于生产增塑剂、阻燃剂、抗氧剂、热稳定剂、橡胶防老剂、农药、涂料等精细化工产品。

（5）健康危害　19 世纪 30 年代中期，人们发现双酚 A 可以发挥雌激素作用。有科学家认为，长时间吸进双酚 A 粉末有害于肝功能及肾功能，特别严重的是它会降低血液中血红素的含量。而动物研究表明，双酚 A 可能导致很多疾病，包括生殖系统发育异常、女性提早性成熟、精子数量减少以及前列腺癌和乳腺癌等与激素相关的癌症。双酚 A 进入女性子宫内，可能导致后代的疾病变异，包括肥胖症、癌症和糖尿病。2008 年，一些政府开始对它在消费领域的安全性提出正式的质疑，并陆续采取措施让相关产品下架。2010 年 1 月，美国和英国科学家宣布，塑料制品中的化学物双酚 A 可诱发心脏病。同年 9 月，加拿大成为首个将双酚 A 列为有毒物质的国家。

2.1.2　醛

制备硼酚醛树脂的醛以甲醛、多聚甲醛为主，也有报道用糠醛等。

2.1.2.1　甲醛

（1）物理性质　甲醛（英文名 formaldehyde），分子式 CH_2O，相对分子质量 30.03，熔点 −92℃，沸点 −21℃，相对密度 0.815，折射率 1.3746。是一种无色、有强烈刺激性气味的气体，易溶于水、醇和醚。通常以水溶液形式出现，甲醛 37%～40%、甲醇 8% 的水溶液叫作“福尔马林”。

（2）化学性质　甲醛具有醛的共性，可以和氰化氢、亚硫酸氢钠、醇、格利雅等亲电试剂发生亲核加成反应。甲醛又有自身特点，容易氧化，极易聚合，其浓溶液（60%左右）在室温下长期放置能自动聚合成三分子环状聚合物。

$$3HCHO \underset{}{\overset{H^+}{\rightleftharpoons}} \text{(CH}_2\text{O)}_3 \text{ (六元环：} -CH_2-O-CH_2-O-CH_2-O- \text{)}$$

三聚甲醛

三聚甲醛为白色晶体，在酸性介质中加热，可以解聚再生成甲醛。

甲醛在水中与水加成，生成甲二醇，在水溶液中甲醛与甲二醇成平衡状态存在。

$$HCHO + H_2O \rightleftharpoons HOCH_2OH$$

甲二醇分子间脱水生成链状聚合物。

$$n HOCH_2OH \longrightarrow HO \text{+} CH_2O \text{+}_n H + (n-1) H_2O$$

因此，甲醛水溶液储存久会生成白色固体多聚甲醛，浓缩甲醛水溶液也可得多聚甲醛。

在一定催化剂存在下，高纯度的甲醛可以聚合成聚合度很大的（n 为 500～5000）高聚物——聚甲醛。聚甲醛是具有一定优异性能的工程塑料。

（3）制备方法　目前主要是由甲醇氧化脱氢生产甲醛。将甲醇蒸气和部分空气通 600～700℃银催化剂层氧化生成甲醛。

（4）应用领域　甲醛是重要的有机原料，大量用于生产脲醛树脂、酚醛树脂、合成纤维和季戊四醇等。还被广泛用于生物防腐剂、纺织品印染助剂等。

（5）健康危害　甲醛的主要危害表现为对皮肤黏膜的刺激作用。甲醛在室内达到一定浓度时，人就有不适感，大于 0.08mg/m^3 的甲醛浓度可引起眼红、眼痒、咽喉不适或疼痛、声音嘶哑、喷嚏、胸闷、气喘、皮炎等。浓度过高会引起急性中毒，表现为咽喉烧灼痛、呼吸困难、肺水肿、过敏性紫癜、过敏性皮炎、肝转氨酶升高、黄疸等。

2.1.2.2　多聚甲醛

（1）物理性质　多聚甲醛，别名聚蚁醛或固体甲醛（英文名 paraformaldehyde），分子式 $HO—(CH_2O)_n—H$，$n=10\sim100$，熔点 120～170℃，相对密度 1.39，属甲醛低分子聚合物，白色结晶粉末，具有甲醛味。不溶于乙醇、乙醚和丙酮，溶于稀碱液和稀酸液，微溶于冷水，溶于 100℃热水中。

（2）化学性质　多聚甲醛加热到 180～200℃时，重新分解出甲醛。在酸的催化下可水解成甲醛溶液。这样得到的甲醛溶液不含商品甲醛溶液中的甲醇，其性质与无醇甲醛溶液一样。多聚甲醛由于没有醛基，还原性不如甲醛，因此在工业合成过程中通常将多聚甲醛水解成甲醛，然后进行反应。

（3）制备方法　多聚甲醛生产方法主要有甲醇深度氧化法、甲缩醛法和甲醛溶液浓缩干燥法。其中甲醛溶液浓缩干燥法为主要生产方法，主要工艺有真空耙式干燥法、金属传送带干燥法、喷雾干燥法、共沸精馏法等。喷雾干燥法是目前工业化生产的主要工艺之一。

（4）应用领域　多聚甲醛因其较工业甲醛有效成分高，是固体颗粒，有利于化工、制药等化学合成及其他工业领域的应用，特别是在要求使用无水甲醛作原料的合成方面，用途广泛。既拓展了甲醛的应用，又减少了脱水的能耗和废水处理量。目前多聚甲醛在国内主要用于制造农药，占 70%左右，其次用于生产汽车高档漆、合成树脂、医药等。多聚甲醛与甲醛水溶液相比，具有储存、运输、使用方便等特点，已成为长距离输送和国内外间贸易的一种甲醛产品。

（5）健康危害　多聚甲醛对呼吸道有强烈刺激性，引起鼻炎、咽喉炎、肺炎和肺水肿。对呼吸道有致敏作用。对皮肤有刺激性，引起皮肤红肿。强烈刺激皮肤，长期反复接触引起干燥、皲裂、脱屑。

2.1.3　硼酸

制备硼酚醛树脂的硼化物主要以硼酸为主，其他还常用碳化硼和有机硼等。

（1）物理性质　硼酸（英文名 orthoboric acid），分子式 H_3BO_3，相对分子质量 61.83，熔点 169℃，沸点 300℃，相对密度 1.43。白色粉末状结晶或三斜轴面鳞片状光泽结晶，有滑腻手感，无臭味。溶于水、酒精、甘油、醚类及香精油中，水溶液呈弱酸性。在水中溶解度能随盐酸、柠檬酸和酒石酸的加入而增加。

（2）化学性质

① 硼酸的酸性　硼酸显酸性，其酸性来源不是本身给出质子，而是由于硼是缺电子原子，能加合水分子的氢氧根离子，而释放出质子，属于路易斯酸，非质子酸。其在水溶液中的状态见下式。

$$B(OH)_3 + 2H_2O \rightleftharpoons [B(OH)_4]^- + H_3O^+$$

对硼原子结构加以分析来说明硼酸是路易斯酸。硼的价电子层结构为 $2s^2 2p^1$，在 $B(OH)_3$ 中，硼是以三个 sp^2 杂化轨道与氧形成三个共价键，并空余一个 p 轨道，故硼原子处于缺电子状态。反应时，此空 p 轨道极易接受 OH^- 中氧原子上的一对孤对电子形成 $B(OH)_4^-$。所以说硼酸应为路易斯酸。而杂化后的硼原子仅有一个空 p 轨道，它只能接受一对电子，故硼酸与水反应时，应表现为一元酸，而不是多元酸。此外，硼与氟只能形成配位数最高为 4 的络合物 BF_4^-，从空间效应来看，F^- 的体积比 OH^- 小，故硼与 OH^- 反应时，不可能形成配位数较 4 高的络合物，由此也可说明硼酸只可能是一元酸。

硼酸是一元弱酸，但是有些教科书及手册上提到硼酸为三元酸，三级电离常数。1930 年 F. L. Hahn 等的论文中，测得硼酸的

pK_1 为 9.24，pK_2 为 12.74，pK_3 为 13.4。后来 N. Ingri 等在 20 世纪 60 年代对这一问题做了深入研究，以氢电极为指示电极，用电位法研究了硼酸的平衡，未证实水溶液中有平均电荷数小于 −1 的硼酸根离子存在，即溶液中没有 HBO_3^{2-} 或 BO_3^{3-} 等高价阴离子存在。他们又用 Pb-Hg 齐电极测定溶液中 OH^- 的浓度，达到 0.5mol/L 时，水溶液中没有 HBO_3^{2-} 或 BO_3^{3-} 存在。他们的精确实验结果与前面提到的 H_3BO_3 有三级电离平衡的结论是矛盾的。

利用这种缺电子性质，加入多羟基化合物（如甘油醇和甘油等）生成稳定配合物，以强化其酸性。形成的硼酸酯燃烧产生绿色火焰，可用于鉴别含硼化合物。

② 硼酸的热稳定性　在 170℃左右时，硼酸失水生成不稳定的亚硼酸，当温度升至 270℃左右时，亚硼酸继续失水生成稳定的氧化硼；当温度高于 325℃时，氧化硼转变为致密的玻璃态结构。

（3）制备方法

① 硼砂硫酸中和法　将硼砂溶解成相对密度为 30～32 的溶液，滤去杂质，然后放入酸解罐，于 90℃时加入适量硫酸，使溶液在 pH 为 2～3 时进行反应。反应完成液经冷却、结晶、分离、干燥后制得硼酸成品。

$$Na_2B_4O_7 + H_2SO_4 + 5H_2O \longrightarrow 4H_3BO_3 + Na_2SO_4$$

② 碳氨法　将焙烧后的硼矿粉与碳酸氢铵混合，在浸取釜内加热物料至 140℃、压力 1.5～2.0MPa 反应 4h 左右，放出剩余气体，经吸氨塔将氨回收，当温度降至 110℃时即可放料。经过滤机过滤洗涤后，排除废渣，溶液送入蒸氨塔进行脱氨，可回收氨水。当蒸至氨硼比低于 0.04（摩尔比）时再经浓缩、冷却、结晶、分离、干燥后，制得硼酸产品。

$$2MgO \cdot B_2O_3 + 2NH_4HCO_3 + H_2O \longrightarrow 2(NH_4)H_2BO_3 + 2MgCO_3$$

$$(NH_4)H_2BO_3 \longrightarrow H_3BO_3 + NH_3$$

③ 盐酸法　将硼精矿粉用母液和水调配至适当浓度后，送入酸解罐，慢慢加入盐酸到指定的酸量后，搅拌一定时间，再升温至 95～100℃，反应 2h，然后过滤，弃去滤渣，滤液经冷却、结晶、

离心分离、水洗、干燥、包装，制得硼酸产品。

$$2MgO+B_2O_3+4HCl+H_2O \longrightarrow 2H_3BO_3+2MgCl_2$$

④ 井盐卤水盐酸法　由含硼卤水与盐酸一起蒸煮，再经脱水、冷却、结晶、离心分离、干燥，制得硼酸成品。重结晶法将工业硼酸溶于蒸馏水中，经除杂、提纯、过滤、结晶、离心分离、干燥。

⑤ 电解电渗析法　将碳碱法制备硼砂后的碳解液，加入冷凝水调节到规定的含硼浓度，作为阳极室的原料液，碳酸钠经碳化后的含有碳酸氢钠的碳化液，作为阴极室的原料液。分别经控制过滤后用泵打入电解电渗析槽的相应极室内。待流量稳定后，通入直流电，调节到规定的操作电流。当阳极室流出液达到规定的 pH 值时，则送去蒸发，再经冷却、结晶、离心分离、干燥，制得硼酸成品。

⑥ 多硼酸钠法　将硼镁矿焙烧粉碎成一定细度的矿粉，按照低于理论量的配碱比与纯碱溶液配成适当液固比的料浆，通入不同浓度的二氧化碳气体，在一定温度和压力下进行碳解反应，反应后的料浆经过滤弃去泥渣。将得到的多硼酸钠溶液经蒸浓后加入硫酸中和，冷却、结晶、离心分离、干燥，制得硼酸成品。

$$b(2MgO\cdot B_2O_3)+a\,Na_2CO_3+(2b-a)CO_2[aq] \longrightarrow a\,Na_2O\cdot bB_2O_3+2bMgCO_3$$

$$Na_2O\cdot(3.5\sim4.5)B_2O_3+H_2SO_4+(9.5\sim12.5)H_2O \longrightarrow (7\sim9)H_3BO_3+Na_2SO_4$$

(4) 应用领域　大量用于玻璃（光学玻璃、耐酸玻璃、耐热玻璃、绝缘材料用玻璃纤维）工业，可以改善玻璃制品的耐热、透明性能，提高机械强度，缩短熔融时间。硼酸还可吸收中子，在反应堆中加入适量的硼酸可以降低反应性。

2.2　硼酚醛树脂制备原理与工艺

2.2.1　热固性硼酚醛树脂

热固性硼酚醛树脂（BPF）是在酚醛树脂的分子结构中引入了

硼元素，形成了含有硼的三维交联网状结构。普通热固性酚醛树脂主要是通过苄羟基脱水形成醚键进行交联固化。而硼酚醛树脂在固化过程中，除了形成大量醚键，还会有大量硼酯键形成，硼羟基参与了交联固化，使其具有高氧指数、低毒、低烟和低发热量的高耐燃性的性能。热固性硼酚醛树脂典型结构可以表示为：

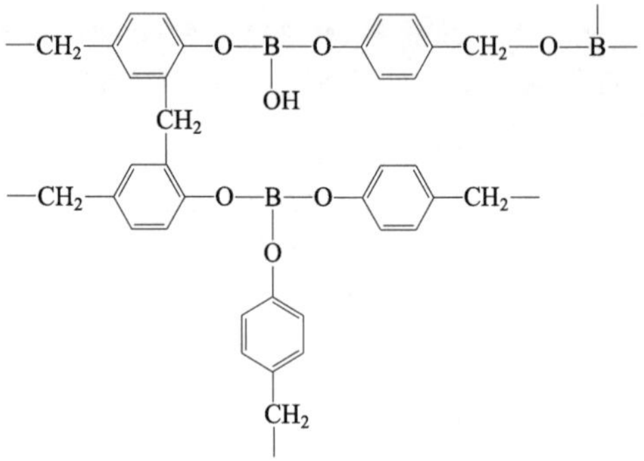

热固性硼酚醛树脂的合成方法主要有三种，本章根据反应机理分类方法进行表述。

(1) 硼酸酯法　首先苯酚与硼化物反应生成硼酸苯酯，再与甲醛或多聚甲醛反应生成硼酚醛树脂，通过调节甲醛用量可得到热塑性或热固性硼酚醛树脂，甲醛过量有利于形成热固性硼酚醛树脂。硼酸制备硼酚醛树脂反应过程如图 2-1 所示。

该法是利用硼酸将苯酚中的酚羟基封锁，同时引进直链烷基(使之烷基化)，从而克服了因酚羟基所导致的吸水、变色和交联速率过快等缺点，明显提高了制品的力学强度、耐热性。具体合成工艺如下。

将一定量的苯酚和甲苯溶液加入到安装有冷凝器、温度计、电搅拌器和热电偶的反应器中，升温至 90℃，加入定量硼酸，同时加入 NaOH 至 pH＝7.5，该溶液在真空减压脱水和 90～100℃的温度下反应 2h。然后再加入定量的多聚甲醛，在 100～110℃之间搅拌且减压脱水下反应 3h，冷却即得浅黄绿色的树脂固体。其中甲苯作为脱水溶剂。

该法缺点是工艺条件不易控制，容易析出硼酸晶体，较难获得

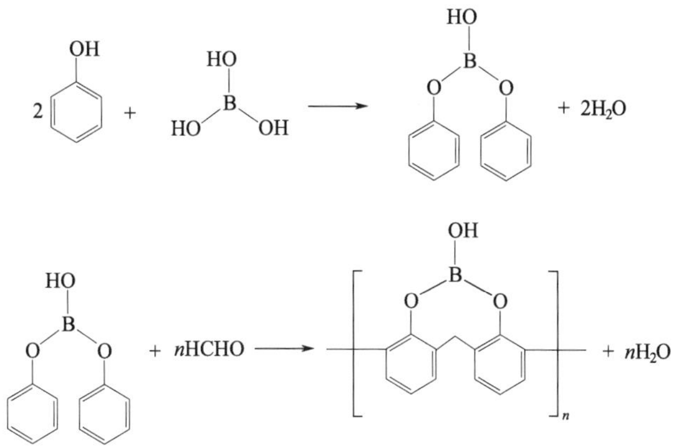

图 2-1　硼酸酯法合成硼酚醛树脂的反应过程

硼含量高的树脂，而且原料较贵。

另一种硼酸酯法是氧化硼制备硼酚醛树脂，也称为固相合成法，是目前合成 BPF 的主要方法。Hirohatap 等报道了一种采用固相合成法制备 BPF 的工艺。首先苯酚与氧化硼在 300℃时发生酯化反应，生成三苯基硼；三苯基硼与多聚甲醛在 150℃时反应，生成 BPF；然后将产物分别于 80℃、100℃热处理 24h，得到黄色的硼酚醛树脂。根据氧化硼与苯酚的不同配比，可制取单取代、双取代和三取代的硼取代基苯混合物；随着氧化硼含量的增加，酚醛酯化度增大，同时硼酸酯中硼含量增加，故所需多聚甲醛的用量相应减少；升高温度或延长时间均有利于 BPF 的固化，这是因为与苯酚相比，三苯基硼中的苯环只有邻位具有高活性，而对位活性较低，故其与多聚甲醛的反应速率较低，需要延长时间和提高温度来促使反应顺利进行。

美国 Chrysler 公司、德国 NoBel 公司等应用硼酸酯法合成如图 2-2 所示结构的硼酚醛树脂产品。

(2) 水杨醇法　水杨醇法是指酚首先和甲醛水溶液或固体甲醛在碱性催化剂作用下发生缩合反应，生成水杨醇；同时减压脱水后，加入硼酸，与水杨醇反应生成 BPF；进一步的固化过程中，

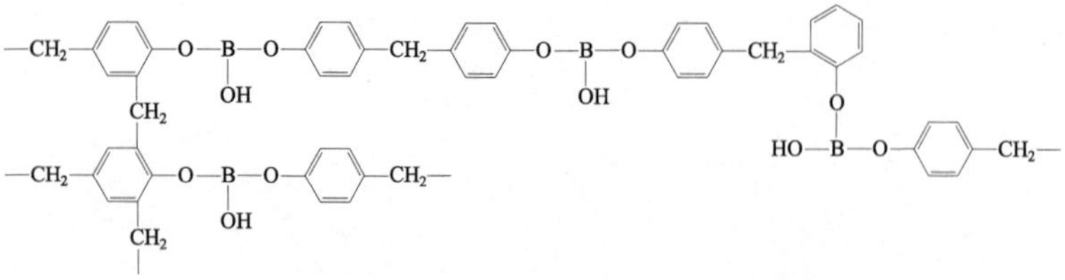

(a) 以硼酸二苯酯为主和甲醛反应制得的硼酚醛树脂

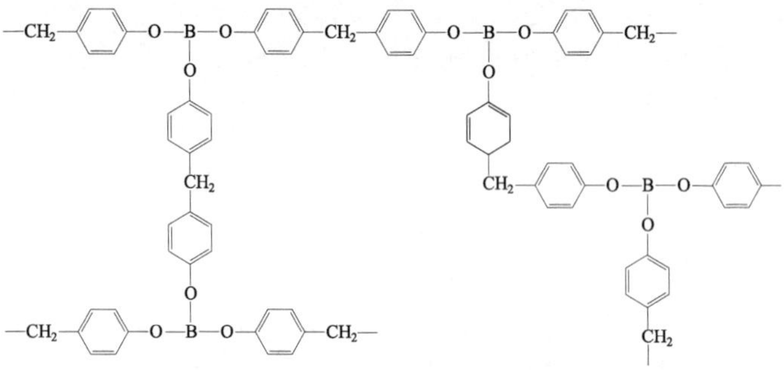

(b) 以硼酸三苯酯为主和甲醛反应制得的硼酚醛树脂

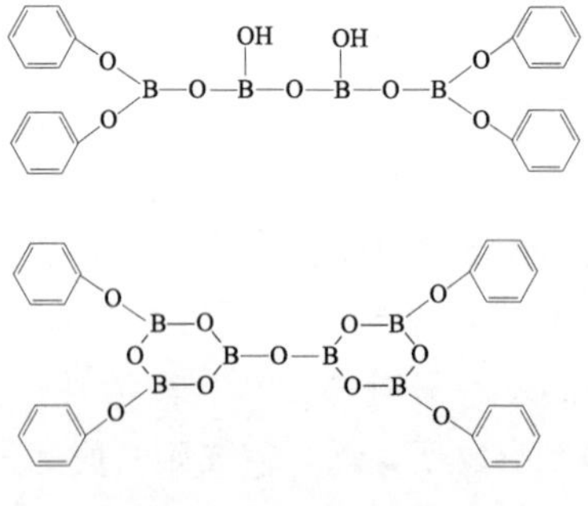

(c) 用过量的硼酐和苯酚反应得到高硼含量的酚脂

图 2-2　国外硼酸酯法生产的硼酚醛树脂产品结构

树脂形成了网络结构。其苯酚制备硼酚醛树脂反应过程如图 2-3 所示。

水杨醇同时含有酚羟基和苄羟基，和硼酸反应的活性有所不

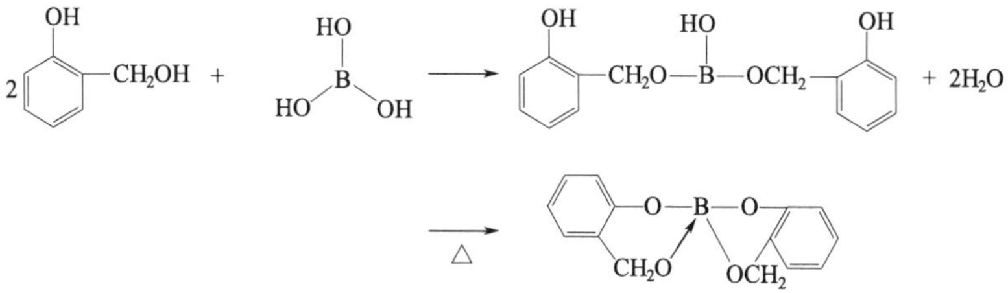

图 2-3　水杨醇法合成硼酚醛树脂的反应过程

同，J. G. Gao 等对其进行了深入研究。在完全相同的条件下，将硼酸分别与苄醇和苯酚进行反应，则硼酸/苄醇转化率为 50%，而硼酸/苯酚转化率仅为 4%，并且停止搅拌后绝大部分硼酸会沉淀下来，表明苄羟基的反应活性远高于酚羟基。红外谱图也证明了这一点，第一阶段合成的水杨醇在 $1020cm^{-1}$ 处有一个很强的苄羟基吸收峰，而加入硼酸生成甲阶段硼酚醛树脂在 $1020cm^{-1}$ 处只有一个很小的肩峰，但在 $1020cm^{-1}$ 处酚羟基的吸收峰仍很强，说明此阶段苄羟基大部分已参加了反应，而酚羟基参加反应的不多，因此形成的主要是硼酸苄酯。具体合成工艺如下。

加入计算量的甲醛、苯酚、碳酸钠并加热，当温度升至反应温度（70～75℃），反应 2h。于搅拌下加入计算量的硼酸，待其温度达 100℃左右，出现回流现象后，再进行减压脱水，当聚合时间达 60～80s，温度控制在(200±2)℃时停止反应，此时得到黄绿色透明脆性固体树脂。然后加入乙醇得树脂酒精溶液。所得树脂酒精溶液外观为透明无沉淀的浅黄绿色溶液，长期存放可逐渐变为琥珀色。

此法合成工艺及设备简单，产品质量容易控制，被国内外研究者广泛采用。

另有报道由邻甲酚、双酚 A、双酚 F 等通过水杨醇法制备硼酚醛树脂，较普通酚醛树脂具有更好的耐热性、力学性能和电学性能。各类酚制备硼酚醛树脂过程如图 2-4～图 2-6 所示。

日本清水繁夫、美国碳酸钾化学公司、Hooker 化学公司应用

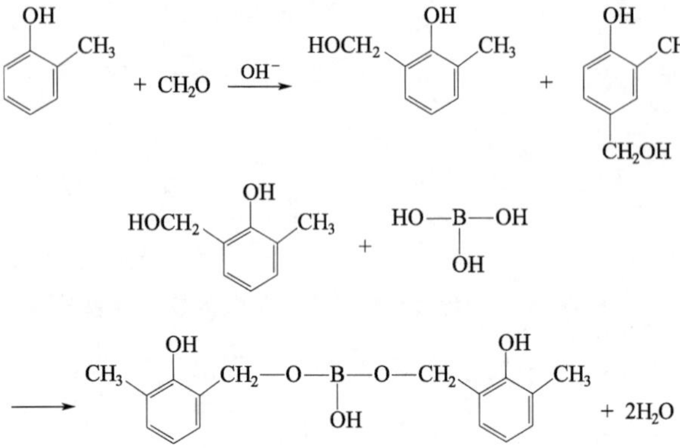

图 2-4　水杨醇法制备邻甲酚酚醛树脂的反应过程

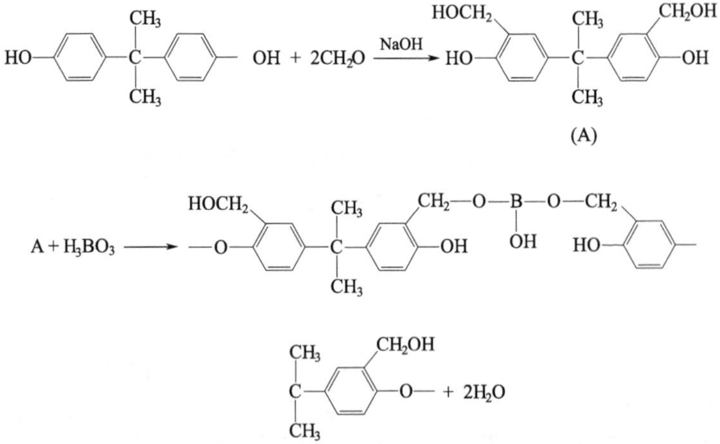

图 2-5　水杨醇法制备双酚 A 酚醛树脂的反应过程

水杨醇法合成了如图 2-7 所示结构的硼酚醛树脂。

(3) 共聚共混法　共聚共混法是指在传统线型或体型 PF 的合成末期加入硼化合物，使硼化合物以物理混合或化学交联方式引入到 PF 中。该法操作简单，多用于 BPF 复合材料的制备。目前研究最多的硼化物有硼酸、碳化硼、有机硼等。

① 硼酸改性线型酚醛树脂　将酚醛树脂粉（内含 4％的六亚甲

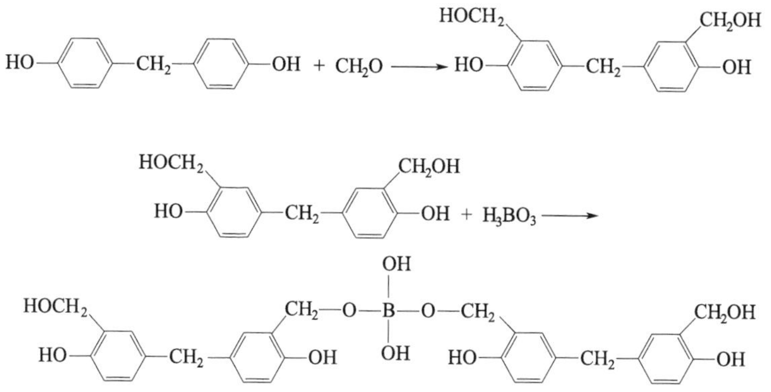

图 2-6　水杨醇法制备双酚 F 酚醛树脂的反应过程

基四胺）和硼酸直接混合，然后放到干燥箱中，按一定的固化程序进行固化。在混料之前，先把硼酸放入研钵中研磨成很细的粉末，便于硼酸在酚醛树脂中均匀分散。固化程序是：80℃×2h→100℃×2h→120℃×2h。后固化程序是：150℃×4h→180℃×4h。用硼酸改性线型酚醛树脂，形成 B—O 键，B—O 键的存在既阻碍了端基苯的断裂（提高了耐热性），又促进了高温时亚甲基向羰基的转化（提高了抗氧化性），亚甲基桥和酚硼键均可使 BPF 的力学强度得以提升。

② 碳化硼改性酚醛树脂　碳化硼（boron carbide），又名一碳化四硼，分子式 B_4C，通常为灰黑色粉末，俗称人造金刚石，是一种有很高硬度的硼化物。与酸、碱溶液不起反应，化学性质稳定，容易制造而且价格相对便宜。B_4C 改性酚醛树脂为碳/碳复合材料前驱体树脂，可制备具有优良抗氧化性的碳/碳复合材料。在改性酚醛树脂的热裂解过程中，B_4C 的引入使酚醛树脂的热稳定性和残炭率显著提高，并能将酚醛树脂裂解产生的 CO、H_2O 等挥发分转化成无定形碳和 B_2O_3。在高达 1000℃ 左右的热裂解过程中，B_2O_3 能够以液态（B_2O_3 的熔点仅为 450℃）渗入碳化物孔隙之间并浸润碳化物表面，填补树脂碳化过程中产生的裂隙，并在碳化物表面形成一层致密的抗氧化膜，从而显著提高碳材料的抗氧化性。

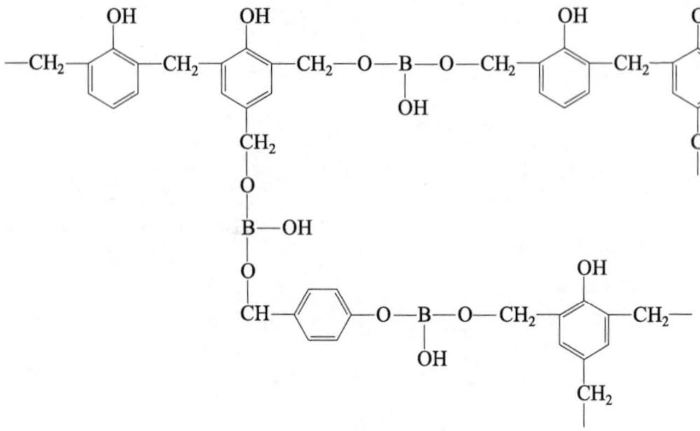

(a) 非配位型普通硼酚醛树脂

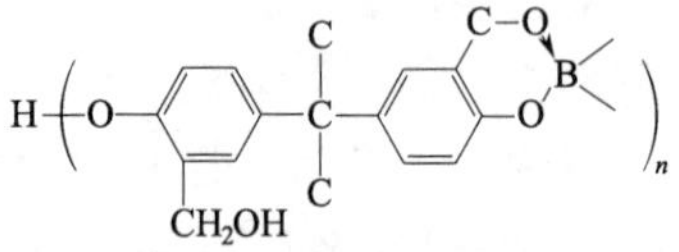

(b) 双酚A和硼酸螯合配位的硼酚醛树脂

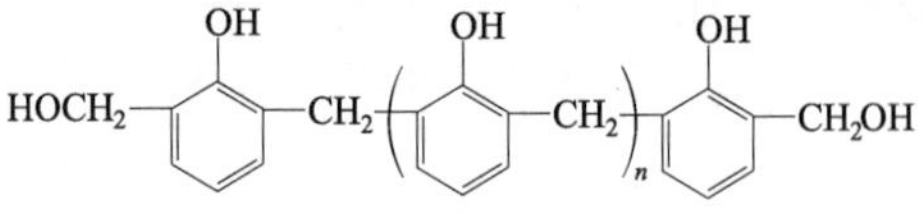

(相对分子质量450, 95%, *O*,*O*-取代)

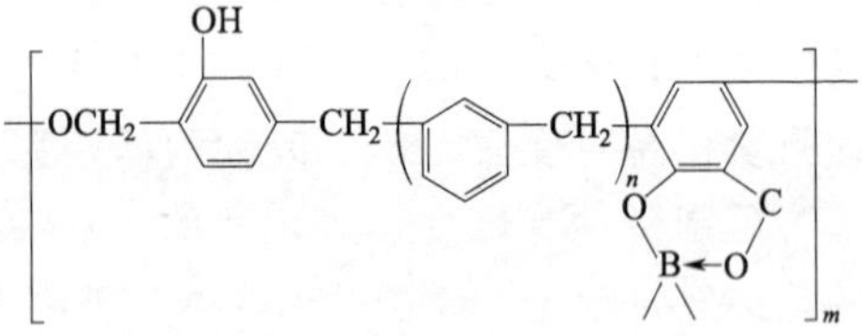

(c) 高邻聚体和硼酸螯合配位的硼酚醛树脂

图 2-7　国外水杨醇法生产的硼酚醛树脂产品结构

利用 B_4C 优良的耐高温和抗氧化性将其作为酚醛树脂胶黏剂的改性剂，提高酚醛树脂胶黏剂在高温条件下的粘接性能。普通酚醛树脂胶黏剂通常在 800～1000℃时已几乎失效，而 B_4C 改性酚醛树脂胶黏剂在高温下的粘接强度甚至比其室温下的粘接强度更高。

B_4C 改性酚醛树脂的方法只是简单的物理共混，B_4C 与酚醛树脂的相容性较差，难以达到均匀混合，改性树脂易产生沉淀。此外，刚性 B_4C 颗粒在改性酚醛树脂中会形成大量应力集中点和尺度过大的相分离结构，降低树脂的力学性能，尤其是韧性。B_4C 改性的酚醛树脂并不适用于复合材料的基体树脂。

③ 有机硼化物改性酚醛树脂　与无机硼化物相比，有机硼化物在提高酚醛树脂耐热性、阻燃性的同时还有可能改善其反应性、工艺性以及力学性能等，是硼化物改性酚醛树脂发展的新方向。

(a) 聚硼硅氧烷改性酚醛树脂　聚硼硅氧烷是一种可熔可溶、具有优异耐热性能的聚合物。利用聚硼硅氧烷中的 B—OH、Si—OR 和 Si—OH 与酚醛树脂中羟甲基、酚羟基的反应，可制备含 B、Si 的 BSi 酚醛树脂。BSi 酚醛树脂可溶于一般的有机溶剂，并能在 200℃以下缩合固化。由于含有 B、Si 两种元素，BSi 可将酚醛树脂的残炭率大幅提高，在 800℃下残炭率仍可达 75%，改善了酚醛树脂在高温条件下的粘接性能。但由于 BSi 酚醛树脂溶液黏度较低，施胶困难，可采用丁腈 40 为成膜材料来提高胶液的黏度，以利于施胶。

(b) 双（苯并-1,3,2-二氧杂戊硼烷基）氧化物改性酚醛树脂　双（苯并-1,3,2-二氧杂戊硼烷基）氧化物是由邻苯二酚、频哪醇和硼酸制得的含硼杂环化合物，在甲苯、二氧六环等溶剂中具有良好的溶解性，能与其他化合物中的羟基反应，可用于改善酚醛树脂的耐热性和阻燃性。Martin 等将双（苯并-1,3,2-二氧杂戊硼烷基）氧化物与普通线型酚醛树脂按照一定比例均匀混合并搅拌 48h，使二者反应生成侧链上含有苯并-1,3,2-二氧杂戊硼烷基的线型酚醛树脂（图 2-8）。采用六亚甲基四胺交联固化的双（苯并-1,3,2-二氧杂戊硼烷基）氧化物改性线型酚醛树脂，其阻燃性、抗氧化性，尤其是在空气中 800℃下残炭率都随着硼含量的增加而提高。硼的质量分数为 3.8%的改性酚醛树脂在空气中 800℃下残炭率为 38%，是普通线型酚醛树脂的 5.4 倍；其极限氧指数（LOI）也比普通线型酚醛树脂提高约 50%。改性树脂还具有更高的交联密度和芳环含量，分子刚性较大，T_g 也得以提高。

双（苯并-1,3,2-二氧杂戊硼烷基）氧化物改性酚醛树脂在惰性气氛中的热稳定性并未得到较大改善。由于苯并-1,3,2-二氧杂戊硼烷基只存在于线型酚醛树脂的侧链上，并未在树脂主链中起到交联作用，改性树脂的热稳定性未能得到显著改善，其热分解峰值温度与普通线型酚醛树脂相当，在 N_2、800℃条件下，残炭率仅为 44%，接近于线型酚醛树脂的残炭率。双（苯并-1,3,2-二氧杂戊硼烷基）氧化物改性酚醛树脂仅适用于阻燃材料，在耐烧蚀复合材料等方面并不适用。

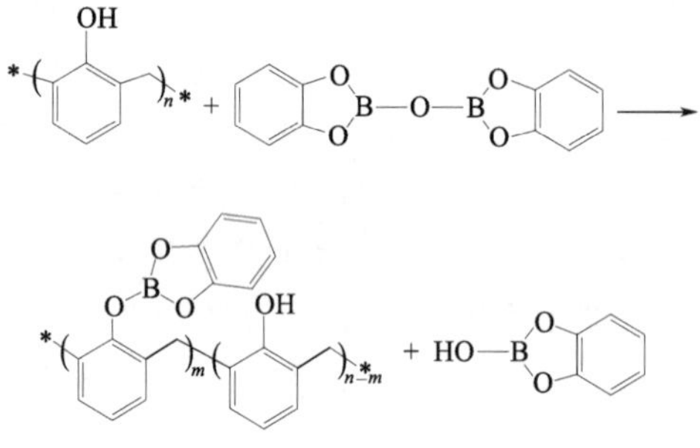

图 2-8　双（苯并-1,3,2-二氧杂戊硼烷基）氧化物改性酚醛树脂

(c) 超支化聚硼酸酯改性酚醛树脂　高度支化、带有大量活性端基的超支化聚合物（HBP）以其独特的结构和性能，被广泛应用于热塑性树脂改性等诸多方面。Liu 等以普通化合物间苯二酚和硼酸为原料，采用“一锅法”合成了一种含硼量较高且具有芳香骨架的新型超支化聚硼酸酯（HBPB），如图 2-9 所示。HBPB 能完全溶解于 *N*-甲基-2-吡咯烷酮（NMP）、*N*,*N*-二甲基甲酰胺（DMF）和二甲基亚砜（DMSO）等强极性有机溶剂，部分溶解于乙醇、丙酮和四氢呋喃等有机溶剂。800℃（N_2）的残炭率高达 71.0%，这在热塑性高分子中是相当突出的。

HBPB 含有酚羟基和硼羟基端基，与酚醛树脂具有良好的相容性，能完全溶解于酚醛树脂的乙醇溶液。少量 HBPB 可显著提高酚醛树脂的热稳定性和残炭率，HBPB（10%）改性的钡酚醛树脂，800℃（N_2）残炭率达到 75.4%。此外，HBPB 对酚醛树脂碳化物具有促石墨化作用，均匀分散在改性树脂体系中的 HBPB 还能在碳化过程中生成碳化硼和氧化硼，从而使 HBPB 改性酚醛树脂有可能用于制备含陶瓷颗粒的新型碳材料。HBPB 改性酚醛树脂在工艺性、耐热性方面已显示出独特优势，可制备耐烧蚀树脂基复合材料和新型碳材料。

(4) 其他方法　以上是合成硼酚醛树脂的常用三种方法，随着科技的发展，不断有新方法和新品种出现。

① 水杨醇和硼酸酯复合法　据报道，水杨醇法和硼酸酯法复合使用可制备高羟甲基含量的硼酚醛树脂。具体方法是，首先苯酚和硼酸发生酯化反应合成硼酸三苯酯，减压蒸馏并提纯；然后将硼酸三苯酯、苯酚和甲醛按一定比例混合，在碱催化下合成硼酚醛树脂。所得的硼酚醛树脂的 $PhCH_2OH$ 基团红外峰强而宽，表明树脂中 CH_2OH 的含量较高，且羟基的种类较多。

② 碳硼烷合成硼酚醛树脂　碳硼烷是指硼原子与碳原子一起组成一种封闭的笼形结构化合物，一般通式可写成 $C_2B_nH_{n+2}$，分子中有两个碳原子。B. B. Kopmak 报道用含碳十硼烷的酚（ΦK）合成硼酚醛树脂。ΦK 的结构如图 2-10 所示。

ΦK 制备硼酚醛树脂的具体工艺如下。

ΦK∶CH_2O 摩尔比为 1∶2.5，以正丙醇为介质，NaOH 为催化剂，用量为 ΦK 的 2.5%。于 93～94℃反应，得可溶可熔树脂，在 200℃时能固化达 92%。

由于碳硼烷是一个“超芳香性”的笼状结构，它能起“能量槽”的作用，使整个分子稳定，同时笼状结构体积庞大，对相邻有机基团具有屏蔽作用，所以具有高的热稳定性，而且不是以 B—O—C 酯键形式存在，所以耐水、耐化学稳定性亦极好。这类含十硼烷的硼酚醛有很高的成炭率，在大气或氦气中 900℃下都大于 90%，因此是十分理想的耐烧蚀材料。但由于此树脂所用起始原料

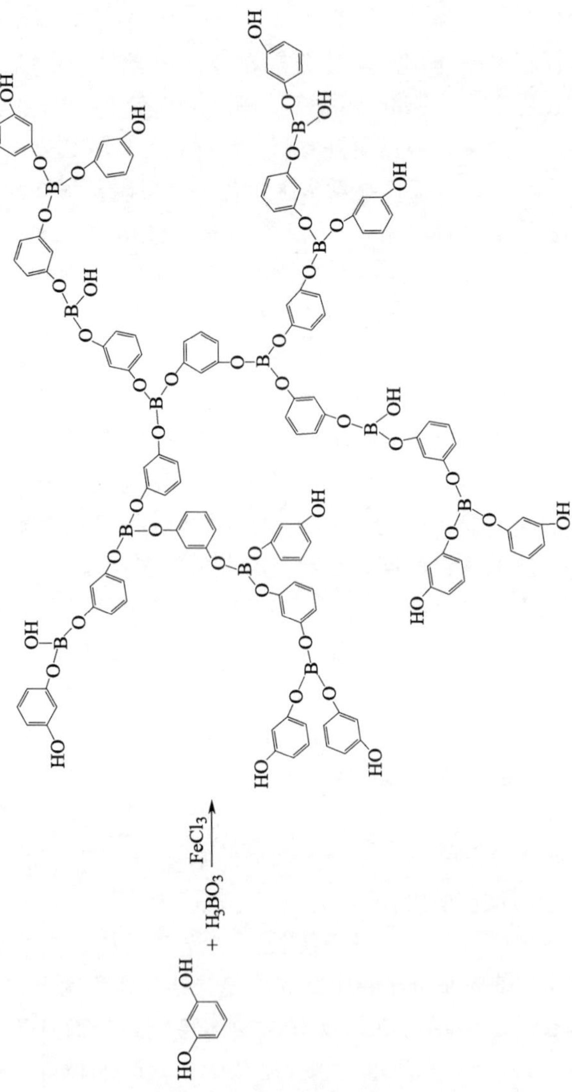

图 2-9　超支化聚硼酸酯的合成

为十硼烷，价格昂贵，毒性太大，对人体有危害性，因此，发展此种材料受到了限制。

2.2.2 热塑性硼酚醛树脂

热塑性硼酚醛树脂为线型树脂（novolac），具有可熔可溶性质。因可交联的官能团含量少，仅靠加热不会使其固化，需要另加固化剂（如六亚甲基四胺、己二胺等）并加热方能固化。热塑性硼酚醛树脂合成方法和热固性树脂类似，主要有硼酸酯法、水杨醇法和共混共聚法三种。硼酚醛树脂常用原料主要为苯酚、甲醛和硼酸，而硼酸、苯酚均为三官能度化合物，要制成热塑性树脂工艺比较复杂。目前关于热塑性硼酚醛树脂的文献报道比较少。

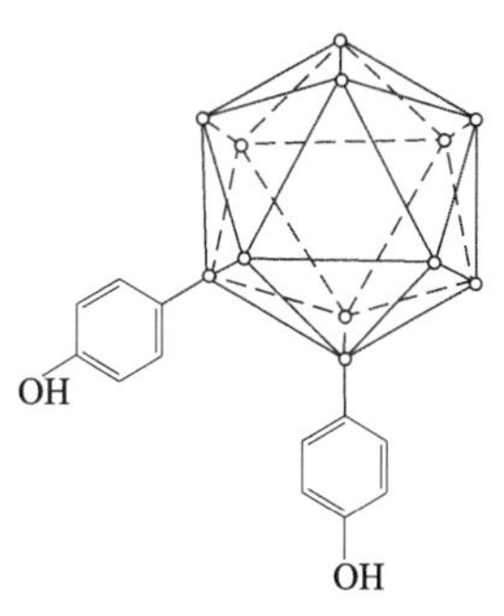

图 2-10　ΦK 几何结构

2.3 硼酚醛树脂配方设计原则

2.3.1 酚/醛/硼比例

硼酚醛在合成和固化过程中，酚羟基、甲羟基和硼酸都参与反应，形成了硼酯键、醚键、亚甲基等。不同比例酚/醛/硼形成不同的硼酚醛树脂，固化后的结构各自不同。普通的酚醛树脂醛酚摩尔比为 1.5 时，固化后树脂交联密度最大，相应残炭量应该最大。硼酚醛树脂中由于硼酸为三官能度，在反应过程中，硼酸与酚羟甲基进行缩合反应，消耗了分子链中的酚羟甲基，因此加入硼酸改性后醛酚摩尔比增大，当醛酚比例为 1.7～2 时硼酚醛树脂交联密度最大，相应残炭量达到最大。

硼酸的加入有利于提高树脂的耐热性和抗冲击韧性，但硼酸含量既不能太低又不应太高。硼酸不足，则进入酚醛树脂主链的硼元素较少，性能改善不显著；硼酸过多，反应中硼酸一部分进入树脂主链，另一部分沉淀下来，造成硼酸的浪费，同时制得的硼酸树脂溶于乙醇或丙酮中有沉淀物，影响树脂的流动性。有报道当 n（硼酸）/n（苯酚）的比值达到 0.35 时，树脂的残炭量和固含量达到最大值。

2.3.2 酚的结构与选择

（1）酚的结构会影响硼酚醛树脂的交联度　在合成原料中，醛的反应官能度为 2，硼酸的官能度为 3，酚的反应官能度多为 2 或 3，如邻甲酚、苯酚，也有报道用官能度为 4 的酚进行合成，如双酚 A、双酚 F 等。硼酚醛树脂不同于普通的酚醛树脂，普通的酚醛树脂所用的酚官能度为 2 时合成的树脂主要以热塑性为主，只有官能度为 3 以上的酚才能生成具有交联网状结构的热固性硼酚醛树脂。而硼酚醛树脂由于硼酸的存在，无论酚的官能度为 2 还是 3 以上，都可能生成热固性树脂，只是交联度不同。若要生成热塑性树脂则需要选择官能度为 2 的硼化物。

（2）酚的结构会影响硼酚醛的耐水性　由于硼原子核外电子层具有不饱和性，容易和空气中的水形成 B—O 配位键，使其容易吸水。因此选用在固化过程中能与硼原子形成配位键的酚，使硼原子达到 8 电子稳定结构，可提高其耐水性。如双酚 A 型或邻甲酚型酚合成硼酚醛树脂，固化后树脂结构中会形成 B—O 配位键的六元环结构，改善了硼酚醛树脂耐水性差的缺点，如图 2-11 所示。但由于双酚 A 型硼酚醛树脂的黏度很大，工业合成难度大，所以现在有人提出用双酚 F 合成硼酚醛树脂。随着技术的发展，现在更多是添加胺类固化剂，如六亚甲基四胺等，形成 B—N 配位键，提高其耐水性。另外选用带烷基长链的酚也可提高硼酚醛树脂的耐水性，如腰果油等。

（3）酚的结构会影响硼酚醛树脂的力学性能　据报道，用烯丙基酚合成硼酚醛树脂可以减小成型压力。因为烯丙基酚含有不饱和双键，可以和其他不饱和键发生共聚反应，有利于减小成型压力。烯丙基硼酚醛树脂结构式如图 2-12 所示。该树脂可溶于丙酮、无水乙醇等普通溶剂，在一定温度下可与其他树脂如环氧树脂、不饱和聚酯等相混溶。

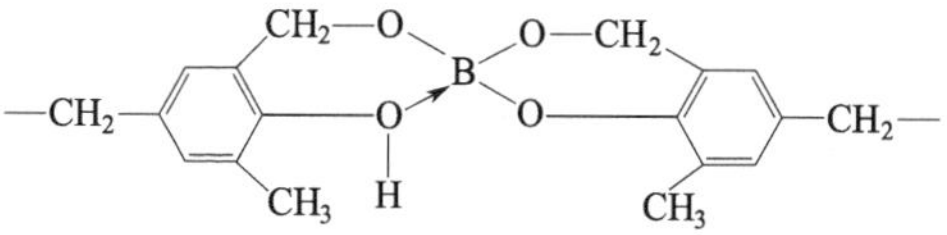

(a) 邻甲酚硼酚醛树脂

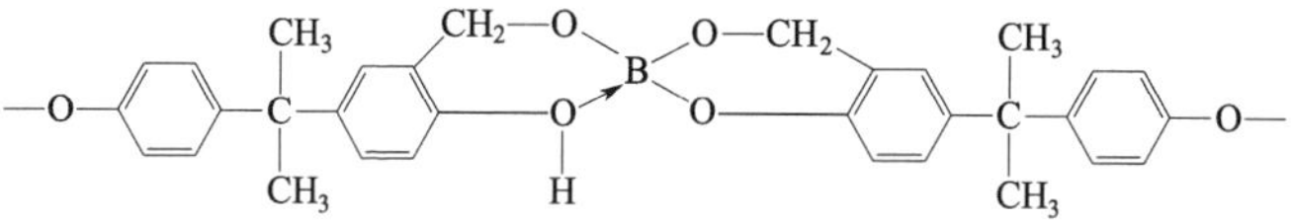

(b) 双酚A 硼酚醛树脂

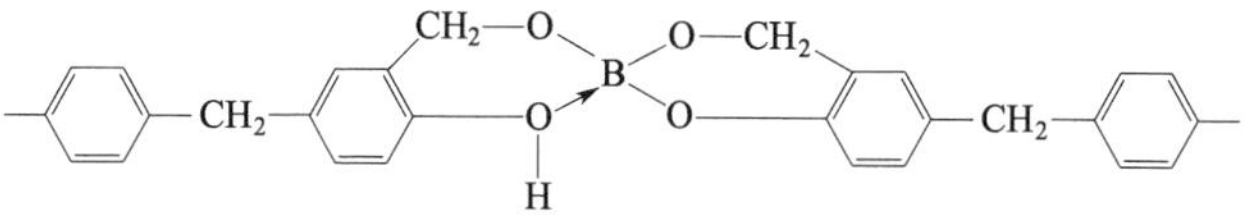

(c) 双酚F 硼酚醛树脂

图 2-11　不同类型的硼酚醛树脂固化后形成的 B—O 六元环结构

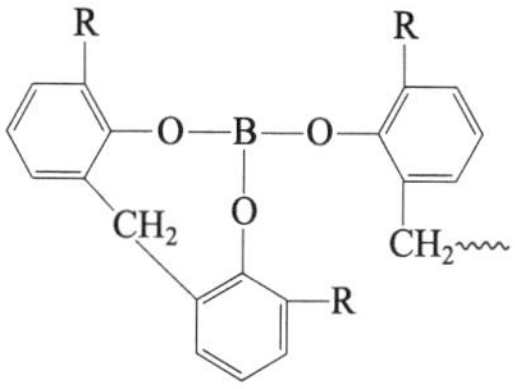

图 2-12　烯丙基硼酚醛树脂结构式

（R 为～～$CH_2CH=CH_2$）

2.4　硼酚醛树脂工业制备实例

【例 1】贵州省化工研究院研制成 BF-206 硼酚醛树脂，并建成 $200t \cdot a^{-1}$ 工业试验装置。该树脂具有显著的抗灼烧稳定性、良好的研磨性，在粉碎状态下具有较长时间储存稳定性，在芳香族溶剂中有较好的溶解性。应用硼酸酯法，采用两种工艺进行合成。

第一种工艺方法：整个工艺过程分两步完成，第一步是将苯酚

A，硼酸 B 及组分 C、D、E 按一定的分子比投入反应器中搅拌加热，将物料温度升至 100℃，保持回流反应 5～8h，再将温度升至 180℃，脱出馏出物；第二步是将第一步反应后物料冷却至 80℃以下，投入固体甲醛，保持温度低于 100℃，反应 1～4h，再减压脱除水和低沸点物，控制料温，当所得树脂的凝胶化时间达 30～70s/（160℃±5℃）时，立即停止抽真空，出料。这一工艺要求其摩尔比为 B∶A=12.2，B∶C=1∶1.1，A∶D=1∶1.1～1∶1.4。

第二种工艺方法：这种工艺方法与第一种工艺方法一样，整个过程也分两步完成，只是工艺条件及配料比不同。第一步是先将苯酚 A 与硼酸 B 按摩尔比为 3∶1 投入反应釜中，在 120℃下反应 5h，脱除反应生成水，然后升温至 180℃，使其酯化为硼酸三酚酯；第二步是将第一步生成物冷却至 80℃以下，投入与硼酸摩尔比为 1∶1.1 的组分 C 及与苯酚摩尔比为 1∶1.2～1.4 的组分 D，物料温度控制在 105℃以下，反应 3h，然后采取回流反应 1h，再减压脱水及酯化。当料温升至 180℃左右，生成树脂的凝胶化时间达到 30～70s/（160℃±5℃）时即可出料。

产品主要技术指标如表 2-1 所示。

表 2-1　产品的主要技术指标

名称	指标
外观	黄色固体或粉末
游离酚	≤5%
凝胶化时间	50～100s(160℃)
熔点	60～80℃
硼含量	≥2.5%

【例 2】北京玻钢院复合材料有限公司应用硼酸酯法在大型生产釜上制备出高性能耐热硼酚醛树脂。具体步骤如下。

（1）硼酸酚酯合成　熔融苯酚与硼酸按一定物料比加入反应釜中，开始搅拌加热，分批加入催化剂 PK-6。2h 内升温至 130℃以上，物料沸腾，开始收集冷凝物。恒温 20min 后升温至 180℃，恒温反应 2h 后反应结束，降温后进行第二步。

（2）硼酚醛树脂合成　按配比加入多聚甲醛及一定量催化剂 PK-7。控制升温速度在 1h 内达到 110℃以上，体系开始沸腾出现回流，反应一段时间后减压脱水。当凝胶时间达到 140s（200℃±1℃）以内则反应结束，加入乙醇，溶解降温后得到硼酚醛树脂溶液。

【例 3】 蚌埠市天宇高温树脂材料有限公司也是应用硼酸酯法生产硼酚醛树脂，现有 800t•a^{-1} 生产线。生产工艺与北京玻钢院复合材料有限公司基本相同，只是脱水量和凝胶时间达标后，不经乙醇溶解直接出料到冷却盘中冷却，得到固体硼酚醛树脂。树脂再经过不同程度的后固化，得到不同聚合度的硼酚醛树脂，高聚合度的硼酚醛树脂经粉碎得到粉状物料；树脂与改性树脂共混制备改性硼酚醛树脂。由于技术保密等原因其具体配方和工艺条件未见详细报道。

参考文献

[1] 王积涛，王永梅等．有机化学．天津：南开大学出版社，2009.

[2] 徐寿昌．有机化学．北京：高等教育出版社，1997.

[3] 张全英，吴方宁，丁兴梅等．邻甲酚的合成及应用．化工中间体，2005，12：10-14.

[4] 刘智凌，王晓光．邻甲酚和 2,6-二甲酚的生产和应用．化工科技市场，1999，10：13-17.

[5] 邵徽旺，蔡剑波，郑志花．连续法合成间甲酚的工艺研究．应用化工，2007，36（10）：1011-1014.

[6] 吴双城．硼酸的酸性问题探讨．电镀与环保，2012，32（1）：52-54.

[7] 宋立姝，周晓鸿．水溶液中硼酸的酸式离解及其强化问题．安庆师范学院学报：自然科学版，2001，7（2）：80-82.

[8] 赵东，金乔．关于水溶液中硼酸的酸式离解及其强化问题．化学通报，1982，12：49-51.

[9] 汪多仁．多聚甲醛的制造与应用．江苏农药，1996，4：12-13.

[10] 杨明菊，王亚．多聚甲醛的生产工艺及技术进展．2009，4：26-28.

[11] Liu Y F，Gao J G，Zhang R Z. Thermal properties and stability of boron-containingphenol-formaldehyde resin formed from paraformaldehyde. Polymer Degradation and Stability，2002，77：495-501.

[12] 何金桂，薛向欣，李勇．硼酚醛树脂的合成及应用研究进展．辽宁化工，2010，39（1）：48-51.

[13] 朱苗淼，王汝敏，魏晓莹．硼酚醛树脂的合成及改性研究进展．中国胶粘剂，2011，20（6）：60-63.

[14] 高俊刚．硼酚醛树脂的合成与固化机理的研究．化学学报，1990，48：411-414.

[15] Mohamed O. Abdalla，Adriane Ludwick etc. Boron-modified phenolic resins forhigh performance applications. Polymer，2003，44：7353-7359.

[16] GaoJ G，Xia L Y，Liu Y F. Structure of a boron-containing bisphenol-F formaldehyde resin and kinetics of its thermal degradation. Polymer Degradation and Stability，2004，83（1）：71-77.

[17] Gao J G，LiuY F，Wang F L. Structure and properties of boron-containing bisphenol-A formaldehyderesin. European Polymer Journal，2001，37（1）：207-210.

[18] 肖娜，徐三魁，彭进．硼酸改性酚醛树脂的制备与表征．化学世界，2010，9：538-540.

[19] 程文喜，苗蔚，席秀娟等．硼改性酚醛树脂的合成与性能．粘接，2008，25-27.

[20] 霍靓靓，朱靖，尹红娜等．硼改性酚醛树脂的合成．河南科学，2007，25（2）：204-207.

[21] 许培俊，刘育红，井新利．硼化物改性酚醛树脂研究进展．宇航材料工艺，2009，6：1-5.

[22] 北京二五一厂，河北大学化学系高分子教研室．国外硼酚醛的发展概况．河北大学学报，1976，00：140-150.

[23] 谭晓明，黄乃瑜，尚永华等．高羟甲基含量硼酚醛树脂的合成及表征．塑料工业，2001，29（4）：6-8.

[24] Gao J G，Jiu Y F，Wang F L. Structure and properties of boron-containing bisphenol-A formal dehyde resin . eur. Polym. J.，2001，37：207-210.

[25] Gao J Q，Liu Y F，Yang L T. Therma stability of boron-containing phenol formaldehyde resin. Polymer Degradation and Stability，1999，63：19-22.

[26] Hofel H B，Kiessling H J ，Lampert F ，Schonrogge B. Verfahren zur Herstellung härtbarer undwärmehärtbarer，stickstoff-und borhaltiger Kunstharze. German Publicity：Patent 2436360，1975.

[27] 王冬梅，赵献增．有机硼改性酚醛树脂的合成．中国胶粘剂，2006，15（1）：15-17.

[28] 吴发超，邓海锋．有机硼改性酚醛树脂的耐热性研究．华北科技学院学报，2007，4（2）：29-33.

[29] Cairo C A A，Florian M，Graca M L A ，et al. Kinetic study by TGA of the effect of oxidation inhibitors for carbon/carbon composite. Materials Science and engineering，2003，A358：298-303.

[30] Wang J G，Jiang N，Jiang H Y. The high-temperatures bonding of graphite/

ceramics by organ resin matrix adhesive. International Journal Of Adhesion& Adhesives，2006；26：532-536.

[31] 蒋海云，王继刚，吴申庆．B_4C 改性酚醛树脂对 Si_3N_4 的高温粘接性能．北京科技大学学报，2007，29（2）：178-181.

[32] Wang J G，Jiang N，Guo Q G，et al. Study on the structural evolution of modified phenol formaldehyde resin adhesive forthe high-temperature bonding of graphite. Journal of Nuclear Materials，2006，348：108-113.

[33] 张斌，孙明明，张绪刚等．聚硼硅氧烷改性酚醛树脂耐高温胶粘剂的制备及性能．高分子材料科学与工程，2008，24（6）：152-155.

[34] Martin C，Ronda J C，Cadiz V. Novel flame-retardant thermosets：diglycidyl ether of bisphenol a as a curing agent of boron-containing phenolic resins. Journal of Polymer Science：Part A：Polymer Chemistry，2006，44：1701-1710.

[35] Martin C，Ronda J C，Cadiz V. Development of novel flame-retardant thermosets based on boron-modified pheno-l formaldehyde resins. Journal of Polymer Science：Part A：Polymer Chemistry，2006，44：3503～3512.

[36] Liu Y H，Qiang J P，Jing X L. Synthesis and properties of a novel hyperbranched borate. Journal of Polymer Science：Part A：Polymer Chemistry，2007，45：3473-3476.

[37] 唐路林，李乃宁，吴培熙．高性能酚醛树脂及其应用技术．北京：化学工业出版社，2009，21.

[38] 王雷，卢家骐，郑莉等．耐高温硼酚醛生产研究．玻璃钢/复合材料，2009，2：68-71.

[39] 邱军，王国建，冯悦兵．不同硼含量硼改性酚醛树脂的合成及其性能．同济大学学报：自然科学版，2007，35（3）：381-384.

[40] Gao J G，Liu Y F，Wang F L. Structure and properties of boron-containing bisphenol-A formaldehyde resin. European Polymer Journal，2001，37：207-210.

[41] Xia L Y，Gao J G，Yu Z X. Curing and thermal property of boron-containing o-cresol formaldehyde resin. Chemical Journal on Internet，2004，062013Pe.

[42] 张洋，马榴强，李晓林等．硼酸、腰果油双改性酚醛树脂的合成及其耐热性研究．热固性树脂，1998，1：9-14.

[43] 狄西岩，梁国正，秦华宇．烯丙基硼酚醛树脂的合成．高分子材料科学与工程，2000，2（16）：44-47.

[44] 甘朝志．硼酚醛树脂的研制，贵州化工，1998，3：17-19.

第3章 改性硼酚醛树脂的制备

硼酚醛树脂由于硼元素的引入，树脂的耐热性、残炭率显著提高，但耐湿性、耐摩擦性、力学性能依然有所不足，限制了其应用范围。因此需进一步改性，改善其部分性能。近年来人们开始采用不同类型的酚来合成硼酚醛树脂或在合成硼酚醛树脂过程中加入各种橡胶、纤维、胺类、纳米粒子等来提高硼酚醛树脂的力学性能、耐水性和耐摩擦性等。

3.1 橡胶改性硼酚醛树脂

目前我国旅客列车普遍采用盘形制动作为基础制动方式，随着列车运行速度的不断提高，其制动性能尤为重要。而作为摩擦部件之一的制动闸片大多采用合成摩擦材料。这种合成摩擦材料一般由基体树脂、增强纤维、摩擦性能调节剂等组分组成。基体树脂的作用主要是将材料中各组分粘接在一起，使之成为有机整体。根据闸片与制动盘摩擦制动的特点，基体树脂应具有一定的耐热性、抗热衰退性及耐磨性，因此对摩擦材料普遍采用酚醛树脂（PF），其主要优点是价格低廉、性能稳定，在一般的工作温度（200～300℃）下不黏流、不分解，并有足够的强度。但是纯酚醛树脂存在脆性大、耐热性差等缺点，所以人们大多使用改性酚醛树脂为基体树脂，如硼酚醛树脂（BPF）。不过单独使用BPF作为黏结剂时，由于摩擦材料中添加的纤维和粉末等组分大多起提高硬度和弹性模量的作用，导致摩擦材料的硬度和弹性模量偏高，与制动盘的贴合性差，而且在摩擦过程中闸片表面不能形成稳定的摩擦膜，使得摩擦系数不稳定，磨损量大，因此通常采用共混改性的方法，用具有降低硬度和弹性模量效果的橡胶对硼酚醛树脂进一步改性。

橡胶是一种具有可逆形变的高弹性聚合物材料，在室温下富有高弹性，在很小的外力作用下就能产生较大形变，除去外力后能快速恢复原状。庄光山等用丁腈橡胶、羧基丁腈橡胶、丁苯橡胶、丁苯吡橡胶分别对普通酚醛树脂进行共混改性，研究了不同种类的橡胶对酚醛树脂的力学性能的影响，并对其改性机理进行了分析。实验表明，这四种橡胶均显著提高了酚醛树脂的压缩强度和冲击强度，只是由于不同的橡胶所含基团不同，所影响的力学性能侧重点不同。丁腈橡胶与 PF 具有优良的相容性，能充分地分散于 PF 中，形成均匀分散的两相体系，降低了树脂的脆性，因此丁腈橡胶改性的 PF 冲击强度最好。就摩擦系数而言，丁苯吡橡胶的摩擦系数最小，丁腈橡胶和羧基丁腈橡胶的摩擦系数几乎相同，摩擦系数最大。就磨损率而言，羧基丁腈橡胶的磨损率最低，丁苯橡胶的磨损率最高，两者相差 1 倍以上。参见表 3-1、表 3-2。

表 3-1　橡胶改性 PF 摩擦材料的冲击强度

单位：$kJ \cdot m^{-2}$

试样	冲击强度	缺口冲击强度
A	10.8	8.8
B	7.7	5.5
C	7.0	5.1
D	8.5	7.0

表 3-2　橡胶改性 PF 摩擦材料的摩擦系数和质量磨损率

试样	摩擦系数	质量磨损率/$g \cdot N^{-1} \cdot m^{-1}$
A	0.411	4.2×10^{-8}
B	0.410	2.53×10^{-8}
C	0.398	5.85×10^{-8}
D	0.371	5.05×10^{-8}

（1）橡胶改性酚醛树脂的机理及方法　橡胶增韧是最常见的增韧体系，其原理是采用物理方法将酚醛树脂与橡胶共混，并使橡胶均匀分散在树脂中形成连续相，形成高分子合金，从而达到增韧目的，因此混合的均匀程度与增韧效果密切相关，而且与两组分的相容性、共混物的形态结构、共混比例及橡胶粒子大小等都有关系。

从工艺角度看，酚醛树脂与橡胶共混改性属于物理掺混改性，但在固化过程中，与橡胶发生化学反应，酚醛树脂中的羟甲基在硫化条件下能与氰基、羧基或双键发生化学反应，生成交联结构，显然，增韧效果与酚醛橡胶间的化学反应程度有关，采用含有活性基团（如羧基、氨基、环氧基等）的橡胶，可以明显提高橡胶与树脂间的反应程度，从而提高增韧效果。与氰基、羧基、双键的反应如图 3-1 所示。

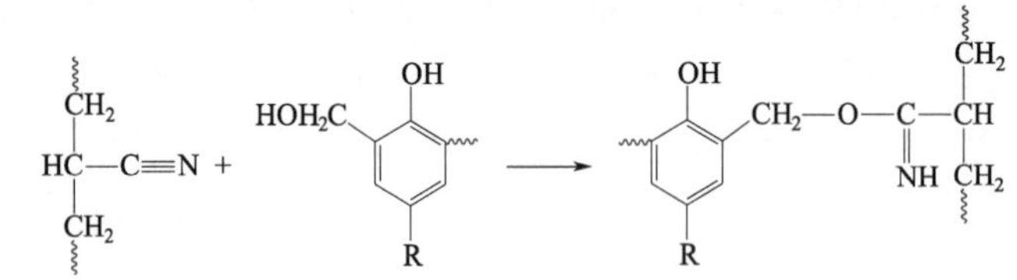

(a) PF与氰基的反应

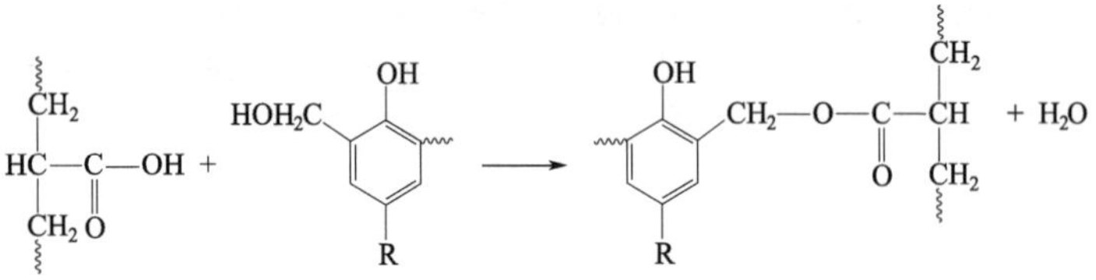

(b) PF与羧基的反应

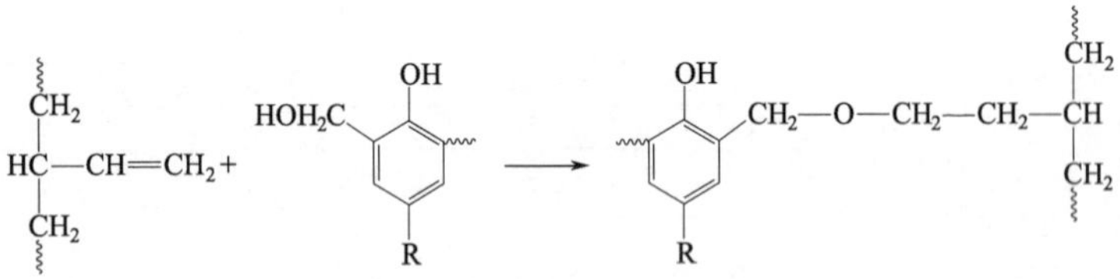

(c) PF与双键的反应

图 3-1　酚醛树脂与橡胶的反应机理

PF 与丁腈橡胶的反应包含了图 3-1（a）、（c）两种反应，PF

与羧基丁腈橡胶的反应包含了图 3-1（a）、（b）、（c）三种反应。反应程度较高，反映在摩擦磨损试验中，表现为磨损率较小，摩阻性能较好。PF 与丁苯橡胶和丁苯吡橡胶的反应只包含了图 3-1（c）一种反应，因为丁苯橡胶与丁苯吡橡胶分子中含有苯环与吡啶环，阻碍了橡胶与树脂的反应，降低了反应程度，因此磨损率较高。

合肥工业大学根据以上方法和机理用丁腈橡胶改性硼酚醛树脂，并研究了其改性树脂的热性能和力学性能。丁腈橡胶（NBR）是由丁二烯和苯乙烯聚合而成的高分子聚合物，大分子链上含有高键能的—CN 基，使其成为耐油和耐溶剂性能好的合成橡胶。随着苯乙烯含量的降低，橡胶的弹性和耐寒性增高，而硬度和黏度降低，它的耐热性和强度优于丁苯橡胶，耐热性和耐磨性优于天然橡胶，并且具有较好的抗拉强度。因此适用于要求耐热性好、强度高的摩擦材料制品。它是世界上应用最普遍的合成橡胶，也是价格最便宜的合成橡胶之一。

NBR 改性硼酚醛树脂具体工艺：用 SK-160B 型开炼机塑炼 NBR，然后将配合剂依次加入其中，温度保持在 60℃以下，混炼 30min 后出片。将胶片切碎后与硼酚醛树脂在高速搅拌机内混匀、出料，再经开炼机混炼，使 NBR 在树脂中充分均匀分散，最后将混炼好的片料模压成型，模压温度 180℃，压力 30MPa，保压时间 5min。用量以 100 份计，NBR 混炼胶分别为 2 份、4 份、6 份、8 份、10 份和 12 份，制成标准试样。图 3-2 为丁腈橡胶改性 BPF 的红外光谱图。

从图 3-2 可以看出，丁腈橡胶改性的硼酚醛树脂在 2260cm^{-1} 附近有较弱的吸收峰，这是—C≡N 的特征吸收峰，而未改性硼酚醛树脂没有这个吸收峰，说明硼酚醛树脂与丁腈橡胶发生了接枝反应。可见丁腈橡胶与硼酚醛树脂之间不是简单的物理共混，而是发生了共聚反应。

（2）丁腈橡胶改性硼酚醛树脂的性能分析

① DSC 及热重曲线分析　未改性硼酚醛树脂在 150℃左右有

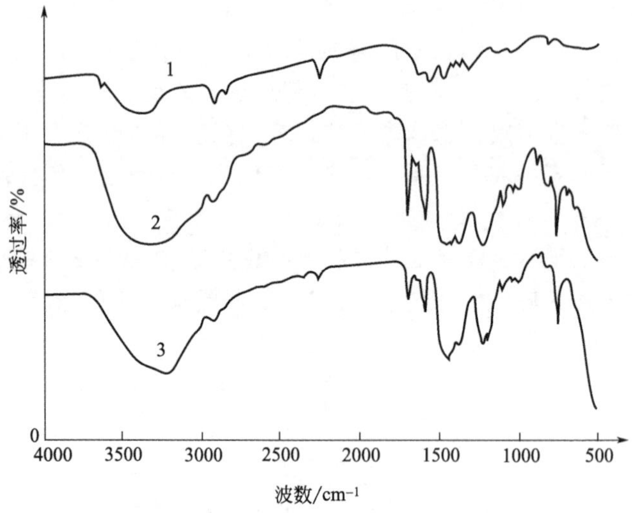

图 3-2 丁腈橡胶改性 BPF 的红外光谱

1—NBR；2—硼酚醛树脂；3—NBR 改性硼酚醛树脂

两个明显的放热峰，这是树脂中的小分子（苯酚、甲醛）释放时产生的，硼酚醛树脂的固化峰顶温度为 227℃；丁腈橡胶改性的硼酚醛树脂在 150℃左右的放热峰较小，但在 100℃左右出现一个放热峰且固化峰顶温度降低至 196℃，这是由于丁腈橡胶中的氰基和双键与树脂中的活性基团发生的反应对树脂的固化起到促进作用，同时加快了小分子的逸出，这些都有利于树脂的固化成型，见图 3-3。

丁腈橡胶改性的硼酚醛树脂在温度低于 430℃时的耐热性优于未改性硼酚醛树脂，其中在 300～400℃的平均质量损失率比未改性硼酚醛树脂约小 3%；当温度高于 430℃时，未改性硼酚醛树脂的耐热性优于改性的硼酚醛树脂，当温度为 800℃时，未改性硼酚醛树脂的质量损失率为 72.2%，改性硼酚醛树脂的质量损失率为 77.1%。可见，硼酚醛树脂与丁腈橡胶共混后，并不能提高最终的残炭率，但是硼酚醛树脂在 400℃左右的高温使用性能却得到提高，这也就达到了改善树脂耐热性的目的，见图 3-4。

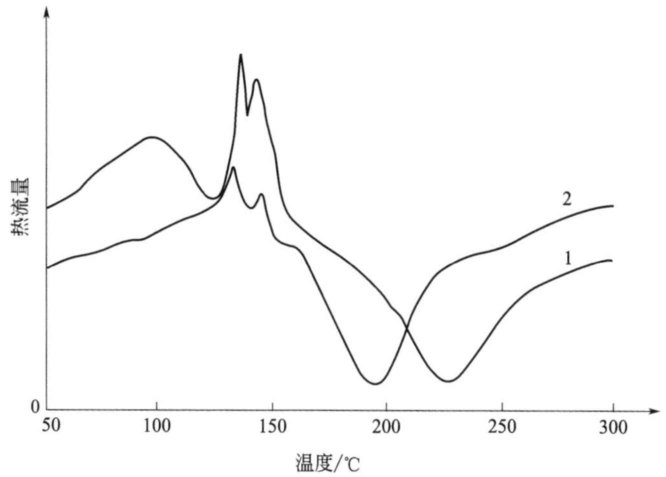

图 3-3　丁腈橡胶改性前后硼酚醛树脂的 DSC 曲线

1—改性前；2—改性后

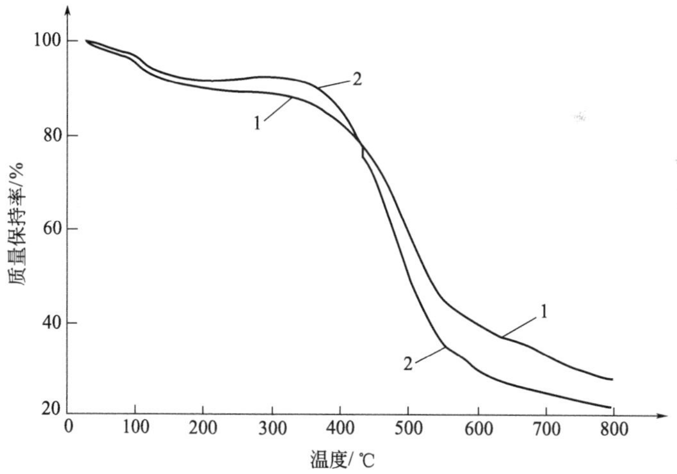

图 3-4　丁腈橡胶改性前后硼酚醛树脂的 TG 曲线

1—改性前；2—改性后

② 丁腈橡胶改性硼酚醛树脂的力学性能分析　纯硼酚醛树脂的冲击强度较小，仅为 6.70kJ·m^{-2}，随着 NBR 的加入，硼酚醛

树脂的冲击强度明显增大；当 NBR 混炼胶用量约为 8 份（NBR 用量为 6.7 份）时冲击强度达到最大值，为 12.92kJ·m^{-2}，比纯硼酚醛树脂提高了近 1 倍。随着 NBR 混炼胶用量的继续增大，冲击强度的提高幅度趋于平缓。主要是由于刚添加 NBR 混炼胶时，NBR 相在树脂基体中形成了海-岛结构，使两相间产生互锁作用，当共聚物受到外力作用时，基体与橡胶的相分离困难，冲击能可有效地传递给橡胶相，使橡胶相发生大的弹性形变，从而大量吸收冲击能，对材料起到增韧作用；NBR 混炼胶用量继续增大，橡胶粒子的增多，分散出现困难，部分发生了团聚，致使橡胶粒子增大，使橡胶粒子与基体的黏合性能变差，当受到外力作用时，不能有效地吸收冲击能，因此增韧效果开始下降，见图 3-5。

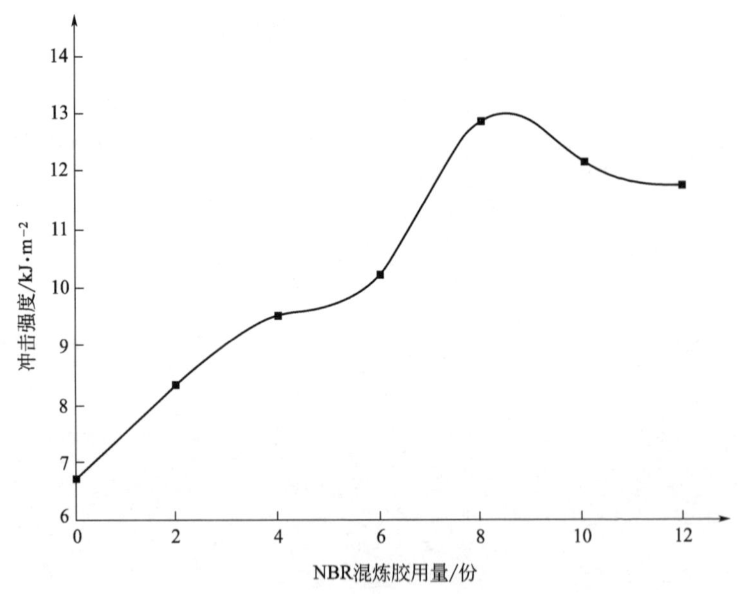

图 3-5　NBR 混炼胶用量对硼酚醛树脂冲击强度的影响

另外，橡胶粒子大小也是影响改性效果的主要因素，采用纳米级丁腈橡胶改性有利于提高硼酚醛树脂的冲击强度、弯曲强度和耐热性。因为酚醛树脂与丁腈橡胶之间有较强的反应能力，使得纳米橡胶容易在酚醛基体中分散。在脆性材料中，弹性粒子分散得越细，越有利于引发微裂纹，使机体韧性提高。又由于纳米尺寸效应，大的比表面积增加了橡胶与酚醛基体的界面连接，使得酚醛树脂在受热过程中不易变形和分解，因此耐热性提高。

3.2　有机硅改性硼酚醛树脂

有机硅具有表面能低、黏温系数小、压缩性高等基本性质，还具有耐高低温、电气绝缘、耐氧化稳定性、耐候性且无毒、无味以及生理惰性等特点，被广泛用于高聚物中。有机硅改性硼酚醛树脂主要通过有机硅单体的活化基团与硼酚醛树脂的酚羟基、羟甲基或硼羟基发生反应来制备耐热性和耐水性的有机硅硼酚醛树脂。耐热性的提高根本原因是有机硅中的 Si—O 键能比 C—C 键能高得多。耐水性改善是因为有机硅本身具有优良的憎水性。硅烷偶联剂 KH-550（3-氨基丙基三乙氧基硅烷）是常用的改性剂。

KH-550 改性硼酚醛树脂具体方法：以氢氧化钡/甲醛溶液作为催化剂，并加入到盛有苯酚的三口烧瓶中，65～70℃反应 2～3h；然后加入硼酸，100℃左右反应若干时间；待体系由浅绿色变成浑浊液时，抽真空脱水，升温至 95℃时加入水解后的硅烷偶联剂，110℃反应若干时间；停止反应后加入乙二醇调节树脂黏度，得到含硼硅的酚醛树脂（BSPF）。

图 3-6 为 KH-550 改性硼酚醛树脂的红外光谱图。在红外光谱图中出现了硼氧键的特征峰 1367cm^{-1}，硅氧键的特征峰 1040cm^{-1}。说明硼、硅已进入树脂大分子链中，形成含硼、硅的杂环结构。

KH-550 有机硅对提高硼酚醛树脂耐热性的贡献不大，随着有机硅用量的增加，树脂的残炭率反而有所下降，参见图 3-7。但显著降低了硼酚醛树脂的表面张力，改善了硼酚醛树脂的耐水性和对有机材料的相容性。采用 Fowkos 及 Kaelble 提出的几何平均方程计算固体表面张力。计算得未改性树脂的表面张力为 48.65×10^{-3} $N\cdot m^{-1}$，改性树脂的表面张力为 $26.84\times10^{-3}N\cdot m^{-1}$。

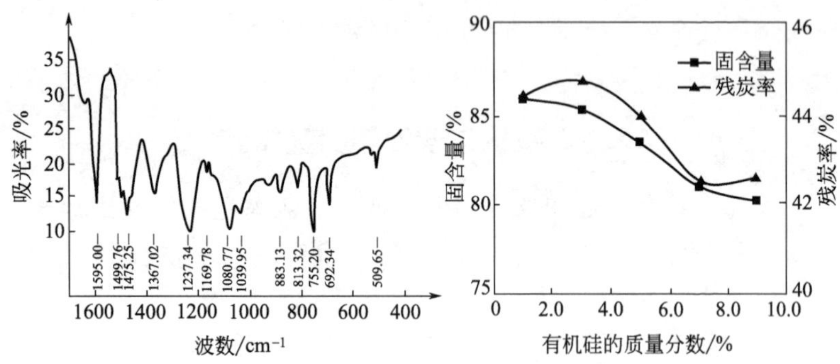

图 3-6 改性硼酚醛树脂的红外光谱　图 3-7 有机硅用量对树脂性能的影响

另有报道，用端羟基有机硅改性硼酚醛树脂，将聚硅氧烷链段引入到树脂中，可能的分子结构如下。

有机硅预聚物对硼酚醛树脂耐热性和氧指数的提高贡献不大，耐热性和氧指数甚至有下降的趋势，见图 3-8、图 3-9。其中，$n_{C_6H_5OH}:n_{CH_2O}:n_{H_3BO_3}=1:1.5:0.25$。可能是由于有机硅链段的存在妨碍了树脂固化时立体网状结构的形成；但有机硅的引入却使得树脂的表面能显著下降，见图 3-10。表面能的降低有助于提高硼酚醛树脂对增强材料的润湿能力，改善它们之间的界面性能，提高最终材料的力学性能，同时也可改善树脂的储存稳定性。

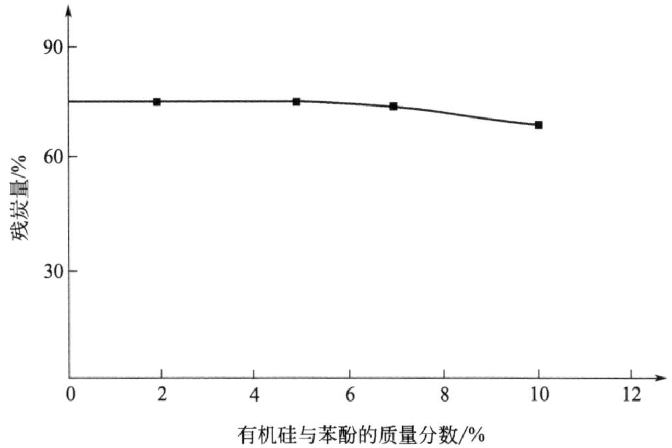

图 3-8　有机硅含量对硼酚醛树脂残炭量的影响

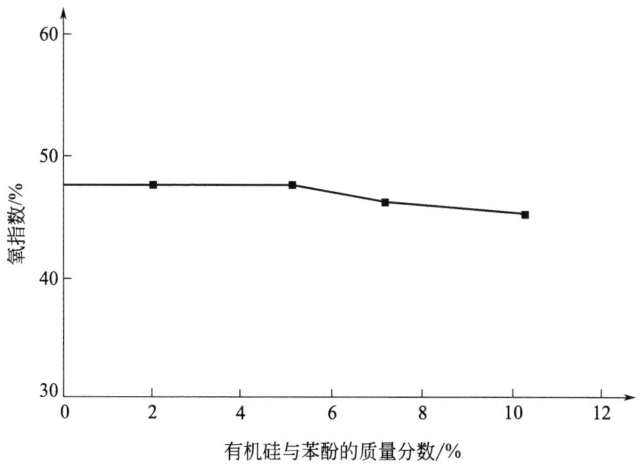

图 3-9　有机硅含量对硼酚醛树脂氧指数的影响

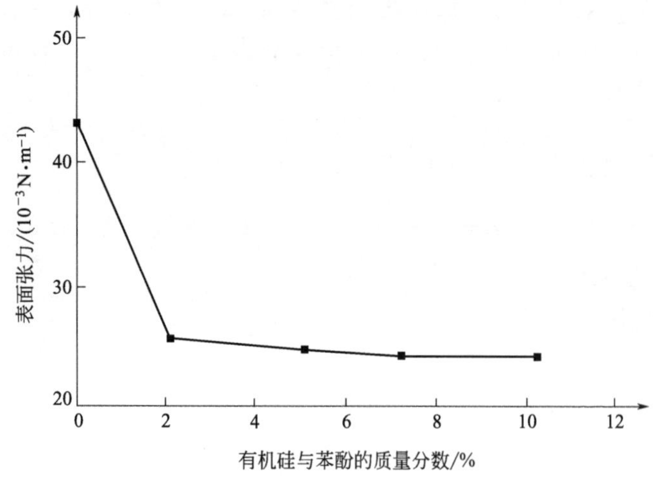

图 3-10　有机硅含量对硼酚醛树脂表面张力的影响

3.3　胺改性硼酚醛树脂

普通硼酚醛树脂由于硼原子核外电子层的不饱和性，使该类树脂的耐水性较差。近年来人们开始在合成硼酚醛树脂过程中加入各种胺类，如己二胺、苯胺、六亚甲基四胺和氨水等，生成硼氮配位键以提高树脂的耐水性。树脂的耐水性取决于 B←N 配位的完全程度，B→N 配位越完全，树脂耐水性越强。

3.3.1　己二胺、苯胺改性硼酚醛树脂

(1) 改性方法　将一定比例的苯酚和甲醛混合，以氢氧化钠为催化剂，先使苯酚和甲醛在 70℃反应一定时间，减压脱水得水杨醇，然后加入硼酸，在 102～110℃反应 40min，再加入适量胺继续反应一定时间后，减压脱水即得胺改性的硼酚醛树脂。

(2) 改性机理　伯胺改性水杨醇法制备的硼酚醛树脂的机理如图 3-11 所示。

首先未反应的硼酸基团，在一定条件下可以和伯胺或仲胺反应

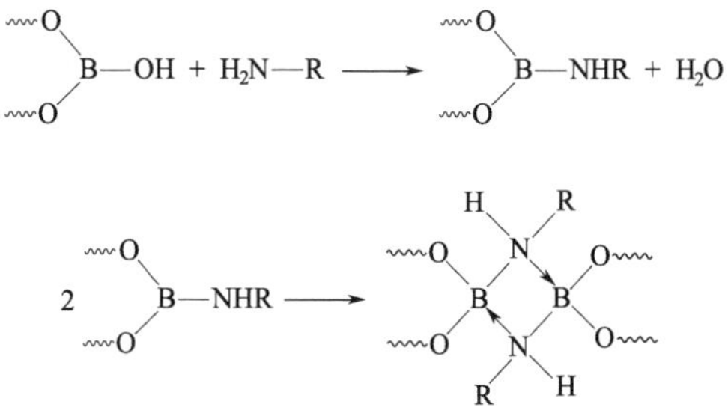

$$(\sim O)_2B{-}OH + H_2N{-}R \longrightarrow (\sim O)_2B{-}NHR + H_2O$$

$$2\,(\sim O)_2B{-}NHR \longrightarrow (\sim O)_2B[N(H)R]_2B(O\sim)_2$$

图 3-11　胺改性硼酚醛树脂反应机理

生成硼酰胺键，而硼酰胺在固化过程中又可形成二聚体式的硼氮环配位结构，这可以通过红外光谱进行验证。未用胺改性的硼酚醛树脂在 1350cm^{-1}处有硼酸酯键的特征吸收；苯胺改性硼酚醛树脂的红外光谱上，除了明显的硼酸酯键吸收峰外，增加了硼氮键（B—N）的红外特征吸收峰 1380cm^{-1}，说明当有胺存在时，合成过程中除了生成大量硼酸酯键，还生成大量硼氮键。进一步固化时，不加入胺的树脂在 140℃固化后由于 B—O 键的进一步生成使硼酯值提高数倍，而在同样条件下胺改性的硼酚醛树脂中硼酯值仅有少量增加，说明有胺存在时，胺和未反应的硼酸—OH 基发生了反应，使之不能再和酚羟基反应形成酯，因此酯值仅有少量增加。但是硼酰胺会形成二聚体式的硼氮环配位结构，使 B—N 键 1380cm^{-1}吸收峰下降逐渐转变为肩峰，硼氮四元环的红外特征吸收峰 1480cm^{-1}吸收峰逐渐变强。脂肪胺改性的硼酚醛树脂在 1380cm^{-1}处不存在吸收峰，这是因为树脂合成后期反应在高温、高真空下进行，而且和氮相连的是亚甲基链，生成硼酰胺后比苯胺更容易转化为硼氮配位的四元环。

(3) 耐水性能分析　普通硼酚醛树脂在进行一定程度的固化后硼酯值下降，形成 B←O 配位键，但在水解过程中硼酯值先上升而后又下降。这说明已固化树脂遇水后 B←O 配位键首先受到破坏，硼酯键又重新显示出红外吸收峰，但时间一长，酯键发生水解使红外吸收峰又下降。因此硼酚醛树脂的耐水性可以通过硼酯值（B—

O）的变化得到反映，见表 3-3。未改性的硼酚醛树脂经过一定时间的水解，硼酯值先上升而后持续下降；胺改性硼酚醛树脂硼酯值先上升，随后保持基本稳定，说明胺改性树脂的耐水性优于未改性树脂。胺改性的硼酚醛树脂由于部分硼形成了 B→N 配位键，降低了树脂的水解性。

表 3-3　固化树脂水解前后硼酯值变化

t/h	0	2	4	6	8
未改性树脂	0.15	0.52	0.47	0.41	0.37
胺改性树脂	0.22	0.59	0.50	0.50	0.50

3.3.2　六亚甲基四胺改性硼酚醛树脂

（1）改性方法及机理分析　将酚、硼酸、多聚甲醛和六亚甲基四胺按一定摩尔比投入装有搅拌、油水分离器、温度计的四口烧瓶中，用一个芳烃溶剂恒沸脱水，然后减压脱掉溶剂，即可得黄色透明树脂（树脂溶于乙醇）。合成具有螯合结构的硼氮配位的酚醛树脂，分子结构如下。

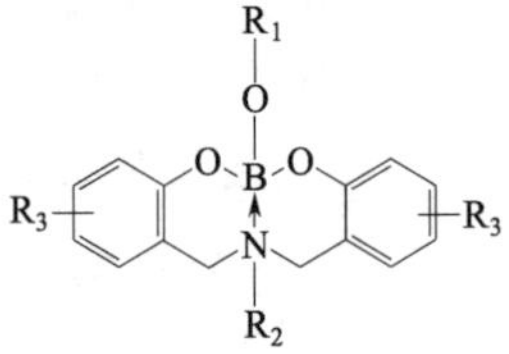

该树脂的红外光谱见图 3-12。聚硼酸酯在 1350cm^{-1}处为 B—O 特征吸收峰，六亚甲基四胺在 1070cm^{-1}处为叔胺的特征吸收峰，可是所合成的树脂在 1350cm^{-1}处和 1070cm^{-1}处的峰明显消失，说明形成了 B←N 配位键。

（2）耐水性分析　将不同 B、N 配比的酚醛树脂在沸水中加热回流不同时间，测其硼残留量及硼损失率，表征其耐水性，见表 3-4，表 3-5。B/N 比值越小，即 B 被 N 配位越完全，树脂中的硼损失越小，其耐水性越强。

其中，编号 1～3 是在六亚甲基四胺用量一定时，酚与硼酸的摩尔比分别为 1∶1、1∶0.8、1∶0.6；编号 4～6 是在酚与硼酸配

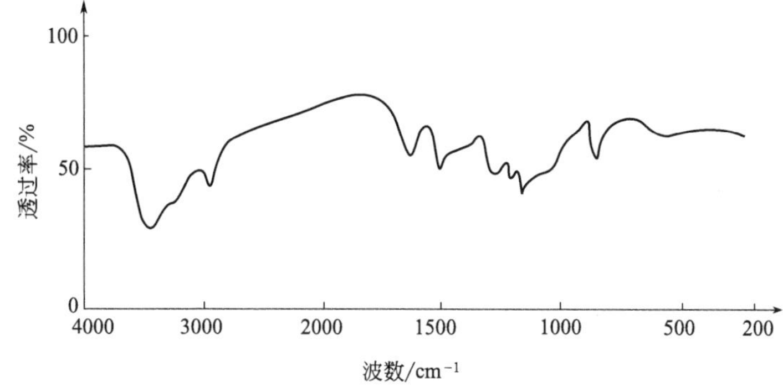

图 3-12　B←N 树脂的红外光谱

比一定时，硼与氮的摩尔比分别为 1∶1、1∶0.75、1∶0.5。

表 3-4　树脂中残硼含量　　单位：%

回流时间/h	0	2	4	6	8	10	12
1	2.61	1.70	1.68		1.67	1.63	1.60
2	2.27	1.49	1.48	1.48	1.46	1.47	1.43
3	1.78	1.58	1.57	1.58	1.57	1.56	1.57
4	3.64	2.68	2.67	2.67	2.66		2.61
5	3.36	2.30	2.25	2.29	2.28	2.25	2.25
6	3.18	1.67		1.53	1.52	1.50	1.44

表 3-5　树脂中硼损失率　　单位：%

回流时间/h	0	2	4	6	8	10	12
1	0	34.87	35.63		36.02	37.55	38.70
2	0	34.36	34.80	34.80	35.68	35.24	37.00
3	0	11.24	11.80	11.24	11.80	12.36	11.80
4	0	26.37	26.65	26.65	26.92		28.30
5	0	31.55	33.04	31.85	32.14	33.04	33.01
6	0	47.48		51.87	52.20	52.83	54.72

3.3.3　双马来酰亚胺改性烯丙基硼酚醛树脂

烯丙基硼酚醛树脂（XBPF）具有不饱和双键烯丙基基团，它可与其他含不饱和双键树脂（或化合物）发生共聚反应，通过共聚改性扩大硼酚醛树脂的应用范围，降低成型压力等。双马来酰亚胺树脂（BMI）具有不饱和基团，可以和烯丙基硼酚醛树脂发生很好的共聚反应，是优异的共聚改性剂。

(1) 改性方法　将 XBPF 与 BMI 按一定配比在某一温度下混合，透明后预聚一段时间，浇入已预热的涂有硅脂的模具中，真空加热脱泡后在常压下按一定的工艺固化及后处理。固化工艺为160℃×2h→180℃×4h→200℃×2h→230℃×2h，后处理工艺为250℃×5h。

(2) 改性机理　XBPF/BMI 共聚体系的固化反应机理比较复杂。一般认为是马来酰亚胺环中的双键（C═C 键）与烯丙基首先进行双烯（ene）加成反应生成 1∶1 的中间体，而后在较高的温度下酰亚胺环中的双键与中间体进行 Diels-Alder 反应和阴离子酰亚胺低聚反应生成有梯形结构的固化树脂。其反应式如图 3-13 所示。

式中，R 为 〰 CH_2—CH ═CH_2 或 H。

不同的 XBPF，即烯丙基含量不同，BMI 共聚改性效果及性能不同。另外，BMI 的含量对 XBPF/BMI 共聚树脂的性能影响也很大，含量偏少则体系中残留的烯丙基会导致力学性能、耐热性能与热氧化稳定性下降；含量过大又会导致预聚困难且预聚体溶解性差，固化后脆性大。表 3-6 为苯酚和烯丙基苯酚不同配比合成的 XBPF 的结构与代号。表 3-7 为不同的 XBPF 与 BMI 配方代号和质量比。

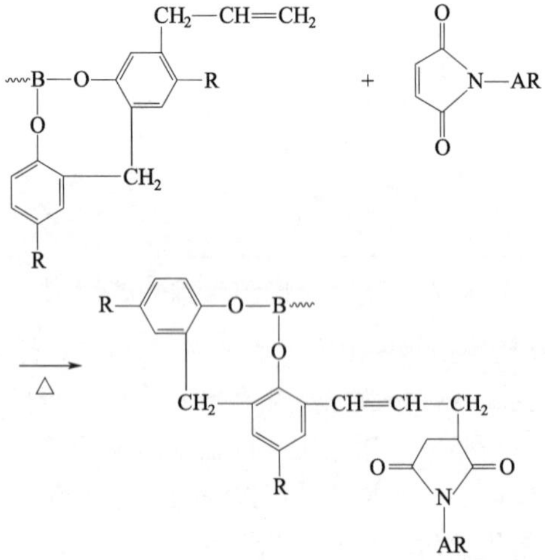

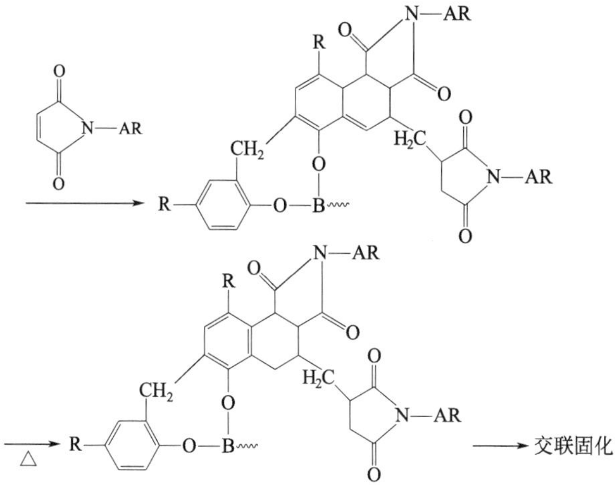

图 3-13　BMI 改性烯丙基硼酚醛树脂的反应机理

表 3-6　XBPF 的结构与代号

代号	烯丙基苯酚/苯酚/硼酸（摩尔比）	结构
$XBPF_1$	3/0/1	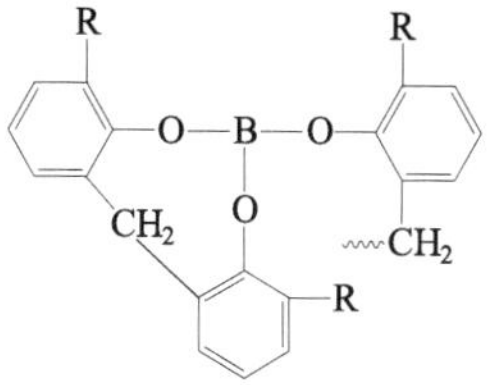
$XBPF_2$	2/1/1	
$XBPF_3$	1/2/1	
$XBPF_4$	1/2/1	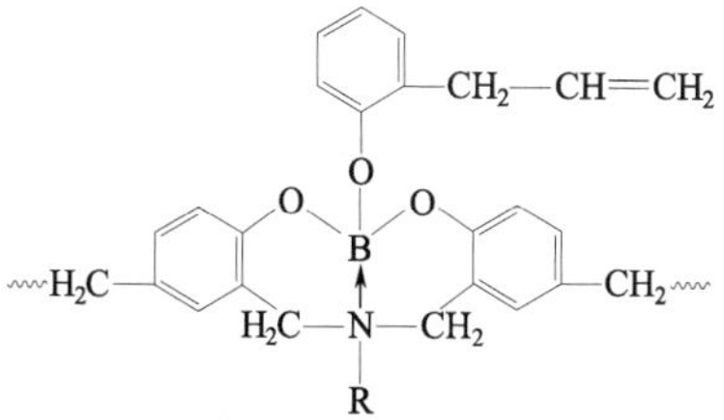

表 3-7　XBPF/BMI 配方代号和质量比

代号	组成	质量比
1#	$XBPF_1$/BMI	2/3
2#	$XBPF_2$/BMI	1/1

续表

代号	组成	质量比
3#	$XBPF_3$/BMI	1/1
4#	$XBPF_4$/BMI	1/1

（3）性能分析　在配方一定的情况下，XBPF/BMI共聚树脂的性能取决于预聚工艺，预聚程度深（时间长，温度高），有利于XBPF中烯丙基与BMI烯键进行加成反应，提高预聚体在丙酮中的溶解性；反之BMI易析出，预聚体在丙酮中的溶解性差。预聚程度过深则预聚物软化点太高，分子量过大，在丙酮中溶解困难。因此，必须合理地控制好预聚程度，才能得到工艺性良好的预聚体。

XBPF/BMI共聚树脂的烯丙基含量对其性能有重要影响。随着结构中烯丙基含量的减小，其力学性能、耐热性能和耐水性变差，见表3-8和图3-14。因为烯丙基基团含量越少，它与BMI共聚时交联点越少，树脂固化后结构不均匀，内应力大，内部缺陷多，其强度和耐热性就越差。同时烯丙基含量的降低，树脂中硼酸苯酚结构增多，苯环π轨道与氧原子p轨道共轭，电子效应增加使本未饱和的硼原子上电子密度进一步下降，加之共聚交联点的减少，使结构中缺陷、空穴增多，硼原子受水进攻发生水解程度增大。4#树脂与3#树脂结构中烯丙基含量相同，仅在组分中加入少量的六亚甲基四胺，吸水率就由0.72%降至0.55%，下降幅度为24%，热变性温度HDT值经40h水煮（比3#树脂增加了13h）仍高于3#树脂。说明在XBPF配方中加入六亚甲基四胺有利于改善XBPF/BMI共聚树脂的耐水性能。

表3-8　XBPF/BMI共聚树脂的性能

样品号	弯曲强度/MPa	冲击强度/(kg/m²)	HDT/℃	T_{di}/℃	T_{dp}/℃	Y_c(700)/%	吸水率/%	HDT水煮时间/h	HDT保持率/%
1#	116	11.8	270	—	—	—	—	—	—
2#	104.3	7.8	250	410.5	446.1	53.9	0.37	123/36	49.2
3#	96.8	5.8	176	394.2	437.9	50.6	0.72	92/27	52.3
4#	—	—	190	—	—	—	0.55	112/40	58.9

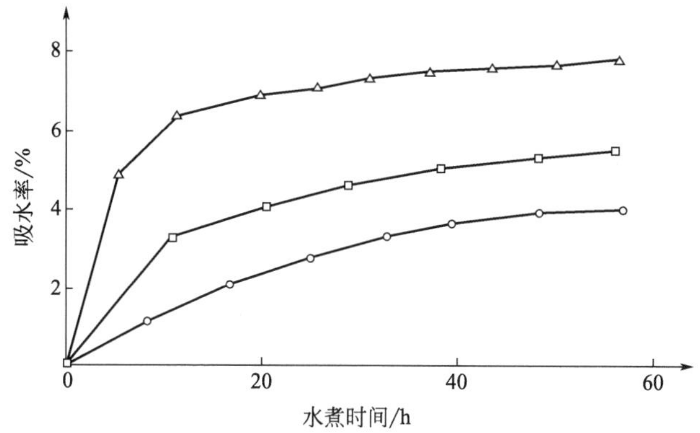

图 3-14　XBPF/BMI 固化树脂吸水率-水煮时间特性曲线

△ 3# 树脂；□ 4# 树脂；○ 2# 树脂

3.4　桐油改性硼酚醛树脂

桐油的主要成分是长链十八碳-9，11，13-共轭三烯酸的甘油酯，桐油中的共轭双键具有较大的反应活性，与硼酚醛共缩聚加大聚合物分子的 C/O 配比，从而增强硼酚醛韧性和成膜能力。

(1) 改性方法　桐油改性硼酚醛树脂的典型方法：首先是硼酸和苯酚进行酯化反应，生成硼酸酯，然后再和甲醛、桐油进行缩聚反应，生成含有桐油长链的硼酚醛树脂。具体过程如下。

酯化反应：在装有电动搅拌器、分水回流冷凝管及温度计的三口烧瓶中，按一定的摩尔比投入融化的苯酚、硼酸、醇类和催化剂等，在高速搅拌下加热至 100～110℃，反应 5～8h，回流分水；再把体系温度升至 150℃，脱去馏出物。

缩聚反应：将上述反应体系温度降至 80℃左右，投入一定量的多聚甲醛，并加入一定量的桐油，保温回流反应 2～4h，控制反应温度不高于 110℃，然后抽真空脱去低沸点物质，直至树脂凝胶化时间达 60～150s(160℃±1℃) 时出料，产物为棕色透明的黏稠液体或半固体。反应过程如下。

OH + H_3BO_3 $\xrightarrow[\text{甲苯}]{\text{催化剂}}$ OH O—B—O + O O—B—O + H_2O

$\xrightarrow[\text{桐油}]{(HCHO)_n}$ OH O—B—O R— —CH_2— —R $]_n$ + OH O—B—O R— —CH_2— R $]_n$

式中，R 可以相同或不同，可以连接在环的邻位或对位，表示桐油的长链基团。

有报道，采用微波法合成桐油硼酚醛树脂，并对两种方法进行对比。微波法和传统的方法反应过程相同，只是加热方式不同。具体制备方法如下。

酯化反应：先将一定量苯酚放入微波反应器中加热（注意：要敞口加热，否则容易发生爆裂），将融化的苯酚、硼酸按一定比例投入装有冷凝管、温度计和搅拌器的三口瓶中，设置微波反应仪温度为 100～110℃，反应时间为 20～40min，当瓶内温度达到 80℃，按反应底物的摩尔比称取一定量的相转移催化剂逐步加入反应瓶中，反应过程中，注意温度的变化以及三颈瓶内颜色褪变的时间，防止反应过于激烈。

缩聚反应：将温度降到 80℃左右，投入一定量甲醛，并加入一定量桐油，控制反应温度不高于 110℃，保温回流反应 20min，再把体系温度升至 150℃，脱去馏出物，然后抽真空脱去低沸点物质，直至树脂凝胶化时间达 60～150s（160℃±1℃）时出料，将反应液趁热倒出至烧杯，产物为棕色透明的黏稠液体或半固体。

两种方法对比，微波合成反应时间仅为 40min，传统合成反应的时间为 270min，其反应时间缩短了约 85%左右；微波合成反应所得树脂软化点稍低，流动性明显提高，聚合速度呈较大幅度地加快。另外，微波合成反应也具有分层快的特点，几乎一停止搅拌，就可明显看到混合物迅速分层，因此可省略传统合成的冷却澄清阶段，进一步起到缩短时间、简化工艺的目的。而且用微波法合成硼-桐油酚醛树脂游离酚含量少，可减少环境污染。

加热方法对酯化反应速率影响很大，使用微波法比常规加热法要快得多。如达到相同的产率，微波法比常规法要快 3 倍。这是因为微波对物质的加热是通过极性分子之间发生偶极作用，并以每秒钟十亿次的高速旋转产生热效应，体系受热均匀，称之为“内加热”，其优越性在于能使极性分子的运动加剧，大大增加反应物分子间的有效碰撞频率，使其在极短的时间内达到活化状态，从而显著提高酯化反应的速率，故微波辐射具有反应时间短、产率高等特点。而普通加热方式是靠对流和传导来实现，存在明显的温度梯度，加热效果不如微波法。

(2) 桐油改性机理　首先桐油在催化剂的作用下生成正离子。

$$\sim C-O-\overset{\overset{O}{\|}}{C}-(CH_2)_7CH=CH-CH=CH-CH=CH-(CH_2)_3CH_3 + H^+ \longrightarrow$$

$$\sim C-O-\overset{\overset{O}{\|}}{C}-(CH_2)_7CH_2-\overset{+}{C}H-CH=CH-CH=CH-(CH_2)_3CH_3$$

然后与主链上剩余的酚核 C_6H_5O—的邻对位发生亲电取代反应。

$$\sim C-O-\overset{\overset{O}{\|}}{C}-(CH_2)_7CH_2-\overset{+}{C}H-CH=CH-CH=CH-(CH_2)_3CH_3 \xrightarrow{C_6H_5O-}$$

$$\sim C-O-\overset{\overset{O}{\|}}{C}-(CH_2)_7CH_2-\overset{\overset{C_6H_4O-(o)}{|}}{CH}-CH=CH-CH=CH-(CH_2)_3CH_3 + H^+ \xrightarrow{C_6H_5O-}$$

$$\sim C-O-\overset{\overset{O}{\|}}{C}-(CH_2)_7CH_2-\overset{\overset{C_6H_4O-(o)}{|}}{CH}-CH=CH-CH_2-\overset{\overset{C_6H_4O-(o)}{|}}{CH}-(CH_2)_3CH_3 + H^+$$

桐油改性硼酚醛树脂红外光谱图见图 3-15。由于桐油长链分子进入了树脂碳骨架结构，形成了化学键，因此在 1710cm^{-1}处出现了酯的伸缩振动特征峰。

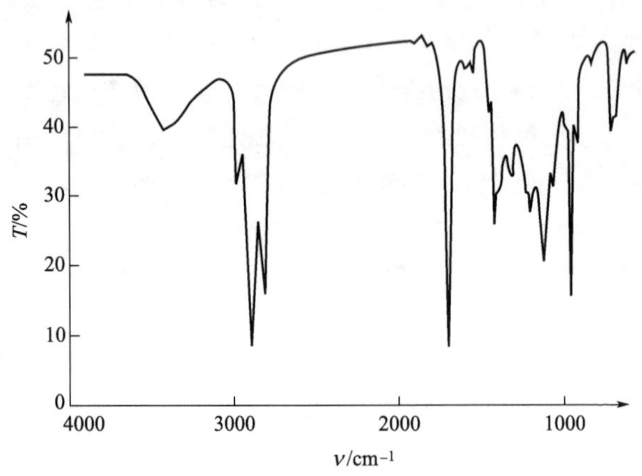

图 3-15　桐油改性硼酚醛树脂红外光谱图

(3) 改性树脂的性能分析

① 油溶性分析　硼酚醛树脂都是醇溶性的，一般不溶于有机油类物质，随着改性剂桐油量的增加，树脂的 C/O 比增加，产品油溶性增加，树脂柔韧性增强。桐油与苯酚物质的量之和为 1mol 时，在反应条件下，控制树脂凝胶化时间为 120s（160℃±1℃），加入桐油量不同，其油溶情况不同，见表 3-9。桐油量大于 0.15mol 后，可使改性树脂溶解于油料之中。加入桐油量小于 0.15mol 时，无论其他反应条件如何，产品均较难完全溶解于油料中。

表 3-9　改性硼酚醛树脂的油溶性与桐油量的关系

项目	桐油量/mol			
	0.05	0.10	0.15	0.20
油溶性(≤120℃)	不溶解	部分溶解	溶解	溶解
样品外观	固状	半固状	半固状	膏状

产品油溶性大小也与其凝胶度（聚合程度）有关，产品油

溶性增强则其凝胶度降低，即凝胶度时间延长。桐油为 0.15mol，凝胶温度为 160℃±1℃时，产品的油溶性和凝胶度的关系见表 3-10。

表 3-10　改性硼酚醛树脂的油溶性与凝胶度的关系

项目	凝胶度/s			
	82	105	120	146
油溶性(≤120℃) 样品外观	不溶解 固状	部分溶解 半固状	溶解 半固状	溶解 膏状

② 热性能分析　桐油并不能改善硼酚醛树脂的耐热性和残炭率，反而使其耐热性和残炭率降低，见表 3-11。桐油用量的极差最大，它是影响改性树脂耐热性的主要因素。桐油越少，热分解温度越高，即耐热性和残炭率越好。

表 3-11　改性硼酚醛树脂的正交实验表

实验号	n(桐油)/n(苯酚)	n(硼酸)/n(苯酚)	1×2	热分解温度/℃	450℃残留率/%
1	0.15	0.25	1	385	58
2	0.15	0.20	2	402	60
3	0.10	0.25	2	412	63
4	0.10	0.20	1	408	60
Ⅰ	393.5/55.5	398.5/57.5	396.5/55.5	401.8	60.3
Ⅱ	410.0/60.0	405.0/58.0	407.0/60.0		
级差	16.5/4.5	6.5/0.5	10.5/4.5		

③ 摩擦性能分析　以桐油改性硼酚醛树脂无石棉编织型制动带的摩擦性能分析为例。铜丝、增强纤维（锦纶、芳纶、玻璃丝等）按一定方法捻制和编织、修整后，烘干，在改性硼酚醛树脂混合液浸渍 40h，低温（40℃）干燥 24h，整型，在高温下固化 24h，辊压打磨后检测其摩擦性能。见表 3-12。

表 3-12 改性硼酚醛树脂制备的无石棉编织型制动带摩擦系数（μ）

	θ/℃	试样		参考试样			
		1#	2#	3#	4#	5#	6#
升温	100	0.49	0.51	0.40	0.45	0.42	0.54
	150	0.53	0.52	0.38	0.41	0.38	0.54
	200	0.54	0.53	0.11	0.40	0.36	0.56
	250	0.51	0.55			0.34	0.58
	300	0.40	0.41			0.14	0.32
降温	250	0.42	0.47			0.24	0.48
	200	0.48	0.52	0.10		0.26	0.54
	150	0.50	0.53	0.37	0.39	0.28	0.54
	100	0.52	0.49	0.38	0.40	0.32	0.52

注：1# 和 2# 是用桐油改性硼酚醛树脂制成的无石棉编织型制动带；3# 是用改性聚桐油脂制成的无石棉编织型制动带；4# 是用三聚氰胺、腰果油双改性酚醛树脂制成的含石棉编织型制动带；5# 是 Trimat 公司（英）GBC 无石棉编织型制动带；6# 是 Scan-Pac 公司（美）GGW 无石棉编织型制动带。

用桐油改性酚醛树脂为结合剂的无石棉编织型制动带，不但低温（100～200℃）下摩擦系数保持在 0.52～0.54，高温（200～300℃）下摩擦系数也高达 0.40～0.51，且摩擦系数恢复性能良好，可保持在 0.47 左右。与参考试样比较，高温时摩擦系数显著提高，接近美国 Scan-Pac 公司的 GGW 产品，优于英国 Trimat 公司的 GBC 产品。充分利用了硼酚醛树脂的高耐热性和桐油的柔韧性，使桐油改性硼酚醛树脂成为一种很好的摩擦材料。

3.5 腰果油改性硼酚醛树脂

腰果油是一种天然生物质酚，其化学成分主要为 3-十五烯基-2-羧基苯酚，结构式为：

OH

—COOH

—$C_{15}H_{27}$

可由亚热带、热带经济作物腰果壳压榨而得，能在化学品合成中替代多种酚类精细石化原料，独特的性能使其成为未来解决高端化学建材、车、船、航天航空、电子化学品材料等领域最有发展前途的材料之一，也是目前能够投入使用的最廉价、最易得的生物质高分子原材料。其酚醛树脂早已在摩擦材料、涂料等方面作胶黏剂使用。

（1）改性方法及机理分析　腰果油本身是一种酚，可以作为单一的酚材料与硼酸、甲醛反应制成硼酚醛树脂；也可以与苯酚混合作为酚材料和硼酸、甲醛反应制成硼酚醛树脂。河北大学对这两种情况进行了研究分析。具体改性方法如下。

将苯酚或腰果油和硼酸按一定摩尔比投入装有搅拌器、油水分离器、温度计的反应器中，用一个芳烃溶剂恒沸脱水合成硼酸酯，之后加入固体醛和六亚甲基四胺进行反应，减压脱水即得透明树脂，该树脂溶于乙醇、丙酮。合成的腰果油苯酚型硼酚醛树脂红外光谱见图 3-16。

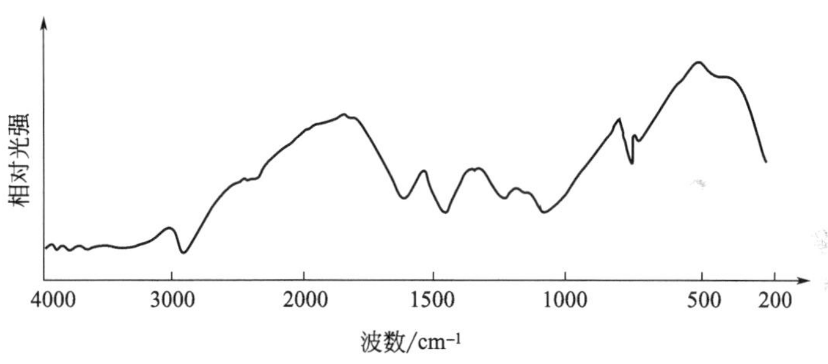

图 3-16　腰果油苯酚型硼酚醛树脂红外光谱

（2）性能分析

① 耐水性分析　由于腰果油含有碳氢长链，其合成的硼酚醛树脂耐水性优于苯酚型，但是当用六亚甲基四胺对这两类硼酚醛树脂进行改性，由于碳氢链的空间位阻，使腰果油型硼酚醛树脂的硼氮配位不完全，使其耐水性弱于苯酚型，见表 3-13。用混合酚制备的硼酚醛树脂的耐水性优于任何单一酚制备的硼酚醛树脂，说明二者具有协同效应。

表 3-13 水煮后硼酚醛树脂的硼损失率 单位：%

水煮时间/h	2	4	6	8	10	12
硼氮不配位苯酚型	86.1	88.9	95.0	96.2	97.2	98.1
硼氮不配位腰果油型	22.2	35.6	44.4	62.2	64.4	64.4
硼氮配位苯硼型	19.2	19.2	24.2	25.3	27.3	28.3
硼氮配位腰果油型	17.5	—	29.7	30.8	37.5	38.8
硼氮配位苯酚腰果油型	1.7	9.3	13.3	17.7	22.0	29.3

② 热性能分析　北京化工大学研究了腰果油对硼酚醛的耐热性的影响。实验中腰果油和苯酚为 1.0mol，甲醛 1.2mol，通过正交实验研究了腰果油、硼酸对硼酚醛树脂的热性能的影响，见表 3-14 和图 3-17。腰果油是影响热分解温度和残留率的主要因素。其在低水平下显示出较高的耐热性，随着腰果油量的增加会使热性能急剧下降，尤其是残留率。硼酸是影响这一过程的第二位要素。

表 3-14 腰果油、硼酸正交实验的结果与分析

实验号	腰果油/mol	硼酸/mol	1×2	热分解温度/℃	500℃残留率/%
1	0.1	0.1	一	467.8	69.2
2	0.1	0.15	二	455.6	60.4
3	0.3	0.1	二	449.6	44.4
4	0.3	0.15	一	445.0	38.7
一	461.7/64.8,458.7/56.8,456.4/54.0				
二	447.3/41.6,450.3/49.6,452.6/52.4,454.5/53.2				
三	14.4/23.2,8.4/7.2,3.8/1.6				

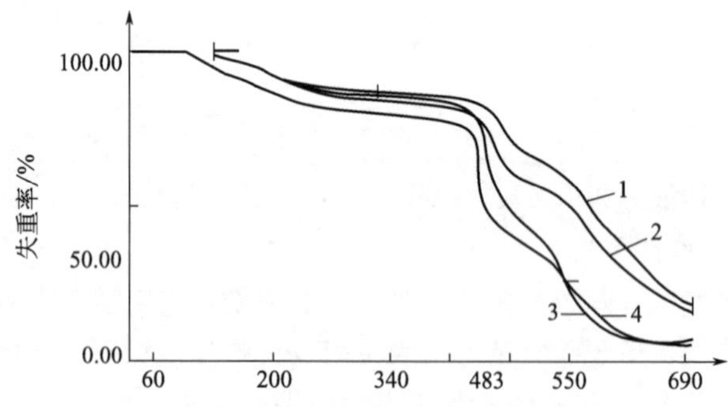

图 3-17 腰果油改性树脂的热失重曲线

图中 1、2、3、4 与表 3-14 中实验号逐一呼应

3.6　纳米粒子改性硼酚醛树脂

纳米粒子以其表面效应、体积效益和量子尺寸效应与聚合物链形成很强的界面结合力，克服常规刚性粒子不能同时增强增韧的缺点，被广泛用于聚合物改性中。

3.6.1　纳米 SiO_2 改性硼酚醛树脂

（1）改性方法及机理分析　有报道用纳米 SiO_2 和桐油双改性硼酚醛树脂。

制备过程：首先是苯酚和硼酸进行酯化反应生成硼酸酯，然后再投入纳米 SiO_2 粉体，超声波分散，最后加入多聚甲醛和桐油，进行缩聚反应，得到双改性硼酚醛树脂。桐油改性的硼酚醛树脂（TBPF）和 SiO_2/桐油双改性的硼酚醛树脂（NTBPF）红外光谱参见图 3-18，NTBPF 光谱在 $1033cm^{-1}$ 处、$470cm^{-1}$ 处出现了 SiO_2 特征峰，说明 SiO_2 嵌入到基体树脂中。

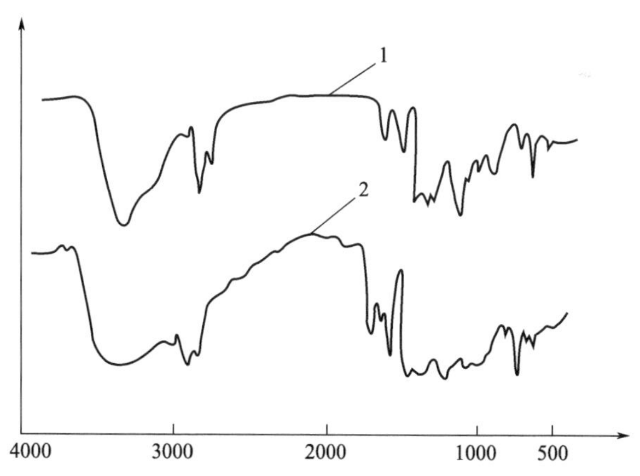

图 3-18　桐油/BPF 和 SiO_2/桐油/BPF 的红外光谱

1—桐油/BPF；2—SiO_2/桐油/BPF

（2）热性能分析　桐油改性的硼酚醛树脂 DSC/TG 曲线见图

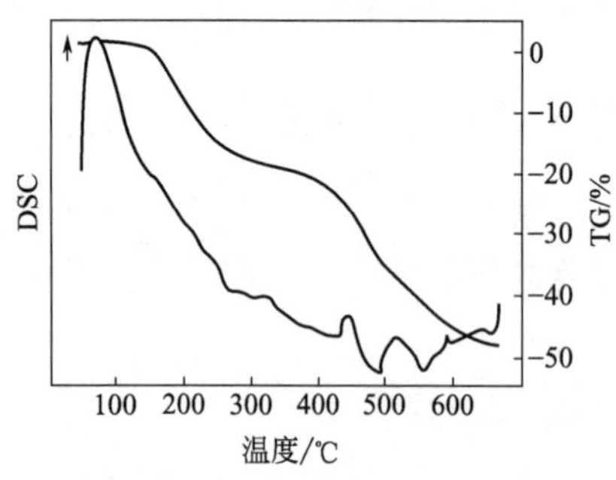

图 3-19　TBPF 的 DSC/TG 曲线

3-19。热失重过程可分为三个阶段，即干燥固化、预碳化和碳化。第一陡坡为干燥固化阶段，主要是试样中游离的小分子释放出来。DSC 曲线在 70～130℃有 1 个明显的放热峰，此为试样固化反应放热峰；中间平缓的区域为预碳化阶段，失重速度减小，主要是由于硼杂化产生的化学键及次级键热稳定性强所致；第二陡坡为碳化阶段，失重速度加快。

SiO_2/桐油改性的硼酚醛树脂 DSC/TG 曲线见图 3-20。在 250℃以前由于二者的缩合固化作用机理基本相同，因此两树脂的 TG 曲线基本相同。但在 250℃以后，NTBPF 树脂的 TG 曲线在每一个温度点上残炭率提高 5%～8%，这可能是因为纳米 SiO_2 粒子的表面与聚合物有机相极性节点存在较强的相互作用，从而提高聚合物分子链断裂的能量，提高了其耐热性，在残炭率为 80%时，NTBPF 树脂热失重温度为 450℃，而 TBPF 树脂为 400℃，高出 50℃。

(3) 摩擦性能分析　将改性硼酚醛树脂制备的无石棉编织型制动带试样在 D-MS 定速式摩擦磨损机上按 GB/T 11834—2000 规范进行测试，结果见表 3-15。

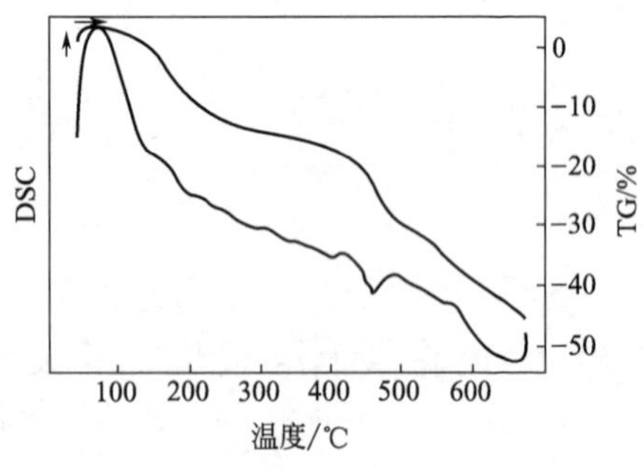

图 3-20　NTBPF 的 DSC/TG 曲线

TBPF 和 NTBPF 试样在各温度点上的摩擦系数、抗热衰退温度点和抗磨损能力都高于国家标准，且摩擦系数恢复性能良好。一般的，在摩擦材料的所有组分中，基体树脂的热稳定性最弱。但由于杂化改性使酚醛树脂内含硼三向交联结构和烷基链状结构形成互穿体型结构，增强了树脂耐热性，使得摩擦材料具有很好的热衰减性能。添加纳米 SiO_2 的硼酚醛树脂在 200℃ 时未见衰减，而 TBPF 已有衰减的迹象，这是由 NTBPF 耐热性较高所决定的，故具有更好的抗热衰减性能。NTBPF 的抗磨损能力也有一定提高，尤其是 200℃以前抗磨损性能显著，这主要是纳米 SiO_2 粒子均匀分布于基体树脂长碳链的极性节点上，能够在树脂中起到填充补强、增加键能、强化界面黏结、减少自由体积作用，从而全面改善材料的摩擦性能。高于 200℃时，由于有机物碳化加剧，纳米分布极性点被破坏而磨损率增大。

表 3-15　改性硼酚醛树脂制备的无石棉编织型制动带摩擦系数

温度/℃	摩擦系数 μ						磨损率/($10^{-2}cm^3 \cdot N^{-1} \cdot m^{-1}$)		
	TBPF		NTBPF		GB/T 1184—2000		TB	NTB	GB/T 1184—2000
	升温	降温	升温	降温	升温	降温			
100	0.40	0.45	0.42	0.44	0.30～0.60	0.30～0.60	0.81	0.39	≤1.00
150	0.45	0.46	0.48	0.46	0.25～0.60	0.25～0.60	0.99	0.63	≤2.00
200	0.40	0.38	0.48	0.47	0.20～0.60	0.20～0.60	0.79	0.43	≤2.00
250	0.26		0.36		—	—	0.93	0.70	—

3.6.2　纳米 TiO_2 改性硼酚醛树脂

(1) 改性方法和机理分析　纳米 TiO_2 具有高的化学稳定性、热稳定性且无毒，在硼酚醛树脂中加入 TiO_2 有利于提高树脂的耐热性和热残留率。但纳米粒子间相互作用总表现为引力作用，极易团聚，在高黏度的高分子熔体或浓溶液中，则更不易分散。南京理工大学采用原位生成法，在硼酚醛树脂合成的前期低黏度体系中加入纳米粒子，并在超声振荡条件下加入表面活性剂进行分散处理，确保了纳米粒子在硼酚醛树脂中的均匀分散。通过刚性纳米 TiO_2 的加入来调节酚醛树脂的交联点，可提高树脂的韧性，降低树脂在生产及使用中的黏性，达到提高耐热性、改进脆性和加工工艺性的目的。

具体方法：定量的纳米粒子与表面活性剂超声分散10min，以达到破坏原有的团聚结构、充分分散的目的，然后加入定量苯酚、甲醛、催化剂氢氧化钡，在一定温度下反应2h，加入硼酸后加热微沸、回流反应；待反应体系浑浊，停止搅拌后明显分层时，真空脱水。测定凝胶时间，当180℃的凝胶时间达到70～90s时出料。

摩擦材料试样制备：压制温度170℃，压制压力8～10MPa，压制时间60s·mm^{-1}，热处理条件为100℃×2h→140℃×2h→200℃×6h。

(2) 纳米 TiO_2 改性硼酚醛树脂性能分析

① 热性能分析　低温时由于纳米粒子和有机相之间的物理吸附作用和化学交联作用使硼酚醛树脂的耐热性提高，改性硼酚醛远远好于普通的硼酚醛树脂，平均温度高出100℃左右；但是随着温度的升高，残炭率越来越接近，这是因为高温时树脂的耐热性主要体现在分子链本身耐热性上，也就是体现在硼元素的加入造成树脂耐热性的变化，所以两者在高温时的热失重相近，见图3-21。

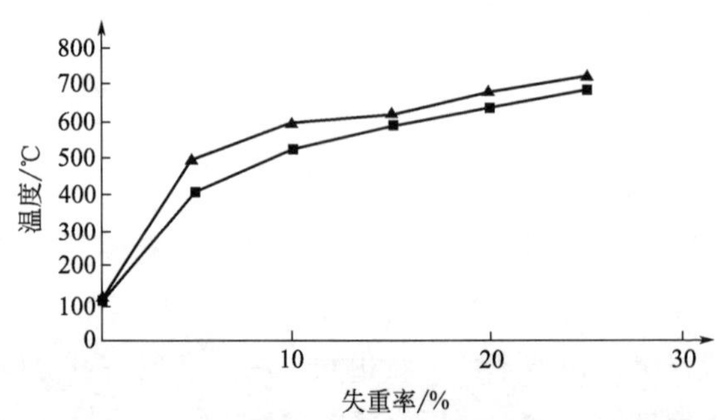

图3-21　纳米 TiO_2 改性硼酚醛热失重TG图

② 流变性能分析　由于硼酚醛的流动性能差，在工业制备中有时会发生凝胶而影响产品的质量。而在使用过程中也会影响浸润、黏结性能，为达到设计要求，往往需要增加树脂的用量。采用纳米粒子改性，可有效地改善硼酚醛的流动性。纳米 TiO_2 的加入

会显著降低树脂的黏度，不同的用量对树脂的表观黏度影响很大，质量分数为 8%时表观黏度最小，见图 3-22。

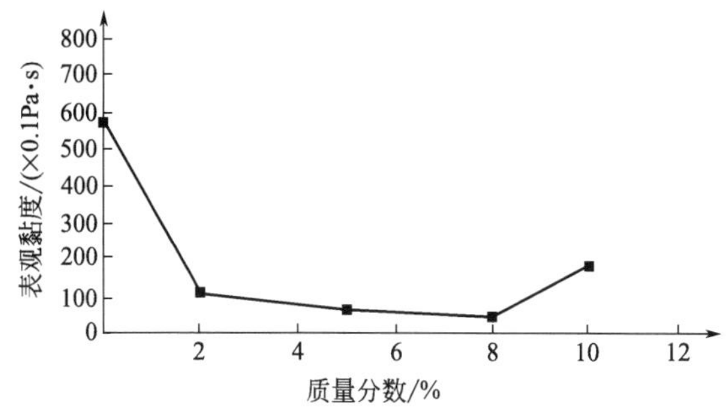

图 3-22　表观黏度与纳米 TiO_2 粒子填充的关系

主要是由于纳米粒子的尺寸非常小，在良好的分散前提下，可与树脂形成分子级的复合体系，增大了分子间的距离，从而破坏分子间的极性连接，减少了交联点，削弱了分子间的作用力，增大了树脂的塑性，提高了树脂的流动性。含量较小时，单个纳米粒子相互结合的概率较小，粒子与树脂的分散概率大，容易渗透到树脂大分子间，使树脂的黏度迅速下降。当粒子的含量比较高时，粒子易在树脂中聚集成团，反而会吸附高分子链，使一部分链段之间发生联结，同时流动过程中，粒子与粒子间相互摩擦的概率提高，从而使黏度上升。

③ 冲击性能的分析　纳米粒子增韧改性，克服了树脂增韧不增加机械强度、降低耐热等级的缺点。其机理一般理解为，刚性无机粒子的存在使基体树脂裂纹扩展受阻或钝化，最终终止裂纹，不致发展成破坏性开裂；随着填料的微细化，粒子的比表面积增大，因而填料与基体间界面面积增大，材料受冲击时，会产生更多的微开裂，吸收更多的冲击能。改性树脂的冲击强度与粒子的加入量关系见图 3-23。加入量为 5%左右时改性树脂的冲击强度达到最大。若填料用量继续增加，粒子过于接近，微裂纹易发展成宏观开裂；同时填料用量的增大，增加了团聚的机会，会使体系性能变差。

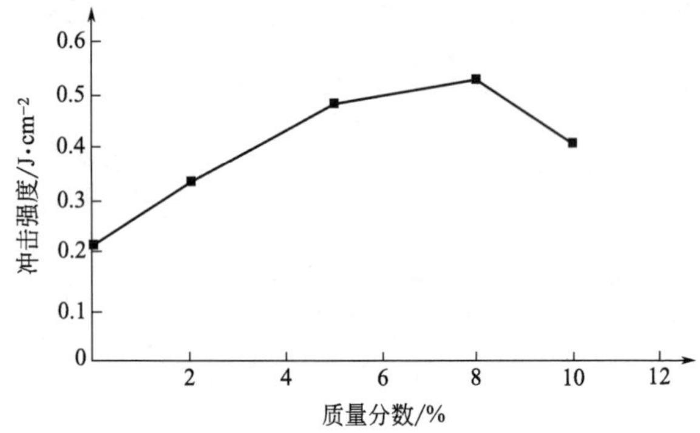

图 3-23　冲击强度与纳米 TiO_2 粒子填充的关系

④ 摩擦性能的分析　为进行对比，采用普通酚醛树脂做表样，其实验结果见表 3-16。摩擦材料基体树脂分解、降解，产生苯、甲苯、甲醛、CO、CH_4 以及焦油类物质，液体物质在摩擦表面起到润滑作用；气体物质在摩擦表面形成气垫，因而它们改变了干摩擦状态，这也是使摩擦材料摩擦系数下降的主要原因。由于纳米 TiO_2 对树脂基体的作用，使得改性硼酚醛树脂初始分解温度提高，在摩擦材料工作条件下热分解产物减少，有利于提高树脂的使用温度，稳定摩擦系数。

纳米 TiO_2 改性硼酚醛对摩擦材料磨耗性能也有较大改善，尤其是在高温阶段。摩擦材料在高温区的磨耗，主要属于热疲劳磨损和热氧化磨损。而改性硼酚醛一方面提高了流动性，改善了树脂基体与纤维填料间的界面黏结，另外一方面酚羟基封锁和交联作用使树脂抗氧化性提高，这都较好地改善了热疲劳磨损和热氧化磨损。

表 3-16　树脂基体对摩擦材料性能的影响

树脂基体	各种温度下的摩擦性能							冲击强度
	温度/℃	100	150	200	250	300	350	$dJ\cdot cm^{-2}$
PF	μ	0.41	0.43	0.43	0.38	0.33	—	0.38
	Δw	0.124	0.216	0.274	0.421	0.521	—	
BPF	μ	0.43	0.43	0.45	0.49	0.43	0.43	0.46
	Δw	0.022	0.033	0.022	0.047	0.064	0.111	

3.7 玄武岩纤维改性硼酚醛树脂

玄武岩纤维复合材料是以天然玄武岩为原料，破碎后加入熔窑中，在 1400～1500℃熔融后，通过拉伸成纤维，并以此纤维为增强体制成的新型复合材料。由于玄武岩纤维具有许多玻璃纤维所不具有的耐热、耐酸碱、绝缘性好、抗压缩强度和剪切强度高的优异性能，且生产原料易得，价格便宜，储量丰富，工业生产无三废“排放”，堪称 21 世纪无污染的“绿色工业材料”，因此玄武岩纤维复合材料在工农业生产及军事上具有很好的用途。硼酚醛树脂由于分子结构中引入无机硼元素，生成键能较高的 B—O 键，使其耐热性、瞬时耐高温性、耐烧蚀性和力学性能等均比普通 PF 要好得多。玄武岩纤维改性硼酚醛树脂进一步增强其耐烧蚀性和力学性能，被广泛应用于火箭、导弹和空间飞行器等空间技术领域。

(1) 改性方法　将连续玄武岩纤维（CBFTC）裁剪成尺寸为 1200mm×1200mm 的布块。将硼酚醛树脂（BPF）粉碎，并加入乙醇配制成 BPF 质量分数为 50%的胶液。用计量的 BPF 树脂胶液均匀浸渍 CBFTC 块，然后晾置于通风干燥处 1 天以上，得到预浸布。将预浸布切割至 200mm×200mm 尺寸，放入 110～120℃烘箱中预烘 30min，然后取出、铺层，采用层压成型工艺制得 BPF/CBFTC 层合板。

硼酚醛复合材料压制工艺：固化温度为 180℃±10℃，固化时间为 $15min \cdot mm^{-1}$，成型压力为 5MPa。

(2) 玄武岩纤维改性硼酚醛树脂力学性能及热性能分析　作为烧蚀材料，通常要求其有效烧蚀热高、热导率低、热膨胀率低以及具有良好的抗热冲击和抗机械振动等性能。根据以上方法制得的硼酚醛复合材料力学性能、烧蚀性能及导热性能见表 3-17～表 3-19。BPF/CBFTC 复合材料具有优异的抗弯、抗压力学性能和良好的耐烧蚀性、绝热性。

表 3-17 BPF/CBFTC 复合材料力学性能

性能类型	弯曲强度/MPa	弯曲弹性模量/GPa	压缩强度/MPa	压缩弹性模量 GPa	剪切强度/MPa
数值	557	38.4	472	31.8	27.1

表 3-18 BPF/CBFTC 复合材料烧蚀性能

性能类型	质量烧蚀率/g·s^{-1}	线烧蚀率/mm·s^{-1}
数值	0.0691	0.0883

表 3-19 BPF/CBFTC 复合材料导热性能

平均温度/℃	热导率/W·m^{-1}·K^{-1}
50.2	0.42
100.4	0.46
250.6	0.52

3.8 炭布改性硼酚醛树脂

碳纤维（carbon fiber，CF），是一种含碳量在 95%以上的高强度、高模量纤维的新型纤维材料。它是由片状石墨微晶等有机纤维沿纤维轴向方向堆砌而成，经碳化及石墨化处理而得到的微晶石墨材料。碳纤维“外柔内刚”，质量比金属铝轻，但强度却高于钢铁，并且具有耐腐蚀、高模量的特性。它不仅具有碳材料的固有本征特性，又兼备纺织纤维的柔软可加工性，是新一代增强纤维。炭布缠绕炭/酚醛材料（CCP）制成耐烧蚀材料，成型工艺简单、成本低，被广泛应用于火箭和导弹的端头材料、发动机喷管材料等。但由于普通酚醛树脂（钡酚醛和氨酚醛）的残炭率低（55%～64%）、剪切强度低导致固体火箭发动机地面试验中酚醛复合材料喷管部件上经常出现烧蚀坑、沟槽等过度烧蚀和不稳定烧蚀现象，严重限制其应用范围，影响发动机工作的可靠性。硼酚醛树脂具有高耐热性、高残炭率和力学性能差等特点，用炭布改性硼酚醛树脂，会显著增强其力学性能，制成优良的耐烧蚀材料。

用不同类型 PAN 基炭布增强硼酚醛层压复合材料的力学性能如表 3-20 所示。复合材料中含胶量在 34%～37%，固化压力 5MPa。1K 平纹炭布增强复合材料的剪切强度高达 36.8MPa，3K 缎纹炭布增强复合材料的剪切强度达到 32.8MPa，弯曲强度最高（471MPa）。而 3K 平纹炭布和 6K 缎纹炭布增强复合材料的剪切强度仅分别为 23.6MPa 和 24.4MPa。表明低 K 数碳纤维与树脂的浸润性好，容易浸透，因此复合材料力学性能高。在碳纤维 K 数相同的条件下，缎纹织物比平纹织物有利于树脂的浸润，因此缎纹复合材料的力学性能更佳。

表 3-20　炭布编织结构对硼酚醛材料性能的影响

炭布编织结构	剪切强度/MPa	弯曲强度/MPa
1K 平纹炭布	36.8	393
3K 平纹炭布	23.6	238
3K 缎纹炭布	32.8	471
6K 缎纹炭布	24.4	205

参考文献

[1] 庄光山，王成国，王海庆等．橡胶改性酚醛树脂的研究．工程塑料应用，2003，31（2）：8-11.

[2] 张立群，王一中，王益庆等．粘土/丁苯橡胶纳米复合材料的制备和性能．特种橡胶制品，1998，19（2）：6-9.

[3] 崔杰，沈时骏，刘长丰等．NBR 改性硼酚醛树脂的性能研究．橡胶工业，2005，52（5）：288-290.

[4] 刘乃亮，齐暑华，理莎莎等．CTBN 增韧改性热固性树脂研究进展．中国塑料，2011，5（3）：18-24.

[5] 高林．丁腈橡胶耐热改性及其在聚合物基摩擦材料中的应用研究［D］．长沙：湖南大学，2008：38-43.

[6] 马恒怡，刘轶群，赖金梅等．纳米级丁腈粉末橡胶改性酚醛树脂的研究．中国化学会编译．全国高分子材料科学与工程研讨会论文集．上海：中国化学会等，2004.293.

[7] 周瑞涛，郑元锁，孙黎黎等．硼酚醛树脂/丁腈橡胶烧蚀材料性能研究．固体火箭

技术，2007，30（2）：159-163.

[8] 易德莲，欧阳兆辉，伍林．硼硅双改性酚醛树脂的合成与性能．中国胶粘剂，2008，17（1）：12-15.

[9] 杜杨，吉法祥，刘祖亮等．含硼硅酚醛树脂 BSP 的合成和性能．高分子材料科学与工程，2003，19（4）：44-47.

[10] 高俊刚．胺改性硼酚醛树脂的研究．塑料工业，1994，2：59-63.

[11] 徐庆衍，肖汉卿，王义兰．硼氮配位结构的酚醛树脂的研究．玻璃钢/复合材料，1986，1：26-28.

[12] 翟丁，高俊刚，田庆等．苯酚型硼氮配位酚醛树脂的热性能与热降解动力学．河北大学学报，2008，28（3）：282-290.

[13] 狄西岩，梁国正，秦华宇．烯丙基硼酚醛树脂的合成．高分子材料科学与工程，2000，2（16）：44-47.

[14] 狄西岩，秦华宇，梁国正．烯丙基硼酚醛-双马来酰亚胺共聚体系的研究．热固性树脂，1999，1：12-15.

[15] 王满力，周元康，李屹等．桐油改性硼酚醛的耐热性及其复合材料摩擦性能的研究．精细化工，2004，21（6）：477-480.

[16] 王峤．硼-桐油改性酚醛树脂微波合成的研究［D］．长春：吉林大学硕士学位论文，2008.

[17] 王兆滨，周元康，赵亮等．硼酚醛/桐油/纳米 SiO_2 杂化材料的制备及其红外表征．贵州工业大学学报，2005，34（1）：48-52.

[18] 余钢．桐油改性酚醛树脂的研究．中国胶粘剂，1995，4（2）：121-126.

[19] 王义兰，许庆衍，李晓荣等．腰果油改性硼酚醛树脂的制备及性能．河北大学学报，1989，1：30-33.

[20] 张洋，马榴强，李晓林等．硼酸、腰果油双改性酚醛树脂的合成及其耐热性研究．热固性树脂，1998，1：9-14.

[21] 王满力，李超，周元康等．纳米 SiO_2 硼酚醛树脂摩擦材料的制备及其摩擦性能．中国机械工程学会表面工程分会编译．第六届全国表面工程学术会议论文集．兰州：中国机械工程学会，782-786.

[22] 车剑飞，宋晔，肖迎红等．纳米 TiO_2 改性硼酚醛及其在摩擦材料中的应用．非金属矿，2001，24（3）：50-51，49.

[23] Duan-Chih Wang，Geng-Wen Chang，Yun Chen. Preparation and thermal stability of boron-containing phenolic resin/clay nanocomposites. Polymer Degradation and Stability，2008，93：125-133.

[24] 胡显奇，申屠年．连续玄武岩纤维在军工及民用领域的应用．高科技纤维与应用，2005，30（6）：7-13.

[25] Bindu R L，Reghunadlhan Nair C P，Ninan K N. Phenolic resins with phenyl mae-

imide functions ：thermal characteristics and laminate composites. J. Apple . Polym. Sci，2001，80（10）：1664-1674.

[26] 厉瑞康．耐火材料用酚醛树脂的改性研究．纤维复合材料，2008，25（3）：62-65.

[27] 潘玉琴，陈精明．SCRIMP 在酚醛复合材料中的应用．纤维复合材料，2005，22（4）：36-38.

[28] 董永祺．酚醛复合材料在汽车业中的应用．纤维复合材料，2004，21（2）：51-52.

[29] 张玉军，金镇镐，周浩然等．热固性 PFPPU 复合体系的收缩性能．纤维复合材料，2004，21（1）：12-14.

[30] 黄剑清，潘安健．硼改性酚醛泡沫的耐高温性能．玻璃钢/复合材料，2007，(6)：26-28.

[31] 李少堂，葛东彪，王书忠等．酚醛泡沫的增韧改性研究．玻璃钢/复合材料，2004，(4)：39-42.

[32] 张俊华，李锦文，魏化震等．高性能酚醛树脂基烧蚀复合材料的研究．纤维复合材料，2009，26（1）：15-18.

[33] 白侠，李辅安，李崇俊等．耐烧蚀复合材料用改性酚醛树脂研究进展．玻璃钢/复合材料，2006，(6)：50-55.

[34] 齐风杰，李锦文，魏化震等．新型酚醛树脂基耐烧蚀复合材料的性能研究．纤维复合材料，2008，25（3）：50-52.

[35] 闫联生，姚冬梅，杨学军．硼酚醛烧蚀材料的研究．固体火箭技术，2000，23（2）：69-74.

[36] 张俊华，李锦文，李传校等．连续玄武岩纤维平纹布增强硼酚醛树脂复合材料研究．工程塑料应用，2008，36（12）：17-19.

[37] 张俊华，李锦文，魏化震等．低成本高性能酚醛树脂基烧蚀材料的性能研究．纤维复合材料，2009，3：36-39.

第4章 硼酚醛树脂的固化

市售的硼酚醛树脂聚合度小、分子量很低，但硼酚醛树脂含有大量未反应的功能基团，在一定温度下，反应将继续进行，直至生成复杂的三维网络结构，这一过程称为固化。固化后的硼酚醛可作为工程塑料、涂料、胶黏剂等材料使用。硼酚醛树脂的固化反应是一个复杂的过程，一般认为，硼酚醛在合成和固化过程中，酚羟基、苄羟基和硼酸参与反应，形成了硼酯键、醚键、亚甲基和羰基等。固化反应条件在一定程度上会影响固化产物的结构、生产效率和产品性能。本章就不同类型硼酚醛树脂固化机理、产物结构、固化条件等进行总结，供读者参考。

4.1 固化机理与结构分析

硼酚醛的合成途径有很多，根据国内外有关资料报道，通常硼酚醛树脂的合成方法主要有三种。

① 在普通的线型或体型酚醛树脂的合成末期加入硼化物或在加工混料时加入硼酸、氧化硼、硼酸钠等硼化物，使硼化物参与部分反应。

② 酚与甲醛水溶液（或用固体甲醛）先反应生成水杨醇，然后再和硼酸反应生成硼酚醛树脂，此法称为甲醛溶液法。

③ 采用硼化合物与酚类反应首先生成硼酸酚酯，再和多聚甲醛缩合合成硼酚醛树脂，此法称为多聚甲醛法。

方法① 中加入的硼化物不能与酚醛树脂充分反应，直接影响产品的质量和均匀性。目前国内外主要采用甲醛水溶液法和多聚甲醛法。甲醛水溶液法的优点是容易控制产品质量，因此应用较为广泛。多聚甲醛法是基于硼酸与苯酚上的羟基反应，克服了羟基的吸水、变色、高压下反应速度过快的缺点，但是工艺条件不易控制，产品的质量和均匀性受时间的影响较大。另外，在这些基本合成方法的基础上，有些改进的新工艺也有报道。以下内容主要介绍甲醛水溶液法和多聚甲醛法合成的硼酚醛树脂固化机理与结构。

4.1.1　苯酚型硼酚醛树脂

4.1.1.1　甲醛水溶液法硼酚醛树脂

河北大学化学系用自制的硼酚醛树脂研究了其固化机理。硼酚醛树脂的合成采用苯酚在氢氧化钠催化剂作用下和甲醛合成水杨醇，然后加入硼酸反应制得最终产品，苯酚：甲醛：硼酸＝3：3.6：0.8 的摩尔比（以下称 0.8B 树脂），苯酚：甲醛：硼酸＝3：3.6：0.5 的摩尔比（以下称 0.5B 树脂），得到的树脂为黄绿色固体，测定胶化时间 70～90s（180℃）。用红外光谱分析研究了硼酚醛树脂的固化。

将硼酚醛树脂用丙酮或乙醇溶解后涂于溴化钾压片上，在静态空气中固化，条件是在 140℃、160℃、200℃下均固化 2h，用涂膜法制得的同一个溴化钾压片，分别在固化前后进行红外扫描，在加热固化过程中，每隔 30min 或 1h 做 1 次红外扫描。扫描范围 250～4000cm^{-1}，狭缝自动调节，扫描速度 288.5$cm^{-1}\cdot min^{-1}$，透过率 30%～80%。树脂的几个主要结构与谱带的对应关系是，1350cm^{-1}为硼酸酯键 B—O 的伸缩振动，1050cm^{-1}为醚键 C—O 的伸缩振动，1650cm^{-1}为羰基 C═O 的伸缩振动，1220cm^{-1}为酚羟基 C—O 伸缩振动，1020cm^{-1}为苄羟基 C—O 伸缩振动，1600cm^{-1}为苯环的伸缩振动。用 1600cm^{-1}吸收峰为内标，分别得到不同条件下的吸光度比：A_{1350}/A_{1600}为酯值，A_{1050}/A_{1600}为醚值，A_{1650}/A_{1600}为羰值，A_{1220}/A_{1600}为酚羟值。图 4-1 是水杨醇和硼酚醛树脂的红外光谱图，表 4-1 是硼酚醛树脂固化前后硼酯键及酚羟基变化。

研究结果发现，0.8B 树脂的硼酯键，在固化前酯值为 0.41，而在 140℃ 固化后变为 1.72，绝对吸光度 A 由 19mm 变为

31.5mm，这说明在固化过程中发生进一步酯化；由于甲阶段大部分苄羟基已参加了反应，固化主要是酚羟基与未反应的硼酸分子中的—OH基反应生成硼酸酯，因而酚羟基的含量降低。表4-1中固化前0.8B树脂的酚羟值为0.82，固化后变为0.63。0.8B树脂与0.5B树脂相比，前者硼酯值高于后者，而后者的酚羟值高于前者。固化反应为：

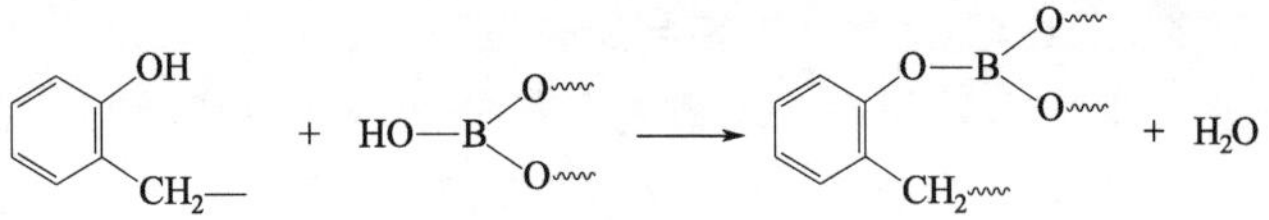

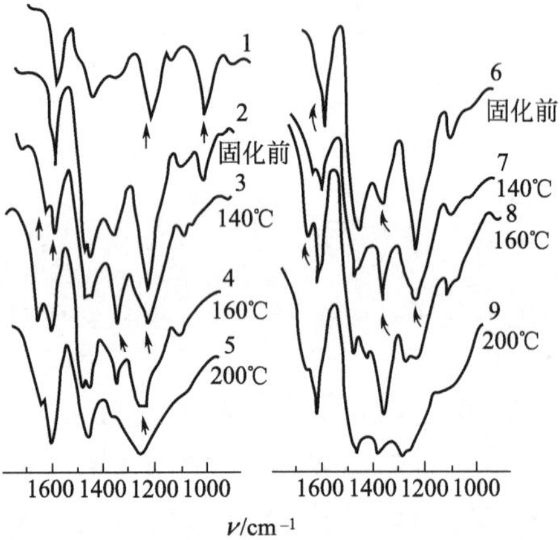

$$\text{C}_6\text{H}_4(\text{OH})\text{CH}_2\text{—} + \text{HO—B}(\text{O}\sim)_2 \longrightarrow \text{C}_6\text{H}_4(\text{O—B}(\text{O}\sim)_2)\text{CH}_2\sim + H_2O$$

图 4-1 水杨醇和硼酚醛树脂的红外光谱图

（固化条件：140℃、160℃、200℃下均固化2h）

1—水杨醇；2～5—0.5B树脂；6～9—0.8B树脂

表 4-1 硼酚醛树脂固化前后硼酯键及酚羟基变化

树脂	酯值				酚羟值			
	固化前	T/℃			固化前	T/℃		
		140	160	200		140	160	200
0.5B	0.31	1.61	0.85	0.15	0.97	0.83	0.75	—
0.8B	0.41	1.72	0.97	0.28	0.82	0.63	0.53	—

注：140℃、160℃、200℃下均固化2h。

当样品涂膜在空气中（160℃以上）进一步固化时，酯值逐渐降低，原因是硼酯键部分氧化断裂。

对于普通热固性酚醛树脂固化过程中醚键及羰基的由来已有报道，主要认为固化过程中苄羟基脱水形成醚键，醚键受热分解或氧化成为羰基。从图 4-1 和表 4-2 的 0.5B 树脂和 0.8B 树脂醚值及羰值看，固化前 0.5B 树脂就有相当的醚键存在，而 0.8B 树脂的醚键极少。说明在合成的第二步随着酯化反应的进行，苄羟基也脱水形成醚键。但形成醚键的速率低于酯化的速率，否则 0.8B 树脂亦应有同样高的醚值，当树脂在 140℃下固化 2h 后，醚键吸收峰几乎消失，而羰基的吸收峰明显增加，且随着硼含量减少明显增大。这说明在 140℃固化过程中，醚键已开始氧化断裂形成醛基或羰基。其反应为：

—B—O—CH_2—(OH-苯环)—CH_2—O—CH_2—(OH-苯环)～ $\xrightarrow[-H_2O]{O_2}$

—B—O—CH_2—(OH-苯环)—CHO + OHC—(OH-苯环)～

在固化过程中，硼酯键的迅速形成，使树脂的硼酯值提高。说明硼酯键的耐热耐氧化性比醚键好。如果说醚键断裂是酚醛树脂氧化裂解引起的，那么硼酚醛树脂有较好的耐热性则是由于硼酯键代替了醚键造成的。

表 4-2　硼酚醛树脂固化时醚键及羰基的变化

树脂	醚值				羰值			
	固化前	T/℃			固化前	T/℃		
		140	160	200		140	160	200
0.5B	0.14	肩峰	—	—	无	0.61	0.87	0.25
0.8B	0.05	无	—	—	无	0.22	0.42	0.21

4.1.1.2　多聚甲醛法硼酚醛树脂

中国兵器工业集团第五三研究所用蚌埠耐高温树脂厂生产的硼

酚醛树脂，对其固化过程进行了研究，蚌埠耐高温树脂厂生产的硼酚醛树脂，目前采用的是先由苯酚和硼酸合成硼酸酚酯，然后与多聚甲醛缩合成酚醛树脂的工艺路线。

FTIR 测定，首先采用超声波将硼酚醛树脂溶解在酒精中，然后将所得溶液涂在氯化钠盐片上，真空抽取溶剂后在静态空气中固化。然后分别在温度 100℃、120℃、150℃、180℃、200℃、240℃、270℃下进行 FTIR 扫描。检测器 DTGS KBr，分束器 KBr，扫描范围 400～4000cm^{-1}，扫描次数 8，分辨力 2。见图 4-2。

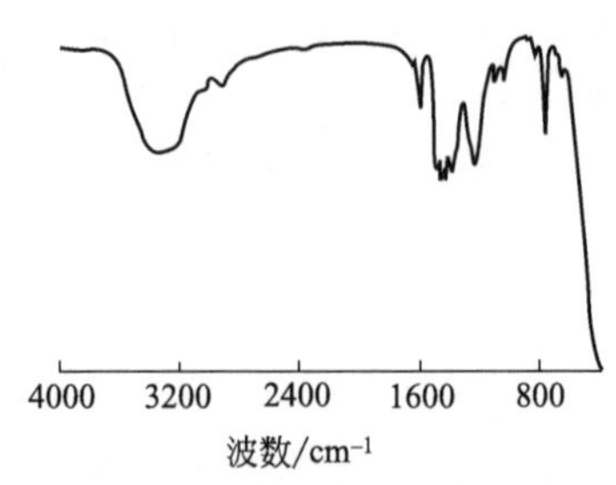

图 4-2　室温下硼酚醛树脂的 FTIR 谱图

室温下硼酚醛树脂的 FTIR 谱图归属见表 4-3。

表 4-3　室温下硼酚醛树脂的 FTIR 谱图归属

峰位/cm^{-1}	峰位归属
3336.3	羟基 O—H 振动
2975.7,2927.5	亚甲基 C—H 伸缩振动
1646.9	羰基 C—O 振动
1594.9,1500.4,1487.9,1456.0	苯环 C—C 振动
1429.0	亚甲基 C—H 变形振动
1380.8	硼氧键 B—O 伸缩振动
1226.5	芳环碳氧键 C—O 伸缩振动
1101.2,1039.5	脂肪碳氧键 C—O 伸缩振动
827.3	对位取代苯环 C—H 变形振动
756.0	邻位取代苯环 C—H 变形振动

FTIR 是表征酚醛树脂的常用手段，运用原位在线变温 FTIR

可以跟踪树脂固化过程中基团的变化情况。图 4-3 为不同温度条件下硼酚醛树脂固化 5min 的原位 FTIR 谱图，图 4-4 为不同温度下 FTIR 的二阶导数光谱。

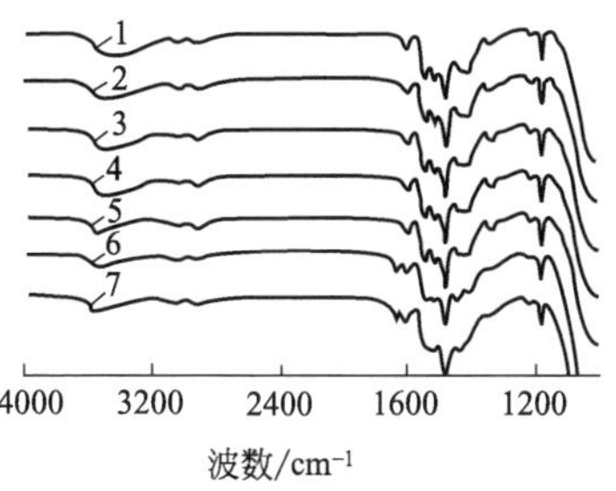

图 4-3　不同温度条件下固化 5min 的 FTIR 谱图

1—100℃；2—120℃；3—150℃；4—180℃；

5—200℃；6—240℃；7—270℃

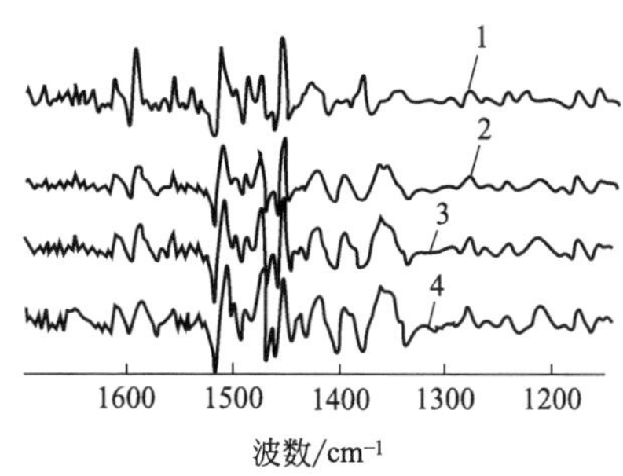

图 4-4　不同温度下 FTIR 的二阶导数光谱

1—室温；2—120℃；3—150℃；4—180℃

由室温下硼酚醛树脂的 FTIR 谱图可知，硼酚醛树脂的红外吸收峰较复杂，从图 4-3 看不到 B—O—H 的振动吸收峰，很难对其进行全部归属。导数光谱可分辨谱图中重叠的峰，其中最常用的导数光谱是二阶导数光谱，二阶导数光谱的吸收峰方向与原谱图相反。由图 4-4 可看出，在室温下 1195.7cm^{-1}处为 B—O—H 键的振动吸收峰（FTIR 谱图很难直接显示）。随着温度的升高和时间的延长，1378cm^{-1}处的吸收峰向高位（1396.2cm^{-1}）偏移，这说明硼酸的羟基参与了固化反应。

羰基指数、羟甲基指数、酚羟基指数、硼氧键指数可以定量表征硼酚醛树脂在固化过程中羰基、羟甲基、酚羟基、硼氧键的相对浓度变化情况。羰基指数、羟甲基指数、酚羟基指数、硼氧键指数分别定义为羰基特征吸收峰（1646.9cm^{-1}）面积、羟甲基特征吸收峰（1039.5cm^{-1}）面积、酚羟基特征吸收峰（1226.5cm^{-1}）面积、硼氧键振动吸收峰（1380.8cm^{-1}）面积与苯环特征吸收峰（1594.9cm^{-1}）面积的比值。表 4-4 列出硼酚醛树脂在固化过程中化学基团的变化情况。

表 4-4　硼酚醛树脂在固化过程中化学基团的变化情况

温度/℃	羟基指数	硼氧键指数	酚羟基指数	羟甲基指数	羰基指数
20	21.44			0.27	0.13
100	13.57	4.69	0.11	0.02	0.11
120	13.17	6.00	0.20		0.16
150	12.79	6.32	0.22		0.20
180	12.23	8.27	0.32		0.60
200	11.24	8.83	0.25		0.83
240	8.31	5.90	0.15		0.56
270	6.51	4.12	0.09		0.44

由表 4-4 可知，随着温度的升高，羟基指数下降，硼氧键指数、酚羟基指数、羰基指数先升高后下降。这主要是由于硼酚醛树脂是自固化树脂，随着温度的升高，羟基参与固化反应，生成硼氧键及碳氧键。当温度高于 200℃时，硼氧键指数下降，原因是部分硼氧键氧化断裂。羰基指数的变化是由于羟基的热氧化和醚键的氧化断裂共同决定的，在固化的前期主要是羟基的热氧化，而在固化的后期主要是醚键的氧化断裂。

比较普通酚醛和硼酚醛树脂可以发现，普通酚醛树脂中含有大量的羟甲基，在固化过程中羟甲基迅速减少，生成的脂肪醚较多；而硼酚醛树脂中的羟甲基很少，脂肪醚键含量相对也较少，在固化过程中主要是酚羟基、硼酸羟基参与反应。醚键高温下易被氧化断裂形成醛基或羧基，醚键的减少对硼酚醛树脂的耐高温性有利。

180℃时，醚键（酚羟基指数）就开始减少，而硼氧键指数还是上升的，这说明硼氧键的耐热性比醚键的耐热性好。如果说醚键断裂是普通酚醛树脂氧化裂解引起的，那么硼酚醛树脂有较好的耐热性则是由于硼氧键代替了醚键造成的。

4.1.2　双酚 A 型硼酚醛树脂

采用双酚 A：甲醛：硼酸=1：2.4：0.5（摩尔比），以氢氧化钠为催化剂，先使双酚 A 和甲醛在 65℃反应一定时间，减压脱水得双酚 A 型的酚醇，然后加入硼酸，在 100℃以上反应 40～60min 后缓慢脱水即得硼改性的双酚 A 型酚醛树脂。用红外光谱分析法研究了该树脂的固化。

将双酚 A 型硼酚醛树脂溶解后涂在溴化钾压片上，在静态空气中固化。条件是 120℃、140℃、160℃、180℃各固化 1.5h，在固化过程中，每隔 15min 或 30min 用红外光谱仪扫描一次。扫描范围 250～4000cm^{-1}，扫描速度 288.5$cm^{-1}\cdot min^{-1}$；透过率 30%～85%。树脂的几个主要特征基团与吸收谱带的对应关系为，1350cm^{-1} B—O 键的伸缩振动；1250cm^{-1} 酚羟基的伸缩振动；1600cm^{-1}苯环的吸收峰。

按照比尔定律分别求出各特征基团的吸光度，并用 1600cm^{-1} 苯环的吸收峰为内标，分别求出各条件下吸光度比 A_{1350}/A_{1600}（酯值），A_{1250}/A_{1600}（酚羟值）。

用水溶液法合成双酚 A 型硼酚醛树脂，首先合成水杨醇结构，然后再与硼酸反应。一般认为酚羟基首先与硼酸反应生成硼酸苯酯，然后再与苄羟基反应，所以配位氧原子由苄羟基提供，而且一般认为合成的树脂在未固化以前就具有这样的配位结构，生成树脂的结构为：

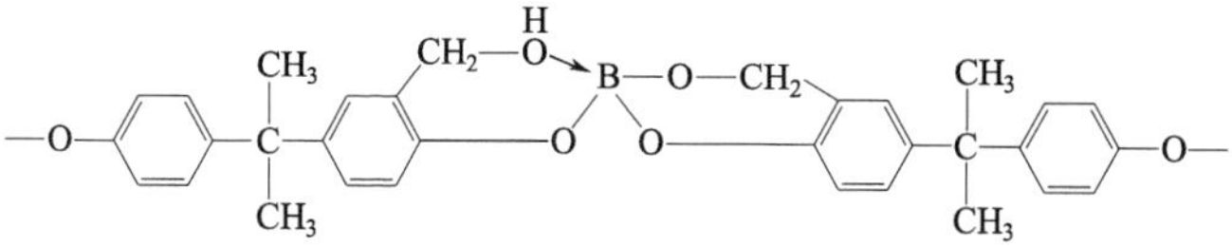

$$\text{—O—C}_6\text{H}_4\text{—C(CH}_3)_2\text{—C}_6\text{H}_3(\text{CH}_2\text{—O(H)}\rightarrow)(\text{—O—})\text{B—O—CH}_2\text{—C}_6\text{H}_3(\text{—O—B})\text{—C(CH}_3)_2\text{—C}_6\text{H}_4\text{—O—} \tag{4-1}$$

为了证明这一点，将硼酸和苄醇反应，发现在 50min 以内硼酸与苄醇已形成均匀溶液，从脱水量计算，转化率已达 50%。说明硼酸已全部转化成一元酯或二元酯。在完全相同的条件下硼酸与苯酚反应 150min，转化率只有 4%，停止搅拌后绝大部分硼酸沉淀下来。这说明苄羟基的反应活性远高于酚羟基。因此合成过程中酯化反应主要为：

HOCH$_2$　　CH$_3$　　CH$_2$OH

2 —O—⟨苯环⟩—C(CH$_3$)$_2$—⟨苯环⟩—OH + H_3BO_3 ⟶

HOCH$_2$　　CH$_3$　　CH$_2$—O—B(OH)—O—CH$_2$　　CH$_3$　　CH$_2$OH

—O—⟨苯环⟩—C(CH$_3$)$_2$—⟨苯环⟩—OH　HO—⟨苯环⟩—C(CH$_3$)$_2$—⟨苯环⟩—O— + $2H_2O$

按照以往文献的观点，生成环状配位结构后，硼酯键在 1350cm^{-1}处的吸收峰消失。但按照涂膜法测定未固化的和在 120℃部分固化的树脂的红外光谱图，发现在未固化时树脂中存在着硼酯键的吸收峰，在 120℃加热后硼酯键的吸收峰增强。说明未固化的树脂中形成六元环的配位结构并不多，主要为硼酸一元酯和二元酯。图 4-5 为树脂在固化过程中红外光谱的变化，表 4-5 为变

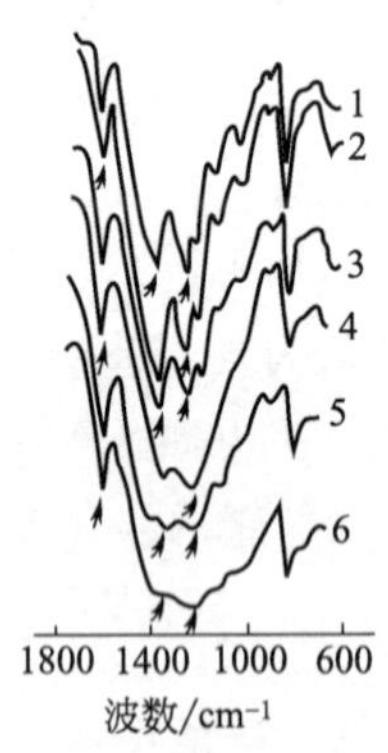

图 4-5　树脂在固化过程中红外光谱的变化

1—未固化；2—120℃，固化 1.5h；3—140℃，固化 1.5h；4—160℃，固化 1.5h；5—180℃，固化 1.5h；6—粉末法，未固化

化过程中硼酯值和酚羟值的数据。

表 4-5　变化过程中硼酯值和酚羟值

T/℃	未固化	120	140	160	180
硼酯值	0.30	0.91	0.73	0.32	0.12
酚羟值	1.00	0.74	0.62	0.16	0.10

表 4-5 可以看出，未固化树脂的硼酯值为 0.3，在 120℃固化后增加到 0.91。以后随着固化温度的升高和固化时间的延长，硼酯值又逐渐下降，在 180℃固化后几乎消失。树脂酚羟值的变化是随着固化温度的升高和时间延长而逐步降低的。酚羟值的降低说明在固化过程中硼酸分子中未反应的—OH 基和酚发生酯化反应的结果，因而伴随着硼酯含量的增加。在 140℃固化以后，由于发生了硼氧配位，形成六元环结构，因此使硼酯键的吸收峰逐渐降低，直到在高温长时间固化后，硼酯键的吸收峰几乎消失。这一点与文献所说由于配位结构的形成使树脂在 $1350cm^{-1}$处的吸收峰消失相符合。按照实验事实，说明树脂只有在固化过程中才能较完全地形成配位结构，且这种配位方式不应是式（4-1）的形式，而应为：

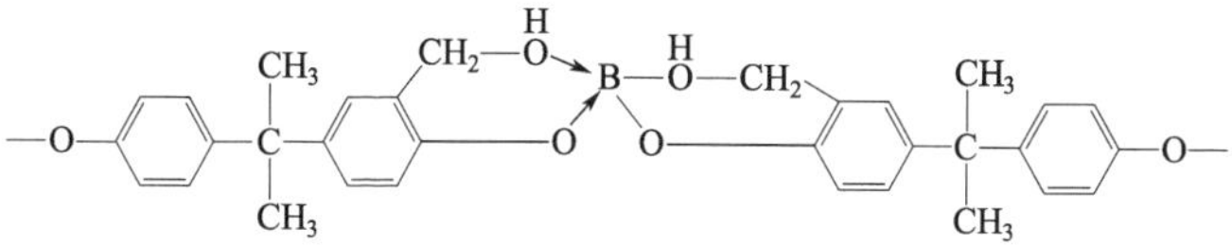

(4-2)

4.1.3　双酚 F 型硼酚醛树脂 BBPFFR

4.1.3.1　甲醛水溶液法 BBPFFR

甲醛水溶液法合成双酚 F 型硼酚醛树脂的过程可分为两个阶段，在第一阶段中，双酚 F 与甲醛反应生成水杨醇，生成的苄羟基主要位于双酚 F 酚羟基的邻位。根据文献的观点，苄羟基与硼酸的反应活性远高于酚羟基与硼酸的反应活性。所以在第二阶段中，加入硼酸后，苄羟基应优先和硼酸反应。进一步的固化过程中，大部分酚羟基才和硼酸中未反应的—OH 基团反应。双酚 F 型硼酚醛树脂不同反应程度下的红外谱图分析证实了这一点。也可通过双酚 F 型硼酚醛树脂固化不同程度后的傅立叶红外光谱图官能团吸收峰的定量分析结果（表 4-6）看出。

表 4-6　傅立叶红外光谱图官能团吸收峰的定量分析结果

树脂	T/℃	硼酯值	酚羟值	羟甲值	醚值	羰基值
1.6B	未固化	2.4	2.6	0.9	1.0	0.5
	120	4.6	2.9	0.8	1.1	0.6
	130	4.7	2.8	0.8	1.1	0.8
	140	4.0	2.7	0.8	1.0	1.0
	150	3.7	2.6	0.7	0.9	1.0
	170	3.2	2.4	0.7	0.9	1.0
	200	3.8	0.0	—	—	1.0
	220	1.2	0.0	0.5	0.7	0.9
1.0B	未固化	1.8	2.2	0.7	0.8	0.6
	120	2.2	2.2	0.7	1.0	0.6
	130	3.2	—	—	1.5	1.4
	140	2.2	2.1	0.7	1.0	0.9
	150	2.0	1.9	0.6	0.9	1.0
	170	1.8	1.7	0.6	0.9	0.9
	200	1.2	0.0	0.5	0.7	0.9
	220	0.0	0.0	0.0	0.7	0.8
0.6B	未固化	1.8	2.2	0.6	0.8	0.5
	120	2.2	2.1	0.5	0.9	0.6
	130	2.4	2.1	0.5	1.0	0.6
	140	1.9	2.0	—	1.0	0.8
	150	1.6	1.8	0.4	0.8	0.8
	170	1.3	1.5	0.4	0.8	0.8
	200	1.0	0.0	0.3	0.6	0.7
	220	0.0	0.0	0.0	0.5	0.7

在低于 160℃时，随着固化温度的升高和反应时间的延长，硼酯值逐渐升高。这说明在固化过程中发生了进一步的酯化反应。同时，酚羟值和苄羟值随着固化温度的升高不断降低，并且酚羟基的吸收峰在 160℃固化后就消失了。这说明该过程中，固化反应主要是酚羟基和少量苄羟基与硼酸分子中未反应的—OH 反应生成硼酯键。反应过程为：

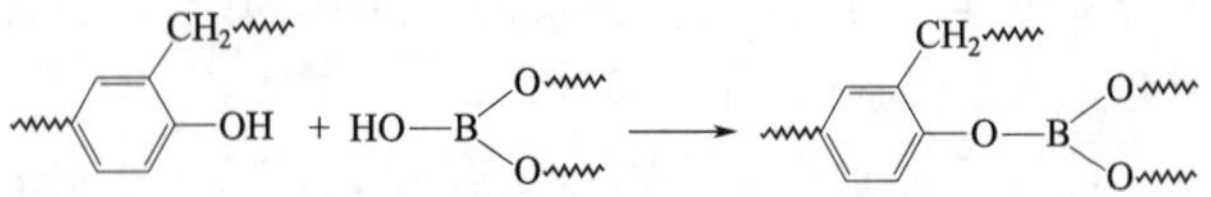

根据文献的观点，固化过程中的树脂如果形成了包含有 B—O 配位键的六元环结构，则硼酯键 B—O 的 IR 吸收峰将消失。由表 4-6 可看出，当固化温度提高到 150℃以上时，硼酯值和酚羟值都开始下降。说明随着固化程度的加深，体系中开始有包含有 B—O 配位键的六元环结构生成。并且由于绝大部分苄羟基已经发生了反应，所以在这个阶段发生 B—O 配位反应的是酚羟基，即配位氧原子是由酚羟基提供的。完全固化后的双酚 F 型硼酚醛树脂的分子结构中包含有以下结构。

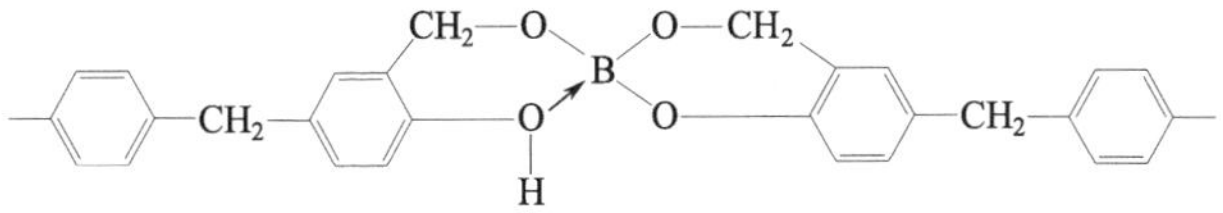

通过表 4-6 还可以看出，随着双酚 F 型硼酚醛树脂中硼含量的降低，硼酯键 IR 吸收峰消失的温度也降低。1.2B 树脂在 220℃固化后的硼酯值为 1.2，而 1.0B 树脂在 220℃固化后硼酯键已经消失了。这是由于硼含量的增高，降低了硼原子配位的可能性。同时也可以推测，硼含量的增加虽然可以提高树脂的耐热性，但过多的硼含量会降低硼氧配位键生成的概率，使其耐水性降低，同样不利于树脂的应用。

4.1.3.2　多聚甲醛法 BBPFFR 合成双酚 F 型硼酚醛树脂

多聚甲醛法合成双酚 F 型硼酚醛树脂过程可分为两步，在第一步中，BPF 和硼酸反应生成了硼酯键，在第二步中加入了多聚甲醛，生成的苄羟基主要取代苯环上邻位的氢。

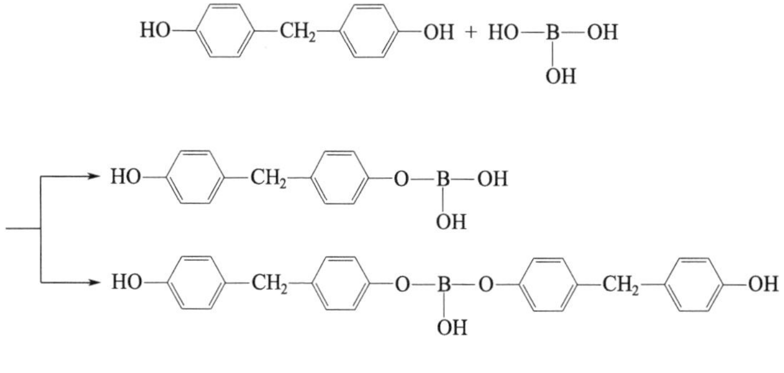

(1)

(2)

HO—⟨苯环⟩—CH_2—⟨苯环⟩—O—B—OH + $(CH_2O)_n$

OH

$HOCH_2$　　CH_2OH

⟶ HO—⟨苯环⟩—CH_2—⟨苯环⟩—O—B—OH

OH

在固化过程中酚羟基和苄羟基将会和硼酸中还未反应的—OH基团反应。由于部分酚羟基已经发生反应，并且苄羟基与硼酸的反应活性高于酚羟基，固化过程中苄羟基自身缩合生成醚或亚甲基以及苄羟基与硼酸的反应将同时发生。这一点可用通过红外光谱图分析结果证明。

通过表 4-7 可看出，随着固化程度的加深，苄羟基吸收峰迅速变小，未固化的树脂苄羟值为 0.54，而树脂在 140℃ 固化 1h 后，苄羟值为 0.21，降低了一半多，说明大部分苄羟基参与了固化反应。同时酚羟基的变化却很小，未固化树脂的酚羟值为 2.83，160℃ 固化 1h 后酚羟值仍为 2.75，说明只有少量的酚羟基在固化中参与了反应。

表 4-7　傅立叶红外光谱图官能团吸收峰的定量分析结果

固化反应(1h)/℃	硼酯值	配位值	酚羟值	羟甲值	醚值	羰基值
未固化	1.8	0.0	2.8	0.5	0.8	0.3
120	2.5	0.0	2.8	0.3	1.0	0.5
130	3.1	0.0	—	0.2	1.1	0.5
140	3.1	2.8	2.8	0.2	1.1	0.6
160	2.9	3.1	2.7	—	1.2	0.7
180	2.0	2.3	2.2	0.2	1.0	—
200	1.1	1.4	1.3	0.1	0.6	0.7

根据文献的观点，固化过程中的树脂如果形成了包含有 B—O 配位键的六元环结构，则硼酯键 B—O 的 IR 吸收峰将消失。由表 4-7 可看出，当固化温度提高到 140℃ 以上时，硼酯值、苄羟值和酚羟值都开始下降，并且酚羟基的吸收峰分裂为双峰，即有部分酚羟基参与了 B—O 配位键的生成。说明随着固化程度的加深，体系

中开始有包含有 B—O 配位键的六元环结构生成。由于大部分苄羟基和酚羟基都已经发生了反应，所以在这个阶段酚羟基和苄羟基都有可能发生 B—O 配位反应。完全固化后的双酚 F 型硼酚醛树脂的分子结构中包含如下结构。

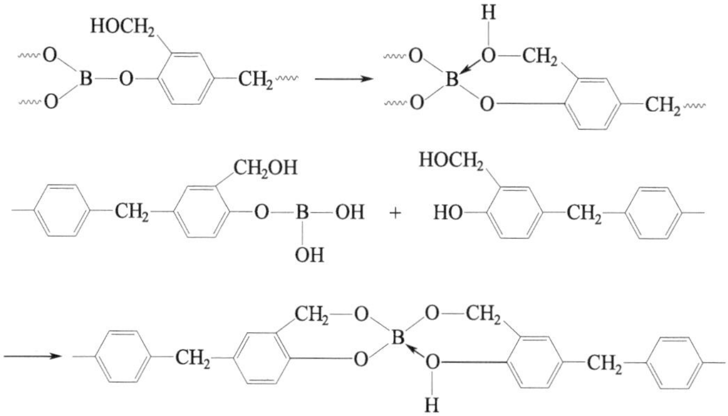

在未固化和固化后的树脂中都有醚键和羰基的吸收峰，即在合成和固化过程中苄羟基之间的缩合反应生成了醚键。同甲醛水溶液法合成的 BBPFFR 相比较，在相同反应程度时，醚键的含量接近。但多聚甲醛法合成的树脂羰基低于相同状态下甲醛水溶液法合成的树脂。羰基主要是由醚键的氧化和苄羟基的氧化生成的。由于利用多聚甲醛法合成树脂时，首先生成了硼酯，迫使大部分酚羟基参与了反应。然后在加入多聚甲醛后生成的苄羟基与硼酸的反应活性又比较强，所以相同固化条件下的苄羟基和醚键含量低于甲醛水溶液法，尤其在较高固化温度时，这一点可通过表 4-6 和表 4-7 说明。所以树脂中生成的羰基量较少。

4.1.4　硼氮配位型硼酚醛树脂

首先合成了硼氮配位硼酸酚酯，以之作为单体采用多聚甲醛法合成了全配位硼酚醛树脂（BNCPFR）。苯酚型硼氮配位酚醛树脂的合成方法是，在装有电动搅拌器、温度计、油水分离器的 100mL 四口烧瓶中采用多聚甲醛法合成硼酚醛树脂，首先合成硼酸苯酯与硼氮结构单体，之后按苯酚与甲醛 1∶1.2 的摩尔比加入多聚甲醛和催化剂草酸或氢氧化钡以及适量甲苯，加热升温到120℃反应1～2h，同时回流分出适量水。反应到一定程度后减压蒸馏除去生成的水和甲苯后，并升温至130～140℃继续反应一定时间倒出，得到淡黄色不透明固体。

硼酚醛在固化过程中酚羟基和苄羟基将会和硼酸中还未反应的—OH基团反应，由于部分酚羟基已经发生反应，并且苄羟基与硼酸的反应活性高于酚羟基，所以在固化过程中苄羟基的缩合生成醚或亚甲基以及苄羟基与硼酸的反应将同时发生。根据文献的观点，固化过程中的树脂如果形成了包含有B—O配位键的六元环结构生成，则硼酯键的IR吸收将消失。

硼氮酚醛树脂在不同反应程度下的红外光谱如图4-6所示，固化过程中特征吸收峰值的变化如表4-8所示。

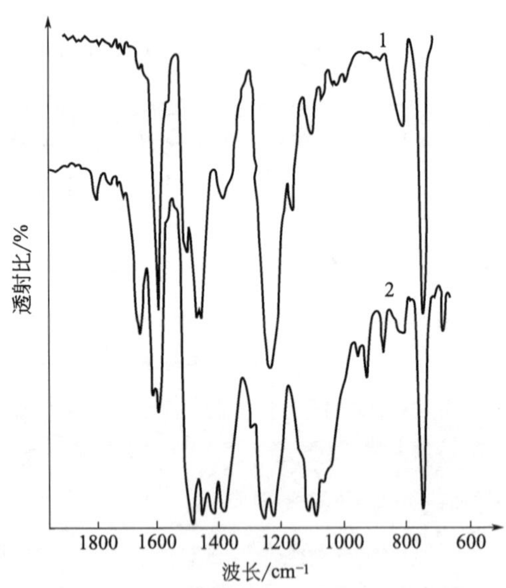

图4-6　硼氮酚醛树脂的红外吸收谱图

1—第一阶段产物；2—未固化硼氮酚醛树脂

表 4-8　硼氮酚醛树脂固化过程中特征吸收峰值的变化

T/℃	硼酯值	酚羟值	羰基值	T/℃	硼酯值	酚羟值	羰基值
未固化	1.992	2.280	0.670	170(1h)	3.383	2.263	0.766
120(30min)	2.896	2.614	0.644	200(1h)	2.983	1.991	0.667
130(30min)	3.528	2.513	0.685	220(1h)	2.004	1.616	0.694
140(30min)	3.191	2.523	0.697	250(1h)	1.756	0.000	0.714
150(1h)	3.354	2.500	0.766				

从图 4-6 和表 4-8 可以看出，在低于 170℃时，随着固化温度的升高和反应时间的延长，硼酯值逐渐升高，这说明在固化过程中发生了进一步的酯化反应，酚羟基的变化很小，未固化树脂的酚羟值为 2.280，170℃固化 1h 后为 2.263，说明酚羟基在固化中很少参与反应，因而也证实了固化过程中为硼酸与苄羟基发生反应。当固化温度提高到 170℃以上时，硼酯值和酚羟基开始下降，说明随着固化程度的加深，体系中开始有包含有 B—O 配位键和 B—N 配位键的六元环结构生成。

高温时（200℃以上），硼氮酚醛树脂中硼酯键的红外吸收峰值随着硼氮比例的增加而增加，这是由于硼含量的增加，降低了原子配位的可能性，同时，也可以推测，硼含量增加虽然可以提高树脂的耐热性，但过多的硼含量会降低硼氮配位键形成概率，使其耐水性降低，不利于树脂的应用。

由于 B—N 配位键形成的可能性大于 B—O 配位键，所以 N 含量越高，产物中含 B—N 键越多，B—O 键越少。树脂结构可以表示如下。

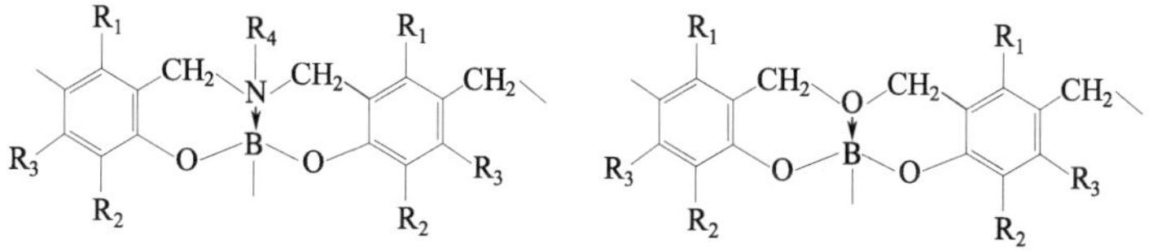

R_1 R_4 R_1 CH_2 N CH_2 CH_2 R_3 O B O R_3 R_2 R_2

R_1 R_1 CH_2 O CH_2 CH_2 R_3 O B O R_3 R_2 R_2

4.2　硼酚醛树脂的热分析与固化性能

热分析技术也是确定酚醛树脂固化工艺的常用手段。通常采用

DSC 所得到的温度-升温速率曲线进行外推求得固化工艺温度。

4.2.1 硼酚醛树脂与普通酚醛树脂的固化性能差异

北京玻钢院复合材料有限公司为了比较硼酚醛树脂性能与普通酚醛树脂的差异，以先由苯酚和硼酸合成硼酸酚酯，然后与多聚甲醛缩合成酚醛树脂的工艺路线合成了几批硼酚醛树脂产品。对其生产的几批硼酚醛树脂与通用产品钡酚醛树脂、氨酚醛树脂进行 DSC 分析，结果见表 4-9。

表 4-9 酚醛树脂 DSC 分析（升温速度为 1℃·min^{-1}）

树脂类别		固化过程			热分解过程		
		波峰开始温度/℃	固化过程峰顶温度/℃	结束温度/℃	波峰开始温度/℃	热分解过程峰顶温度/℃	结束温度/℃
硼酚醛树脂	1	103	165	205	505	595	765
	2	105	165	205	505	680	840
	3	110	160	205	510	600	680
	均值	106	163	205	507	625	762
钡酚醛树脂		90	126	180	370	525	600
氨酚醛树脂		80	145	180	460	560	700

由表 4-9 可见，工业化条件下多次制备的硼酚醛树脂 DSC 数据之间波动较小，说明产品性能稳定。硼酚醛树脂放热峰在固化阶段从开始到结束温度较普通酚醛树脂高约 20～40℃，在热分解阶段高约 65～140℃，说明硼酚醛树脂较普通酚醛树脂具有更好的耐热性。这是由于在硼酚醛树脂分子结构中引入了硼元素，酚羟基的氢原子被无机硼原子取代，体系中硼氧键的键能远大于碳碳键的键能，使树脂的耐热性提高。高耐热性也表现在树脂使用过程中要求有更高的成型温度以及相适的成型压力，从而对复合材料成型设备提出了较高的要求。

为研究硼酚醛树脂的固化行为，对其进行了 DSC 分析，采用瑞士生产的 Mettler 3000 热分析系统中的 DSC 30 分析仪，升温速率为 10℃·min^{-1}，结果见图 4-7。

从图 4-7 中可以看出，硼酚醛树脂为单峰固化，固化反应放热温度范围为 130～250℃，放热最大值温度约为 220℃，而普通酚醛

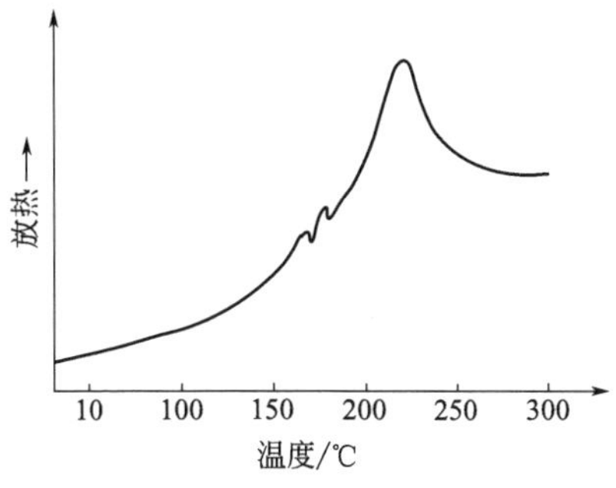

图 4-7　硼酚醛树脂 DSC 测试曲线

在 170℃左右达到放热最大值，这说明硼酚醛树脂的固化温度高于普通酚醛树脂。

热分析分峰技术是用数学统计对重叠峰进行技术处理，得到完整的峰以便于分析。有学者采用分峰技术对 DSC 谱图进行技术处理，采用吸热峰结束的温度作为固化温度。固化反应固然是放热反应，但根据化学反应能量碰撞理论，要使固化反应进行必须提供一定的能量，也就是说要使固化反应进行必须吸收一定的能量。图 4-8 为升温速率为 10℃·min^{-1} 的 DSC 分峰处理谱图。由图 4-8 可知，第二个吸热峰结束温度为 180℃。

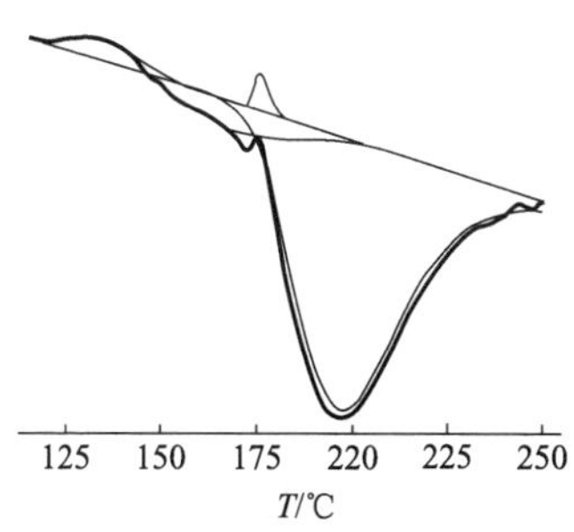

图 4-8　DSC 分峰处理谱图

4.2.2　升温速率对固化的影响

硼改性酚醛树脂：900℃残炭率 70%，硼含量 9%（质量分数），平均相对分子质量 400。采用 SDT 2960 型热分析仪对硼改性酚醛树脂进行动态固化行为扫描，将样品粉末置于标准的铝坩埚中，样品用量约为 20mg，扫描温度范围为 50～350℃，选择 5℃·min^{-1}、10℃·min^{-1}、15℃·min^{-1}和 20℃·min^{-1}4 个升温速率，Ar 气氛，流速 50mL·min^{-1}。硼改性酚醛树脂的非等温 DSC 曲线如图 4-9 所示。

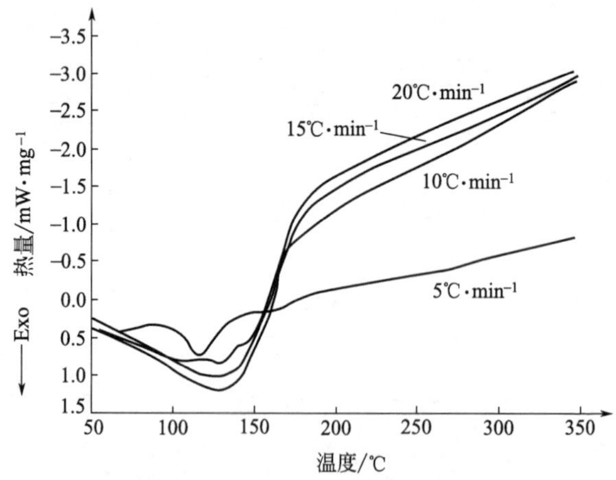

图 4-9　硼改性酚醛树脂在不同升温速率下的 DSC 曲线

从图 4-9 可以看出，硼改性酚醛树脂的固化反应是一个放热反应，随着升温速率的提高，硼改性酚醛树脂的固化峰向高温方向移动，并且固化峰峰形逐渐变宽，这是因为快速升温使得小分子挥发吸热和固化反应放热两种效应交叠明显所致。从图 4-9 还可以看出，当升温速率为 5℃·min^{-1}时，硼改性酚醛树脂的固化反应在 100℃之前较为缓慢，继续升高温度，固化反应加速，在 116℃时反应最剧烈。通常情况下，在硼改性酚醛树脂固化过程中，常常选择此阶段进行保温，使得树脂充分固化。

为了研究不同升温速率（β）下硼改性酚醛树脂的固化特征温度，将升温速率 β 对 T 作图，外推至 $\beta=0$，即可得到树脂的凝胶温度（T_i）、固化温度（T_p）和后处理温度（T_d）。硼改性酚醛树脂的 β-T 关系见图 4-10。可以看出，硼改性酚醛树脂的 T_i 为

350.0K，T_p 为 386.2K，T_d 为 433.3K。以上理论计算结果为硼改性酚醛树脂的固化工艺参数的确定提供了依据。

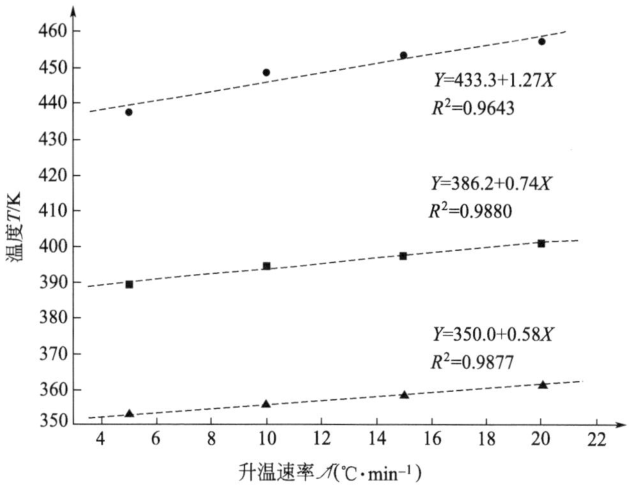

图 4-10　硼改性酚醛树脂固化特征温度与升温速率的关系

●T_d；■T_p；▲T_i

对合成的硼酚醛（添加 10%六亚甲基四胺）在不同升温速率 β（5℃·min^{-1}、10℃·min^{-1}、15℃·min^{-1}）下的固化反应放热情况进行测量，动态 DSC 曲线见图 4-11。

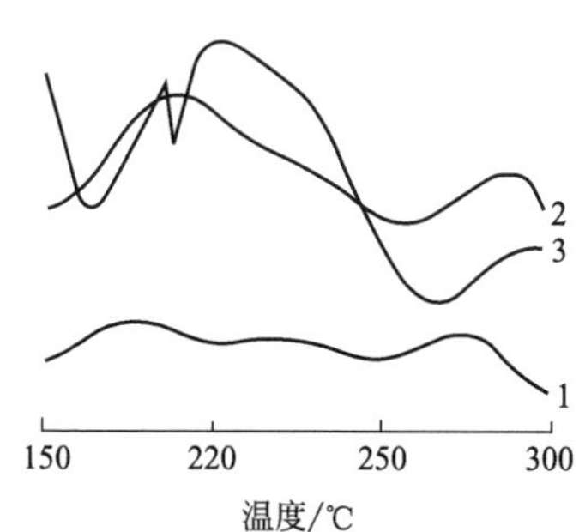

图 4-11　硼酚醛树脂的固化 DSC 曲线

1—5℃·min^{-1}；2—10℃·min^{-1}；3—15℃·min^{-1}

由图 4-11 可以得到树脂在不同升温速率下的固化放热峰的起始温度 T_i、峰顶温度 T_p、峰末温度 T_f，见表 4-10。

表 4-10　不同升温速率下的特征温度

升温速率/℃·min^{-1}	峰始温度/℃	峰顶温度/℃	峰末温度/℃
5	156.63	174.48	198.64
10	157.23	188.12	225.19
15	169.81	206.58	246.73

以升温速率 β 分别对峰始温度 T_i、峰顶温度 T_p、峰末温度 T_f 作图，外推至 $\beta=0$，得到固化温度为 158℃，后固化温度为 175℃。如图 4-12 所示。

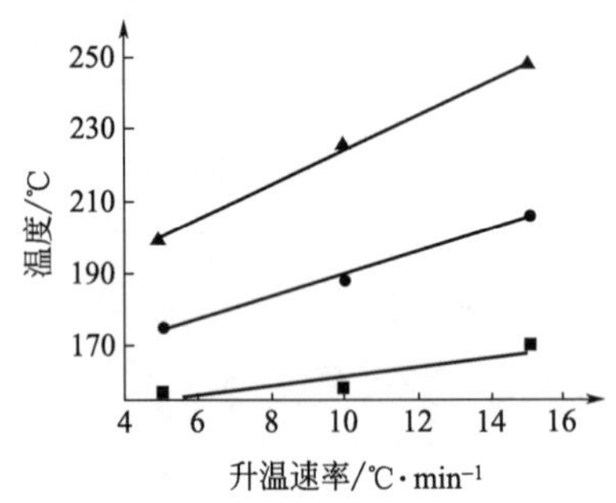

图 4-12　不同升温速率下的特征温度曲线

●T_i；■T_p；▲T_f

4.2.3　其他类型硼酚醛树脂

4.2.3.1　双酚 A 型硼酚醛树脂

不同含硼量的双酚 A 甲醛树脂，其化学反应分两步进行，第一步，双酚 A 和甲醛水溶液摩尔比为 1∶2.2 在氢氧化钠的催化下进行加成反应，生成酚醇混合物；第二步，酚醇与硼酸进行酯化反应，同时酚醛之间进行缩合反应，形成硼酚醛树脂。

树脂的差热分析：在酚醛树脂中引入硼元素的目的是为了提高树脂的耐热性能，由表 4-11 看出随着树脂中含硼量的降低，树脂的固化温度和热分解温度随之下降，说明硼元素是决定树脂耐热性的关键。

表 4-11　不同硼含量树脂的差热分析

树脂含硼量/mol	固化过程			热分解过程		
	峰始温度/℃	峰顶温度/℃	峰末温度/℃	峰始温度/℃	峰顶温度/℃	峰末温度/℃
1	109	180	217	515	570	645
0.9	140	177	214	500	575	675
0.45	120	138	188	430	495	629
0	无明显固化热反应			280	480	590

注：测试条件为树脂本体、气氛空气、升温速度为 1℃·min^{-1}。

4.2.3.2　苯酚型硼氮配位硼酚醛树脂

树脂合成方法见 4.1.4 相关内容。树脂在 180℃不同固化时间条件下做动态力学 TBA 分析，将 BNCPFR 溶解于 *N*，*N*-二甲基甲酰胺，涂于经热处理的玻璃纤维辫子上，在真空干燥箱里使溶剂完全挥发，然后将其放入预设的 100℃恒温箱中固化 2h 后升温至 180℃，将辫子按不同的固化时间取出，冷却至室温，以 2℃·min^{-1}的升温速率从 25℃升温到 250℃，观察其储能模量和力学内耗的变化情况，测定 T_g 的变化。

玻璃化转变是高聚物的一种普遍现象，而玻璃化转变温度和固化程度有着一一对应的关系，测量玻璃化转变温度的方法有多种，对于热塑性聚合物一般使用差示扫描量热法（DSC），而对于热固性高分子材料利用扭辫分析（TBA）法是比较好的一种测定方法。一般来说，在一定范围内热固性树脂的玻璃化温度与反应基团的转化率密切相关，且随转化率增加而提高。TBA 的动态力学内耗峰与玻璃化温度有一一对应关系，所以可直接用来测固化过程度参数，如反应程度、分子量、刚度、网络结构中的自由体积、玻璃化温度 T_g 等物理量。通过测定固化中的玻璃化温度变化，可以确定固化温度、固化时间和加热速率等工艺参数。一般来说，交联树脂的玻璃化温度与反应基团的转化率相联系，这依赖于固化条件，如固化温度、固化时间和加热速率。随着固化条件的变化，玻璃化温度会发生变化。所以玻璃化温度是被直接用来测定固化程度参数（分子量、刚度、网络结构中的自由体积）的物理量。通过掌握固

化过程中 T_g 的变化，我们就可以了解材料的热性能。因为热固性树脂可以通过 TBA 很容易地测定出来，它尤其适用于高转化和玻璃化以后。

图 4-13（a）为 BNCPFR 在 180℃ 固化 15min、30min 的 TBA 曲线，由于固化时间较短，谱图中出现两个峰，第 1 个内耗峰对应温度较低，是由于没有固化完全而在仪器中加热时继续固化，出现第二个内耗峰。图 4-13（b）为树脂在 180℃分别固化 60min、90min、120min、180min、240min 的 TBA 曲线。由图 4-13（b）可以看出，在 180℃温度下，60～120min 内固化物力学内耗峰对应温度分别为 201℃、207℃、214.5℃，随固化时间延长而提高，这是由于树脂在此条件下迅速固化引起的。但 120min 后再继续延长固化时间至 180min、240min，固化物的固化峰对应温度分别为 214.6℃、214.7℃，不再有明显变化，基本稳定在 214℃左右，这说明在 180℃固化 120min 之后树脂的固化程度不再继续提高，如欲继续提高树脂的固化程度，应适当升高固化温度。

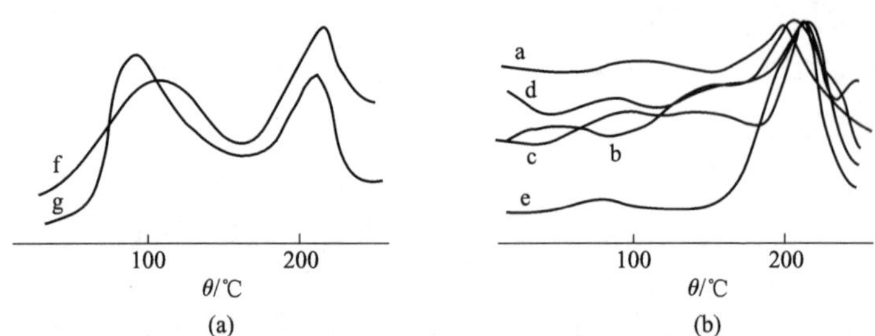

图 4-13　BNCPFR 在 180℃固化 15min、30min、60min、90min、120min、180min、240min 的 TBA 曲线

固化时间：a—60min；b—90min；c—120min；d—180min；e—240min；f—30min；g—15min

4.2.3.3　超支化硼酸酯改性酚醛树脂

超支化硼酸酯的制备是以间苯二酚和硼酸为反应单体，设计了芳香族的硼酸酯骨架。根据单体配比的不同，可以得到端基为酚羟

基超支化硼酸酯（HBp）和端基为硼酸羟基的超支化硼酸酯（HBb）。

改性酚醛树脂的制备是称取一定量的 HB 将其溶解于丙酮中，配成 5%的溶液，然后将 HB 的丙酮溶液加入到一定量的钡酚醛溶液中，制成质量分数分别为 5%和 10%的改性酚醛树脂溶液。在室温下搅拌 12h，可以得到红褐色黏稠状溶液，即为改性酚醛树脂。

取适量改性酚醛树脂溶液涂于载玻片上，将载玻片置于 60℃的真空烘箱中脱除溶剂，所得样品放在干燥器中备用。DSC 的测试条件是：升温范围室温～350℃，升温速率 10℃•min^{-1}，氮气氛流量 50mL•min^{-1}。

随着温度的升高，酚醛树脂开始发生固化反应，其黏度逐渐升高。研究表明，热固性树脂体系的黏度受温度和固化程度变化的综合影响。温度的升高有利于树脂分子链的运动，导致黏度降低，固化度的提高使分子链运动受到阻碍，导致黏度升高。如何选择合适的固化条件，对热固性树脂的性能有很大的影响。在此，我们分别研究不同含量的 HB 改性酚醛树脂的固化性能。将 HB 改性酚醛树脂，在 50℃的真空烘箱中，放置 10h，待溶剂去除彻底后，运用 DSC 分析改性树脂的固化过程。

表 4-12　酚醛树脂及 HB 改性酚醛树脂的固化特征

聚合物	T_i	T_p	T_e
PR	120	174	273
PR+5%(质量分数)-HBp	91	199	259
PR+10%(质量分数)-HBp	92	195	292
PR+5%(质量分数)-HBb	97	188	268
PR+10%(质量分数)-HBb	102	192	263

注：T_i 为固化起始温度，T_p 为固化峰值温度，T_e 为固化终止温度。

从 DSC 图谱中可以看出（图 4-14），HB 的加入对酚醛树脂的

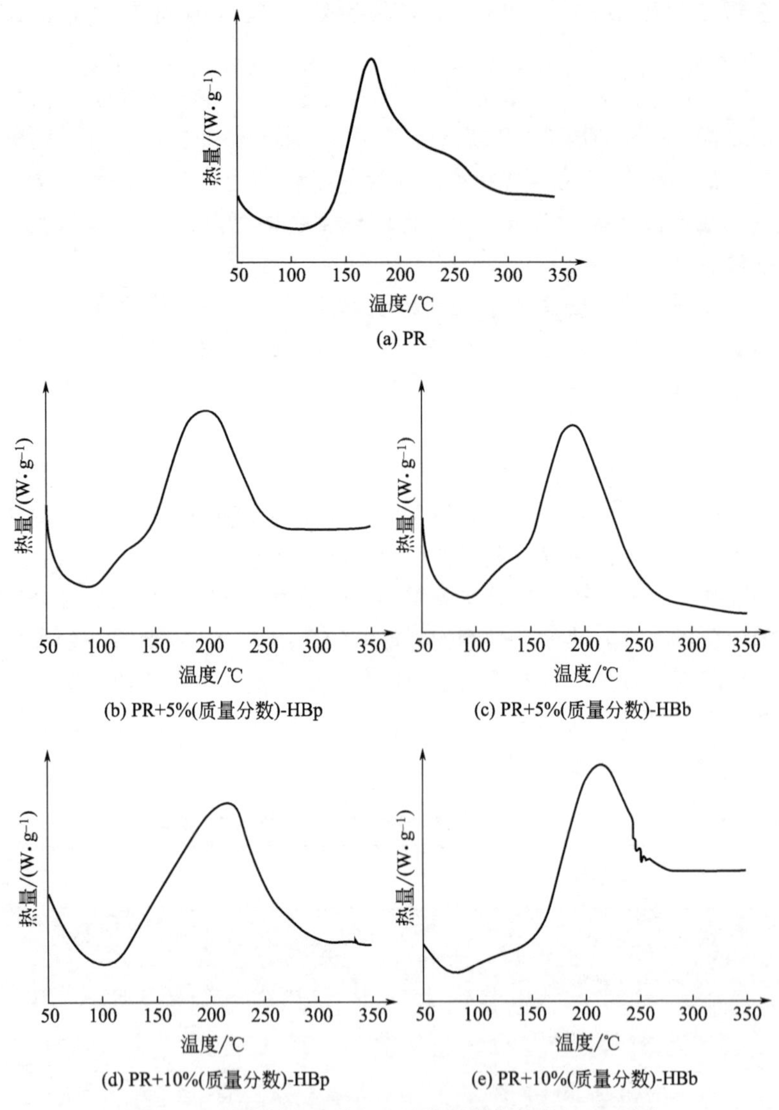

(a) PR

(b) PR+5%(质量分数)-HBp

(c) PR+5%(质量分数)-HBb

(d) PR+10%(质量分数)-HBp

(e) PR+10%(质量分数)-HBb

图 4-14　酚醛树脂及其 HB 改性酚醛树脂的 DSC 图谱

固化过程产生了很大的影响。在固化反应初期，温度比较低，树脂固化反应缓慢，只缩合出少量的小分子物。小分子物挥发吸热和固化放热的共同作用，使此阶段固化曲线平坦宽阔。随着温度上升，钡酚醛树脂固化反应加快，在 170℃附近出现 1 个窄的放热峰。这主要是钡酚醛树脂的羟甲基之间或羟甲基与酚核上的活泼氢的缩合，形成醚基或亚甲基连接键产生的热效应。酚醛树脂的固化起始、峰值和终止温度分别为 120℃、174℃和 273℃（表 4-12）。加入 5%和 10%的 HBp 的酚醛树脂，其固化起始、峰值和终止温度分别为 91℃、199℃和 259℃以及 92℃、195℃和 292℃。加入 5%和 10%的 HBb 的酚醛树脂，其固化起始、峰值和终止温度分别为 97℃、188℃和 268℃，以及 102℃、192℃和 263℃。可见 HB 的加入，使得酚醛树脂的固化起始温度降低，固化峰值温度提高近 20℃，加工范围变宽。

改性酚醛树脂的固化过程见图 4-15。分析 HB 改性酚醛树脂固化过程变化的原因，可能有以下几个方面：①在较低温度下（固化初期），HB 的羟基可以与酚醛树脂反应；②HB 的加入，对酚醛树脂起了稀释作用，使得酚醛树脂之间的反应相对困难；③HB 的加入使得体系固化过程的黏度增加，分子链段的扩散运动变得相对困难，进而使得固化速率降低。

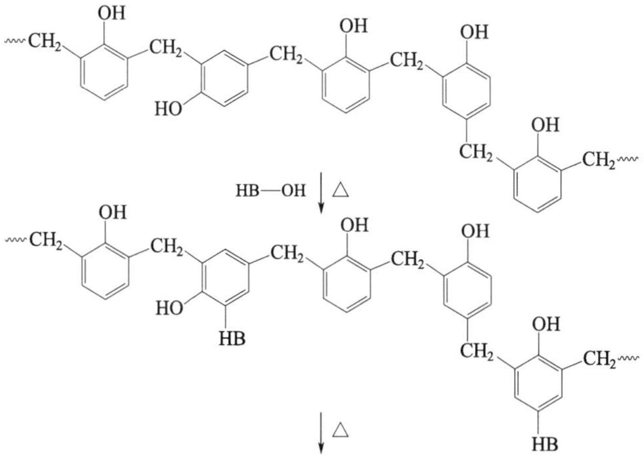

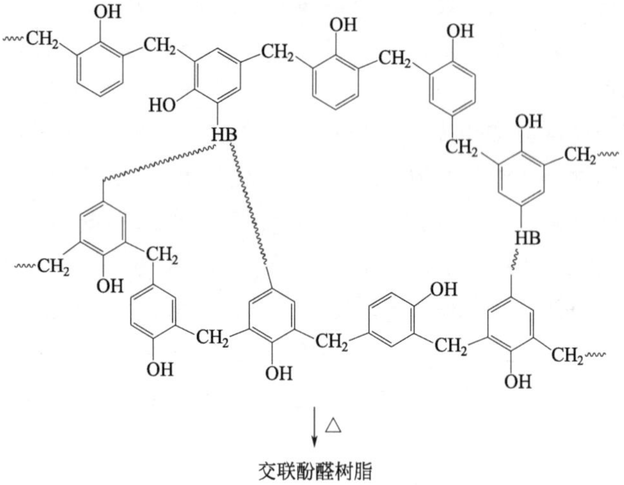

△

交联酚醛树脂

图 4-15　改性酚醛树脂的固化过程

4.3　硼酚醛树脂固化工艺

4.3.1　红外分析结果与固化温度和固化时间

酚醛树脂在固化过程中生成水，水的生成速度过慢对生产效率不利，生成速度过快对制品的质量不利。从前面的红外光谱和热分析可知，在 150～200℃羟基指数降低比较平缓，这样水的生成速度也比较平缓，初步确定固化温度为 150～200℃。在 180℃硼氧键生成速度较快，而此时醚键还没有断裂，这样可以确定为最终固化温度为 180℃。表 4-13 为硼酚醛树脂在固化过程中化学基团的变化情况。

表 4-13　硼酚醛树脂在固化过程中化学基团的变化情况

温度/℃	羟基指数	硼氧键指数	酚羟基指数	羟甲基指数	羰基指数
20	21.44			0.27	0.13
100	13.57	4.69	0.11	0.02	0.11
120	13.17	6.00	0.20		0.16

续表

温度/℃	羟基指数	硼氧键指数	酚羟基指数	羟甲基指数	羰基指数
150	12.79	6.32	0.22		0.20
180	12.23	8.27	0.32		0.60
200	11.24	8.83	0.25		0.83
240	8.31	5.90	0.15		0.56
270	6.51	4.12	0.09		0.44

为了确定硼酚醛树脂固化时间，计算了恒温 180℃条件下不同时间时的原位 FTIR 谱图的硼氧键指数，并将其作为确定固化时间的依据，结果如图 4-16 所示。由图 4-16 可知，在 12～38min，硼氧键指数几乎没有变化，38min 后硼氧键指数降低，由此可以判定固化时间至少 12min 但不要超过 38min。上面所确定的固化温度和时间对实际固化参数的确定只能是个参考，因为试验过程中的试样状况与实际产品制造过程的差别很大，但该参数可以对实际工艺的确定提供借鉴。

4.3.2　成型工艺

在固化过程中固化压力对复合材料性能有明显影响，我们考察了 7MPa 和 4MPa 两种压力情况，测试结果表明，成型压力较高则复合材料机械强度较高。这是由于较高的成型压力使树脂与增强体之间的铰链更加紧密，小分子残余较低，复合材料内部致密度增加。但成型压力过高时，如加压时机掌握不好会出现过量流胶现象，从而导致材料含胶量低，力学性能差。

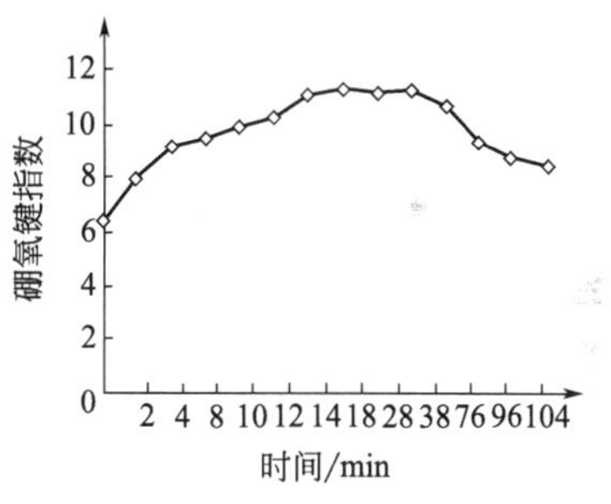

图 4-16　180℃不同固化时间的硼氧键指数

根据固化工艺考察成型温度对复合材料性能的影响，结果见图 4-17。由图 4-17 可以发现，成型固化温度达到 205℃的样品弯曲强度为 506.2MPa，是成型固化温度 160～180℃样品的 1.87～2.87

倍。这是由于成型温度在树脂固化温度以上可保证复合材料中的树脂发生充分交联反应而充分固化，为材料的力学性能做出贡献。

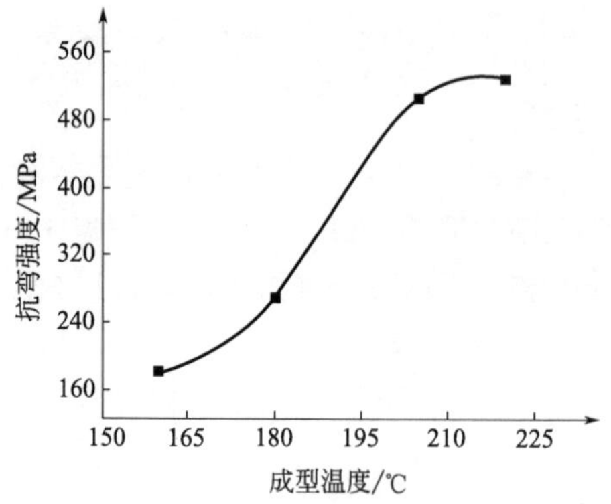

图 4-17　硼酚醛树脂复合材料成型温度与抗弯强度关系

根据酚醛树脂的 DSC 固化放热峰可推测其固化工艺参数，不同实验中制备的产品 DSC 数据存在一定差异，根据经验，我们选取固化参考温度为，加压温度 $T_1=103℃$，固化温度 $T_2=160℃$，后处理温度 $T_3=205℃$。根据上面分析结果及进行的层压试验所确定的固化工艺条件见图 4-18。

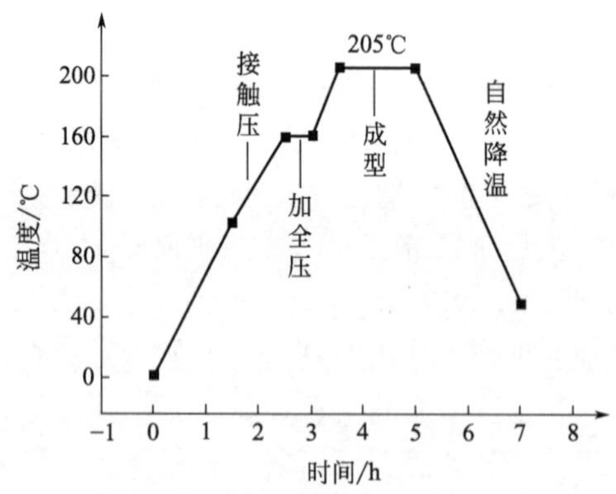

图 4-18　硼酚醛树脂固化工艺

对于其他类型硼酚醛树脂,具体的固化成型条件同样可以根据红外和热分析结果进行初步确定，再通过生产验证，最终得到可实际操作的工艺参数。

4.4　硼酚醛树脂的固化改性

硼酚醛树脂的固化与酚醛树脂固化过程中有许多相似之处，特别是固化反应放出大量小分子，不适合 RTM（树脂传递模塑工艺）等工艺，限制了其应用。改性方向是在保持原有树脂烧蚀性能、力学性能的基础上，使其具有加成或加聚反应的特征，反应过程中无小分子生成。基于这一出发点，目前改性酚醛树脂有以下几种。

(1) 酚三嗪树脂　酚三嗪树脂是用溴化氰等卤化氰与酚醛主链上的羟基反应，生成氰酸酯树脂，在热和催化剂作用下发生三环化反应，生成含有三嗪环的高交联密度网络大分子——酚三嗪树脂。该树脂要到 440～450℃才开始分解，在氮气中，1000℃下的成炭率为 68%～70%，T_g 超过 300℃，伸长率大于 2.5%，作为热固性体系长期使用温度可以超过 316℃。该树脂的主要缺点是合成反应时，所用原材料毒性大、副产物需吸收、环境污染大。

(2) 烯丙基硼酚醛树脂　烯丙基硼酚醛树脂（XBPF）是利用烯丙基苯酚、苯酚、硼酸、多聚甲醛等合成出结构中含有烯丙基活性基团的可与其他含不饱和双键树脂（或化合物）发生共聚反应的新型硼酚醛树脂。多聚甲醛用量一定时，合成树脂随烯丙基含量的降低黏度增大，在常温下显固体状态，且树脂软化点较高。XBPF 树脂均可溶于丙酮、无水乙醇等普通溶剂，在一定温度下可与其他树脂如环氧树脂、不饱和聚酯等相混溶，它们虽然含有不饱和双键，但却难以自聚。这是因为自由基与烯丙基单体作用，存在着加成和转移两种反应。加成反应形成的自由基较活泼，与烯丙基单体继续作用仍然存在着上述两种竞争反应，而转移反应形成的烯丙基自由基却因其共轭作用而稳定，不能再起加成或转移反应，往往与初级自由基或自身双基终止，因而起到缓聚或自动阻聚作用。试验表明，XBPF 树脂体系的耐湿性都不很理想。由于多聚甲醛用量不宜过多，交联密度小，加之结构中芳基硼酸酯键由于芳核 π 轨道与氧原子的 p 轨道共轭（拉电子性），硼原子上电子密度较低，使硼酸苯酯的水解速度加大。即使用烯丙基苯酚代替苯酚，烯丙基具有推电子特性，但这种硼酸烯丙基苯酯的水解速度仍然较大。因此 XBPF 树脂必须在密封干燥的条件下储存。根据试验观察，存放数月后其黏度、溶解性等均无明显变化。

烯丙基硼酚醛树脂体系与双马来酰亚胺树脂（BMI）共聚，将 XBPF 与 BMI 按一定配比在某一温度下混合，透明后预聚一段时间，浇入已预热的涂有硅脂的模具中，真空加热脱泡后在常压下按一定的工艺固化及后处理。BMI 的含量对 XBPF/BMI 共聚树脂的性能影响很大，含量偏少则体系中残留的烯丙基会导致力学性能、耐热性能与热氧化稳定性下降；含量过大又会导致预聚困难且预聚体溶解性差，固化后脆性大。

XBPF/BMI 共聚树脂体系预聚体可溶于丙酮中，密封状态下储存性较好。其固化工艺为 160℃×2h→180℃×4h→200℃×2h→230℃×2h，后处理工艺为 250℃×2h。固化树脂的力学性能、耐热性能、耐水性能随结构中烯丙基含量增大而提高。XBPF 中加入六亚甲基四胺参加缩合反应对改善 XBPF/BMI 共聚树脂的耐水性能效果明显。

参考文献

[1] 高俊刚．硼酚醛树脂的合成与固化机理的研究．化学学报，1990（48）：411-414.

[2] 柳洪超，吴立军，尤瑜升．硼酚醛树脂固化过程的红外表征．工程塑料应用，2007，35（7）：51-55.

[3] 高俊刚，刘彦芳，王逢利．双酚 A 型硼酚醛树脂的结构与热分解动力学的研究．高分子材料科学与工程，1995，11（5）：31-36.

[4] 夏立娅．双酚 F 硼酚醛树脂的结构、固化机理和热性能研究．[D]．保定：河北大学，2004：10-18，24-27.

[5] 苏晓辉．硼氮酚醛树脂的结构、固化机理及热性能研究．[D]．保定：河北大学，

2005：10-15.

[6] 崔溢，刘京林，杨明．耐高温结构用硼酚醛树脂性能的研究．玻璃钢/复合材料，2009，(3)：68.

[7] 陈孝飞，李树杰，闫联生等．硼改性酚醛树脂的固化及裂解．复合材料学报，2011，28 (5)：89-95.

[8] 朱苗淼，王汝敏，向薇．硼酚醛树脂的合成及其模塑料的表征．塑料工业，2011，39 (8)：26-30.

[9] 屠宛蓉，梁万成，刘志奇．双酚 A 型硼酚醛树脂作为砂轮黏结剂的研究．河北大学学报：自然科学版，1983，(1)：43-50.

[10] 翟丁．苯酚型硼氮配位酚醛树脂的合成及性能表征．中国优秀硕士学位论文全文数据库：工程科技Ⅰ辑，2011，(S1)：B016-147-10-12.

[11] 刘育红．超支化硼酸酯改性酚醛树脂的高性能化研究．[D]．西安：西安交通大学，2008：53.

[12] 王雷，卢家骐，郑莉．耐高温硼酚醛生产研究．玻璃钢/复合材料，2009，(2)：68-72.

[13] 狄西岩，秦华宇，梁国正．烯丙基硼酚醛-双马来酰亚胺共聚体系的研究．热固性树脂，1999，(1)：12-15.

[14] 狄西岩，梁国正，秦华宇．烯丙基硼酚醛树脂的合成．高分子材料科学与工程，2000，16 (2)：44-50.

第5章 硼酚醛树脂的成型加工

成型工艺是材料工业的发展基础和条件。随着材料应用领域的拓宽，材料工业得到迅速发展，老的成型工艺日臻完善，新的成型方法不断涌现，目前聚合物基复合材料的成型方法已有 20 多种，并成功地用于工业生产。原则上热固性树脂、热固性复合材料常用的成型工艺均适合硼酚醛树脂的成型，如手糊成型、缠绕成型、浇注成型、模压成型、树脂传递模塑成型、注射成型、挤拉成型等。本章对传统的成型工艺只作简单介绍，重点介绍一些近年来发展起来的新的成型方法。

5.1 模压成型和层压成型

5.1.1 模压成型

模压成型工艺是复合材料生产中最古老而又富有无限活力的一种成型方法。主要用作结构件、连接件、防护件和电气绝缘件。广泛应用于工业、农业、交通运输、电气、化工、建筑、机械等领域。由于模压制品质量可靠，在兵器、飞机、导弹、卫星上也都得到了应用。

模压成型又称压制成型或压缩成型，是先将树脂放入成型温度下的模具型腔中，然后闭模加压而使其成型并固化的作业。模压成型可用于热固性塑料、热塑性塑料和橡胶材料。

热固性塑料在模压成型加工中所表现的流变行为，要比热塑性塑料复杂得多，在整个模压过程中始终伴随着化学反应，加热初期物料呈现低分子黏流态，流动性尚好，随着官能团的相互反应，部分发生交联，物料流动性逐步变小，并产生一定程度的弹性，使物料呈胶凝态，再继续加热使分子交联反应更趋完善，交联度增大，物料由凝胶态变为玻璃态，树脂体内呈体型结构，成型即告结束。从工艺角度看，上述过程可分为三个阶段：流动阶段、凝胶阶段、固化阶段。模压成型的控制因素，俗称“三要素”，即温度、压力和时间。

模压成型原理如图 5-1 所示，工艺过程如图 5-2 所示。

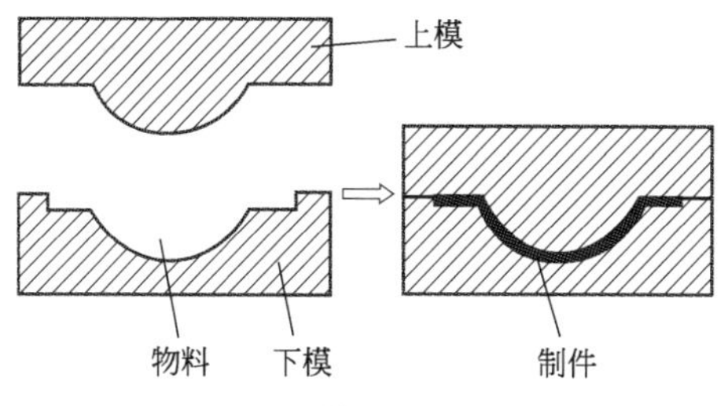

图 5-1　模压成型原理

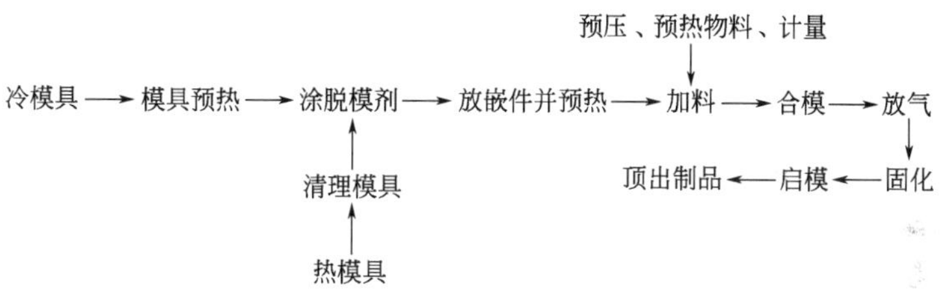

图 5-2　模压成型工艺过程

模压成型的主要工艺流程如下。

(1) 加料　按照需要往模具内加入规定量的材料，而加料的多少直接影响着制品的密度与尺寸等。加料量多则制品毛边厚，尺寸准确度差，难以脱模，并可能损坏模具；加料量少则制品不紧密，光泽性差，甚至造成缺料而产生废品。

(2) 闭模　加料完后即使阳模和阴模相闭合。合模时先用快速，待阴、阳模快接触时改为慢速。先快后慢的操作方法有利于缩短非生产时间，防止模具擦伤，避免模槽中原料因合模过快而被空气带出，甚至使嵌件位移，成型杆遭到破坏。待模具闭合即可增大压力对原料加热加压。

(3) 排气　模压热固性塑料时，常有水分和低分子物放出，为了排除这些低分子物、挥发物及模内空气等，在塑料模的模腔内塑料反应进行至适当时间后，可卸压松模排气一很短的时间。排气操作能缩短固化时间和提高制品的物理性能，避免制品内部出现分层和气泡。但排气过早、过迟都不行，过早达不到排气目的，过迟则因物料表面已固化气体排不出。

(4) 固化　热固性塑料的固化是在模压温度下保持一段时间，使树脂的缩聚反应达到要求的交联程度，使制品具有所要求的物理性能为准。固化速率不高的塑料也可在制品能够完整地脱模时固化就暂告结束，然后再用后处理来完成全部固化过程，以提高设备的利用率。模压固化时间通常为保压保温时间，一般 30s 至数分钟不等，多数不超过 30min。过长或过短的固化时间对制品的性能都有影响。

(5) 脱模　脱模通常是靠顶出杆来完成的。带有成型杆或者某些嵌件的制品应先用专门工具将成型杆等拧脱，然后进行脱模。

(6) 模具吹洗　脱模后，通常用压缩空气吹洗模腔和模具的模面，如果模具上的固着物较紧，还可用铜刀或铜刷清理，甚至需要用抛光剂刷等。

(7) 后处理　为了进一步提高制品的质量，热固性塑料制品脱模后也常在较高温度下进行后处理。后处理能使塑料固化更加得完全；同时减少或消除制品的内应力，减少制品中的水分及挥发物等，有利于提高制品的电性能及强度。

模压成型工艺按增强材料物态和模压料品种可分为如下几种。

(1) 纤维料模压法　将经预混或预浸的纤维状模压料，投入到模具内，在一定的温度和压力下成型复合材料制品。

(2) 碎布料模压法　将浸过树脂胶液的玻璃纤维布或其他织物，如麻布、有机纤维布、石棉布或棉布等的边角料切成碎块，然后在模具中加温加压成型复合材料制品。此法适于成型形状简单性能要求一般的制品。

(3) 织物模压法　将预先织成所需形状的两维或三维织物浸渍树脂胶液，然后放入模具中加热加压成型为复合材料制品。

(4) 层压模压法　将预浸过树脂胶液的玻璃纤维布或其他织物，裁剪成所需的形状，然后在模具中经加温或加压成型复合材料制品。

(5) 缠绕模压法　将预浸过树脂胶液的连续纤维或布（带），通过专用缠绕机提供一定的张力和温度，缠在芯模上，再放入模具中进行加温加压成型复合材料制品。

(6) 片状塑料（SMC）模压法　将 SMC 片材按制品尺寸、形状、厚度等要求裁剪下料，然后将多层片材叠合后放入金属模具中加热加压成型制品。

(7) 预成型坯料模压法　先将和短切纤维制成品形状和尺寸相似的预成型坯料放入金属模具中，然后向模具中注入配制好的胶黏剂（树脂混合物），在一定的温度和压力下成型。

(8) 定向铺设模压　将单向预浸料制品主应力方向取向铺设，然后模压成型，制品中纤维含量可达 70%，适用于成型单向强度要求高的制品。

(9) 模塑粉模压法　模塑粉主要由树脂、填料、固化剂、着色剂和脱模剂等构成。其中树脂主要是热固性树脂，分子量高、流动性差、熔融温度很高的难于注射和挤出成型的，热塑性树脂也可制成模塑粉。模塑粉和其他模压料的成型工艺基本相同，两者的主要差别在于前者不含增强材料，故其制品强度较低，主要用于次受力件。

(10) 吸附预成型坯模压法　采用吸附法（空气吸附或湿浆吸附）预先将玻璃纤维制成与模压成型制品结构相似的预成型坯，然后把其置于模具内，并在其上倒入树脂糊，在一定的温度与压力下成型。此法采用的材料成本较低，可采用较长的短切纤维，适用于成型形状较复杂的制品，可以实现自动化，但设备费用较高。

(11) 团状模塑料模压法　团状模塑料（BMC）是一种纤维增强的热固性塑料，且通常是一种由不饱和聚酯树脂、短切纤维、填料以及各种添加剂构成的、经充分混合而成的团状预浸料。BMC中加入有低收缩添加剂，从而大大改善了制品的外观性能。

(12) 毡料模压法　此法采用树脂（多数为酚醛树脂）浸渍玻璃纤维毡，然后烘干为预浸毡，并把其裁剪成所需形状后置于模具内，加热加压成型为制品。此法适用于成型形状较简单、厚度变化不大的薄壁大型制品。

5.1.2 层压成型

层压成型是复合材料成型工艺中发展较早、也较成熟的一种成型方法。该工艺主要用于生产电绝缘板和印刷电路板材。现在，印刷电路板材已广泛应用于各类收音机、电视机、电话机和移动电话机、电脑产品、各类控制电路等所有需要平面集成电路的产品中。

层压成型是将预浸胶布按照产品形状和尺寸进行剪裁、叠加后，放入两个抛光的金属模具之间，加温加压成型复合材料制品的生产工艺，如图 5-3 所示。

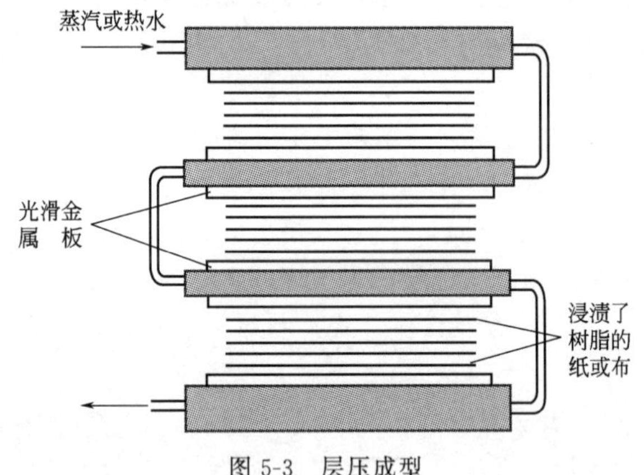

图 5-3　层压成型

层压工艺主要用于生产各种规格的复合材料板材，具有机械化、自动化程度高，产品质量稳定等特点，但一次性投资较大，适用于批量生产，并且只能生产板材，且规格受到设备的限制。

层压工艺过程大致包括预浸胶布制备、胶布裁剪叠合、热压、冷却、脱模、加工、后处理等工序。

5.2　树脂传递模塑成型和真空辅助 RTM 成型

5.2.1　树脂传递模塑成型

树脂传递模塑成型（resin transfer molding，RTM）。起始于 20 世纪 50 年代，是手糊成型工艺改进的一种闭模成型技术，可以生产出两面光的制品。在国外属于这一工艺范畴的还有树脂注射工艺（resin injection）和压力注射工艺（pressure injection）。RTM 是将玻璃纤维增强材料铺放到闭模的模腔内，用压力将树脂胶液注入模腔，浸透玻纤增强材料，然后固化，脱模成型制品。

从目前的研究水平来看，RTM 技术的研究发展方向包括微机控制注射机组、增强材料预成型技术、低成本模具、快速树脂固化体系、工艺稳定性和适应性等。RTM 成型技术的特点：①可以制造两面光的制品；②成型效率高，适合于中等规模的玻璃钢产品生产（20000 件/年以内）；③RTM 为闭模操作，不污染环境，不损害工人健康；④增强材料可以任意方向铺放，容易实现按制品受力状况立体铺放增强材料；⑤原材料及能源消耗少；⑥建厂投资少，上马快。

RTM 技术适用范围很广，目前已广泛用于建筑、交通、电信、卫生、航空航天等工业领域。已开发的产品有汽车壳体及部件、娱乐车构件、螺旋桨、8.5m 长的风力发电机叶片、天线罩、机器罩、浴盆、沐浴间、游泳池板、座椅、水箱、电话亭、电线杆、小型游艇等。

树脂传递模塑工艺是一种较为简单的成型工艺，其原理是首先在金属或复合材料制成的闭合模具中，铺放干的增强材料预成型体，然后将树脂和催化剂按照一定比例计量并充分混合，再采用注射设备通过注射口利用压力注入模具中，使树脂按照预先设计的路径浸润到增强材料上的过程。树脂传递模塑工艺要求极低黏度的树脂，特别是当预成型体较厚时，较好的树脂的流动性能够确保更及时和更充分的浸润效果。如有需要，模具和树脂可以进行加热，但是成型工艺的固化无需使用热压釜。一部分应用于高温的制品通常在脱模后，还要进行后固化。传递模塑原理如图 5-4 所示，工艺流程如图 5-5 所示。

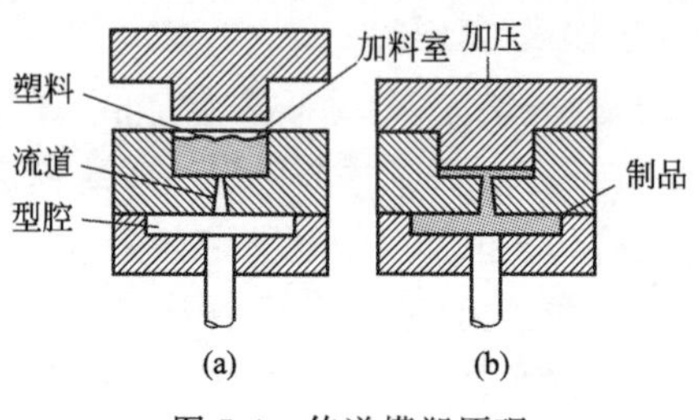

图 5-4　传递模塑原理

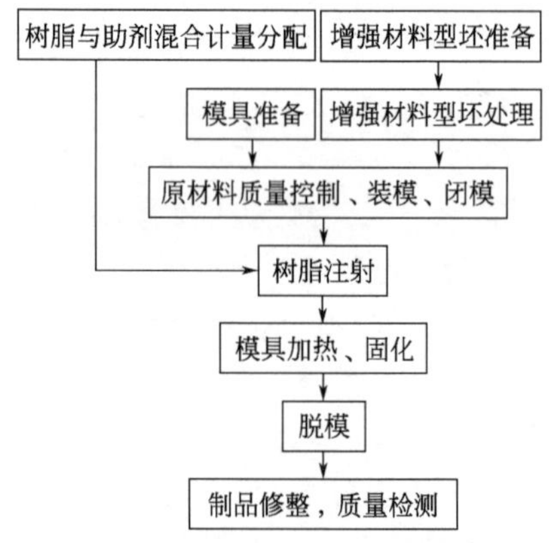

图 5-5　传递模塑工艺流程

模具在流水线上的循环时间，基本上反映了制品的生产周期，小型制品一般只需十几分钟，大型制品的生产周期可以控制在 1h 以内完成。

RTM 成型设备主要是树脂压注机和模具。树脂压注机由树脂泵、注射枪组成，RTM 模具分玻璃钢模、玻璃钢表面镀金属模和金属模 3 种。

RTM 工艺要求树脂在一定的温度下具有较低的黏度，并且有一定的适用期，固化过程中应尽量没有小分子产物。

5.2.2　真空辅助 RTM 成型

近年来，国外研制开发了真空辅助 RTM 成型技术（vacuum-assisted resin transfer molding，VARTM），与传统的 RTM 工艺相比，其模具成本可以降低 50%～70%，使用这一工艺在成型过程中有机挥发物（VOC）非常少，充分满足了人们对环保的要求，并且成型适应性好，因为真空辅助，可以充分消除气泡。这一工艺制造的单件制品的最大表面积可以达到 $186m^2$，厚度 150mm，纤维质量含量最大可达 75%～80%。正因为这些优点，这一技术正迅速地得到推广。其基本方法是使用敞开模具成型制品，这里所说的敞开模具是相对传统的 RTM 的双层硬质闭合模具而言的，VARTM 模具只有一层硬质模板，纤维增强材料按规定的尺寸及厚度铺放在模板上，用真空袋包覆，并密封四周，真空袋采用尼龙或硅树脂制成。注射口设在模具的一端，而出口则设在另一端，注射口与 RTM 喷枪相连，出口与真空泵相连。当模具密封完好，确认无空气泄漏后，开动真空泵抽真空。达到一定真空度后，开始注入树脂，固化成型。其原理如图 5-6 所示。

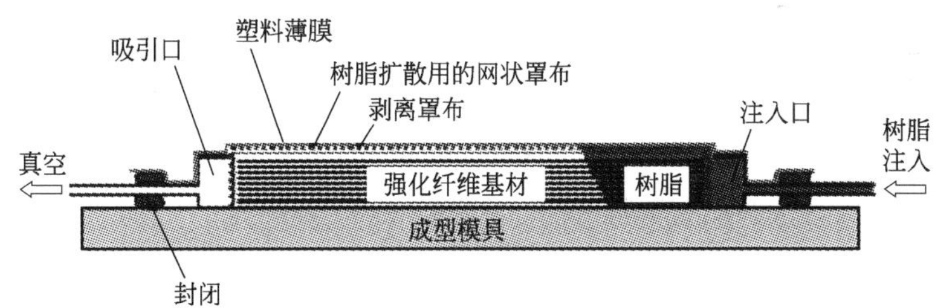

图 5-6　VARTM 工艺原理

高渗透介质辅助 VARTM 工艺和引流槽辅助 VARTM 工艺是两种常用的 VARTM，高渗透介质辅助 VARTM 工艺可以较大地提高充模流动速度，但高渗透介质辅助成型还带来了固体废物的问题。废弃的高渗透介质及剥离层不但会造成环境污染，还提高了制作成本。因此，引流槽辅助 VARTM 工艺是目前应用前景较好的

VARTM，引流槽辅助 VARTM 工艺结构如图 5-7 所示。

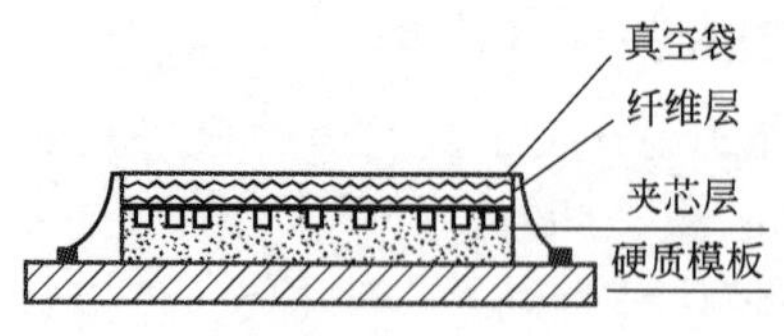

图 5-7　引流槽辅助 VARTM 工艺结构

引流槽的数量及其尺寸与制品规格有关，引流槽的设计直接决定树脂胶液对纤维增强材料的浸润程度。在该工艺中，注射流道直接与引流槽入口相连，但是排气槽和引流槽出口要保持一定距离。对于薄壁制品排气槽和引流槽出口的距离应为 2 倍的引流槽间距，对厚壁制品，这个距离与制品厚度和纤维增强材料横向渗透率有关，而树脂胶液的黏度直接决定着充模时间。

由于这种引流槽的渗透率远远大于任何一种高渗透性介质，因此树脂总是先注满这些引流槽，然后才从引流槽注入纤维增强材料。大型制品整个注射过程就可以被看作是被引流槽分解了的数个（与引流槽数量有关）小的注射过程。因此对于厚壁制品而言，充模流动时间几乎等于单个引流槽内树脂在纤维增强材料厚度方向的浸透时间。这大大地缩短了充模周期。相对于高渗透介质辅助 VARTM 而言，引流槽辅助 VARTM 工艺充模速度可以提高 17 倍。

5.3　袋压法、热压釜法、液压釜法和热膨胀模塑法成型

袋压法、热压釜法、液压釜法和热膨胀模塑法统称为低压成型工艺。其成型过程是用手工铺叠方式，将增强材料和树脂（含预浸材料）按设计方向和顺序逐层铺放到模具上，达到规定厚度后，经加压、加热、固化、脱模、修整而获得制品。四种方法与手糊成型工艺的区别仅在于加压固化这道工序。因此，它们只是手糊成型工艺的改进，是为了提高制品的密实度和层间黏结强度。

以高强度玻璃纤维、碳纤维、硼纤维、芳纶纤维和环氧树脂为原材料，用低压成型方法制造的高性能复合材料制品，已广泛用于飞机、导弹、卫星和航天飞机。如飞机舱门、整流罩、机载雷达罩、支架、机翼、尾翼、隔板、壁板及隐形飞机等。

5.3.1　袋压法

袋压成型是将手糊成型的未固化制品，通过橡胶袋或其他弹性材料向其施加气体或液体压力，使制品在压力下密实、固化。袋压成型法的优点是：①产品两面光滑；②能适应聚酯、环氧树脂和酚醛树脂；③产品质量比手糊高。

袋压成型可分为压力袋法和真空袋法 2 种。

(1) 压力袋法　压力袋法是将手糊成型未固化的制品放入一橡胶袋，固定好盖板，然后通入压缩空气或蒸气（0.25～0.5MPa），使制品在热压条件下固化。

(2) 真空袋法　此法是将手糊成型未固化的制品，加盖一层橡胶膜，制品处于橡胶膜和模具之间，密封周边，抽真空（0.05～0.07MPa），使制品中的气泡和挥发物排除。真空袋成型法由于真空压力较小，故此法仅用于聚酯和环氧复合材料制品的湿法成型。

5.3.2　热压釜和液压釜法

热压釜和液压釜法都是在金属容器内，通过压缩气体或液体对未固化的手糊制品加热、加压，使其固化成型的一种工艺。

(1) 热压釜法　热压釜是一个卧式金属压力容器，未固化的手糊制品，加上密封胶袋，抽真空，然后连同模具用小车推进热压釜内，通入蒸汽（压力为 1.5～2.5MPa），并抽真空，对制品加压、加热，排出气泡，使其在热压条件下固化。它综合了压力袋法和真空袋法的优点，生产周期短，产品质量高。热压釜法能够生产尺寸较大、形状复杂的高质量、高性能复合材料制品。产品尺寸受热压釜限制，目前国内最大的热压釜直径为 2.5m，长 18m，已开发应用的产品有机翼、尾翼、卫星天线反射器，导弹再入体、机载夹层结构雷达罩等。此法的最大缺点是设备投资大，重量大，结构复杂，费用高等。

(2) 液压釜法　液压釜是一个密闭的压力容器，体积比热压釜小，直立放置，生产时通入压力热水，对未固化的手糊制品加热、加压，使其固化。液压釜的压力可达到2MPa或更高，温度为80～100℃。用油作载体，温度可达200℃。此法生产的产品密实、周期短，液压釜法的缺点是设备投资较大。

5.3.3　热膨胀模塑法

热膨胀模塑法是用于生产空腹、薄壁高性能复合材料制品的一种工艺。其工作原理是采用不同膨胀系数的模具材料，利用其受热体积膨胀不同产生的挤压力，对制品施加压力。热膨胀模塑法的阳模是膨胀系数大的硅橡胶，阴模是膨胀系数小的金属材料，手糊未固化的制品放在阳模和阴模之间。加热时由于阳、阴模的膨胀系数不同，产生巨大的变形差异，使制品在热压下固化。

5.4　喷射成型技术

喷射成型技术是手糊成型的改进，半机械化程度。喷射成型技术在复合材料成型工艺中所占比例较大，如美国占9.1%，欧洲发达国家和地区占11.3%，日本占21%。目前国内用的喷射成型机主要是从美国进口。喷射成型的优点：①用玻纤粗纱代替织物，可降低材料成本；②生产效率比手糊的高2～4倍；③产品整体性好，无接缝，层间剪切强度高，树脂含量高，抗腐蚀、耐渗漏性好；④可减少飞边、裁布屑及剩余胶液的消耗；⑤产品尺寸、形状不受限制。其缺点为：①树脂含量高，制品强度低；②产品只能做到单面光滑；③污染环境，有害工人健康。喷射成型效率达15kg·min^{-1}，故适用于大型船体制造。已广泛用于加工浴盆、机器外罩、整体卫生间、汽车车身构件及大型浮雕制品等。

喷射成型工艺：将混有引发剂和促进剂的两种树脂分别从喷枪两侧喷出，同时将切断的玻纤粗纱，由喷枪中心喷出，使其与树脂均匀混合，沉积到模具上，当沉积到一定厚度时，用辊轮压实，使纤维浸透树脂，排除气泡，固化后成制品。喷射成型场地除满足手糊工艺要求外，要特别注意环境排风。根据产品尺寸大小，操作间可建成密闭式，以节省能源。喷射工艺参数选择：①树脂含量，喷射成型的制品中，树脂含量控制在 60%左右；②喷雾压力，当树脂黏度为 0.2Pa•s，树脂罐压力为 0.05～0.15MPa 时，雾化压力为 0.3～0.55MPa，方能保证组分混合均匀；③喷枪夹角，不同夹角喷出来的树脂混合交距不同，一般选用 20°夹角，喷枪与模具的距离为 350～400mm。改变距离，要高速喷枪夹角，保证各组分在靠近模具表面处交集混合，防止胶液飞失。

喷射成型机分压力罐式和泵供式两种。

(1) 泵式供胶喷射成型机　泵式供胶喷射成型机是将树脂引发剂和促进剂分别由泵输送到静态混合器中，充分混合后再由喷枪喷出，称为枪内混合型。其组成部分为气动控制系统、树脂泵、助剂泵、混合器、喷枪、纤维切割喷射器等。树脂泵和助剂泵由摇臂刚性连接，调节助剂泵在摇臂上的位置，可保证配料比例。在空压机作用下，树脂和助剂在混合器内均匀混合，经喷枪形成雾滴，与切断的纤维连续地喷射到模具表面。这种喷射机只有一个胶液喷枪，结构简单，重量轻，引发剂浪费少，但因系内混合，用完后要立即清洗，以防止喷射堵塞。

(2) 压力罐式供胶喷射机　压力罐式供胶喷射机是将树脂胶液分别装在压力罐中，靠进入罐中的气体压力，使胶液进入喷枪连续喷出。是由两个树脂罐、管道、阀门、喷枪、纤维切割喷射器、小车及支架组成。工作时，接通压缩空气气源，使压缩空气经过气水分离器进入树脂罐、玻纤切割器和喷枪，使树脂和玻璃纤维连续不断地由喷枪喷出，树脂雾化，玻纤分散，混合均匀后沉落到模具上。这种喷射机是树脂在喷枪外混合，故不易堵塞喷枪嘴。

喷射成型应注意事项：①环境温度应控制在 25℃±5℃，过高，易引起喷枪堵塞，过低，混合不均匀，固化慢；②喷射机系统内不允许有水分存在，否则会影响产品质量；③成型前，模具上先喷一层树脂，然后再喷树脂纤维混合层；④喷射成型前，先调整气压，控制树脂和玻纤含量；⑤喷枪要均匀移动，防止漏喷，不能走弧线，两行之间的重叠量要小于 1/3，要保证覆盖均匀和厚度均匀；⑥喷完一层后，立即用辊轮压实，要注意棱角和凹凸表面，保证每层压平，排出气泡，防止带起纤维造成毛刺；⑦每层喷完后，要进行检查，合格后再喷下一层；⑧最后一层要喷薄些，使表面光滑；⑨喷射机用完后要立即清洗，防止树脂固化，损坏设备。

5.5 泡沫塑料夹层结构制造技术

泡沫塑料夹层结构用的原材料分为面板（蒙皮）材料、夹芯材料和黏结剂。①面板材料　主要是用玻璃布和树脂制成的薄板，与蜂窝夹层结构面板用的材料相同。②黏结剂：面板和夹芯材料的黏结剂，主要取决于泡沫塑料种类，如聚苯乙烯泡沫塑料，不能用不饱和聚酯树脂黏结。③泡沫夹芯材料：泡沫塑料的种类很多，其分类方法有两种，一种是按树脂基体分，可分为聚氯乙烯泡沫塑料，聚苯乙烯泡沫塑料，聚乙烯泡沫塑料，聚氨酯泡沫塑料，酚醛、环氧及不饱和聚酯等热固性泡沫塑料等；另一种是按硬度分，可分为硬质、半硬质和软质三种。用泡沫塑料芯材生产夹层结构的最大优点是防寒、绝热、隔声性能好、质量轻、与蒙皮黏结面大、能均匀传递荷载、抗冲击性能好等。泡沫塑料夹层结构制品如图 5-8 所示。

图 5-8　泡沫塑料夹层结构制品

泡沫塑料夹层结构的制造方法有预制黏结法、整体浇注成型法和连续机械成型法三种。

(1) 预制黏结法　将蒙皮和泡沫塑料芯材分别制造，然后再将它们黏结成整体。预制成型法的优点是能适用于各种泡沫塑料，工艺简单，不需要复杂机械设备等。其缺点是生产效率低，质量不易保证。

(2) 整体浇注成型法　先预制好夹层结构的外壳，然后将混合均匀的泡沫料浆浇入壳体内，经过发泡成型和固化处理，使泡沫涨满腔体，并和壳体黏结成一个整体结构。

(3) 连续机械成型法　适用于生产泡沫塑料夹层结构板材。

5.6 离心成型工艺

离心成型工艺在复合材料制品生产中，主要是用于制造管材（地埋管），它是将树脂、玻璃纤维和填料按一定比例和方法加入到旋转的模腔内，依靠高速旋转产生的离心力，使物料挤压密实，固化成型。其原理如图 5-9 所示。

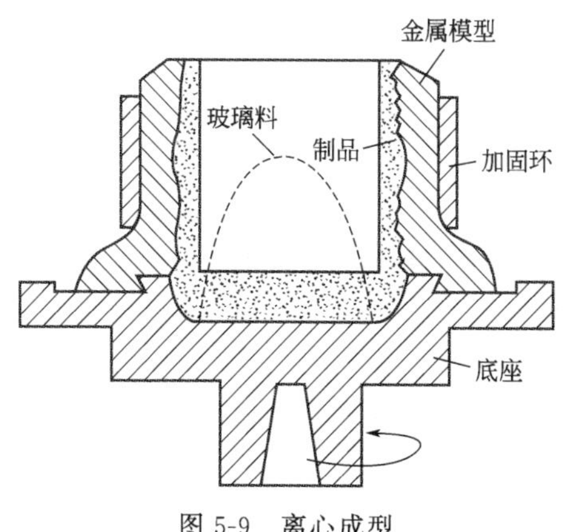

图 5-9　离心成型

离心玻璃钢管分为压力管、非压力管两类，其使用压力为 0～

18MPa。这种管的管径一般为 400～2500mm，最大管径或达 5m，以 ϕ1200mm 以上管径经济效果最佳，离心管的长度 2～12m，一般为 6m。

离心玻璃钢管的优点很多，与普通玻璃钢管和混凝土管相比，它强度高、质量小，防腐、耐磨（是石棉水泥管的 5～10 倍）、节能、耐久（50 年以上）及综合工程造价低，特别是大口径管等；与缠绕加砂玻璃钢管相比，其最大特点是刚度大，成本低，管壁可以按其功能设计成多层结构。离心法制管质量稳定，原材料损耗少，其综合成本低于钢管。离心玻璃钢管可埋深 15m，能承受真空及外压。其缺点是内表面不够光滑，水力学特性比较差。离心玻璃钢管的应用前景十分广阔，其主要应用范围包括给水及排水工程干管、油田注水管、污水管、化工防腐管等。

5.7 注射成型和增强反应注射模塑技术

5.7.1 注射成型

热固性塑料注射成型原理是将颗粒或粉状树脂注射料加入料筒内，通过对料筒的外加热及螺杆旋转时注射料的摩擦热，对注射料进行加热，在温度不高的机筒内先进行预热塑化，使树脂发生物理变化和缓慢的化学变化而呈稠胶状，产生流动性，然后用螺杆或柱塞在强大压力下将稠胶状的熔融料通过料筒的喷嘴，注入模具的浇口、流道并充满型腔，在高温高压下，进行化学反应，经一段时间的保压后，固化成型，打开注射模，开模取出制品，即得固化塑料制品。热固性塑料注射成型是物理变化和化学变化的过程，并且是不可逆的。

根据原料品种不同而异，加热温度在料筒前段为 90℃左右，后段为 70℃左右。但实际上由于物料受螺杆剪切混炼作用摩擦生热，其温度会更高，而且螺杆背压提高，料温也升高。物料通过注射机喷嘴孔喷出时，由于剧烈摩擦料温可达 110～130℃，模具温度通常保持在 160～190℃，压力可达 118～235MPa，物料在此温度压力下迅速固化。

热固性塑料注射成型工艺要考虑成型的 3 个方面：①条件——热量、压力、时间；②要素——注射料、注射机、注射模具；③阶段——塑化、注入型腔、固化阶段。热塑性塑料注射成型工艺，同样也要兼顾这 3 个方面。

注射成型技术对所用热固性塑料成型工艺性的基本要求是，在低温料筒内塑化产物能较长时间保持良好流动性，而在高温的模腔内能快速反应固化。热固性成型物料在机筒内软化，注射入约 177℃的热模具中进行固化。整个过程要着重防止机筒内早期固化。这可以通过用水夹套控温、合理设计螺杆及模具来满足成型工艺。

热固性塑料的注射成型过程可分为：①塑化阶段，将线型的树脂在固化温度以下加热，使之转化成为可以流动的流体；②成型阶段；塑化的流体在一定的压力下充满型腔；③固化阶段，已经成型的热固性树脂继续升温一段时间，分子链上的反应基团或者是活性点吸收大量热后，开始活化，并在固化剂的参与下，发生大分子交联反应。

热固性塑料的注射成型过程，像热塑性塑料一样，要经历塑化、造型和定型 3 个大的阶段，在注射机的成型动作、成型步骤和操作方式等方面，均与热塑性塑料的注射成型相似，但在工艺控制上有较大的差别。

热固性塑料注射成型工艺条件控制要求较高，热固性注射料成型工艺经过塑化、注射充模和固化 3 个过程，为了保证注射成型工艺在生产中顺利进行，必须选择最佳成型条件。

热固性塑料注射机有螺杆式和柱塞式，且螺杆式在逐年增多，其结构特点主要表现在塑化部件上，热固性塑料在塑化过程中要求：①不能对塑料产生过大的剪切作用；②尽量缩短物料在机筒内的停留时间；③能准确控制预塑化温度。

热固性塑料模具，由于热固性塑料熔体的流动行为与热塑性塑料熔体有很大区别，相应模具也有所不同。热固性塑料熔体的流动类似宾汉流（Bingham flow），浇注系统要求流动阻力小，同时为了加速在型腔内的固化速度，缩短模塑周期，在流动过程中需要适当地升高温度。

5.7.2 增强反应注射模塑

增强反应注射模塑工艺（reinforced reaction injection molding，RRIM）是利用高压冲击来混合两种单体物料及短纤维增强材料，并将其注射到模腔内，经快速固化反应形成制品的一种成型方法。如果不用增强材料，则称为反应注射模塑（reaction injection molding，RIM），如图 5-10 所示。采用连续纤维增强时，称为结构反应注射模塑（structure reaction injection molding，SRIM）。

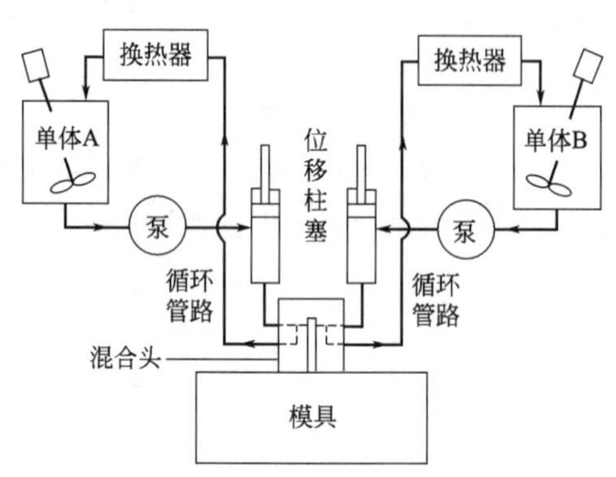

图 5-10　反应注射模塑示意图

RRIM 的工艺特点：①产品设计自由度大，可以生产大尺寸部件；②成型压力低（0.35～0.7MPa），反应成型时，无模压应力，产品在模内发热量小；③制品收缩率低，尺寸稳定性好，因加有大量填料和增强材料，减少了树脂固化收缩；④制品镶嵌件工艺简便；⑤制品表面质量好，加入玻璃粉和玻璃微珠能提高制品耐热性和表面耐磨性；⑥生产设备简单，模具费用低，成型周期短，制品生产成本低。

RRIM 制品的最大用户是汽车工业，可做汽车保险杠、仪表盘，高强度 RRIM 制品可以做汽车的结构材料、承载材料。由于其成型周期短，性能可设计，在电绝缘工程、防腐工程、机械仪表工业中代替工程塑料及高分子合金应用。

5.8　拉挤成型

拉挤成型工艺是复合材料的主要成型工艺方法之一。用拉挤成型工艺可以全自动地生产不变截面的棒、板，如 C 形槽（板）、I 形梁、圆柱棒、J 形棒等。最初的拉挤制品是钓鱼竿和电机槽楔等。自 20 世纪 70 年代以来，拉挤成型工艺不断完善，拉挤成型制品应用范围已遍及航天、航空、交通、建筑、化工和电气等各个领域，甚至用来制造桥梁结构架、汽车和轮船传动轴等主承力结构件。20 世纪 90 年代初拉挤制品的世界年产量为复合材料总年产量的 3%～5%，达 9 万～15 万吨，其中美国占一半左右。拉挤制品的年增长率达到 10%～15%，是复合材料制品中增长最快的一种。

拉挤成型工艺是指将浸渍了树脂的连续纤维粗纱经加热模拉出形成预定截面型材的过程。在拉挤成型工艺的发展中，有三种同时发展起来的工艺。

(1) 隧道炉拉挤工艺　该工艺是把玻璃纤维粗纱或类似的增强材料牵引穿过树脂浴后，经过整形套管除去包藏的空气和多余的树脂达到预定的直径，然后牵引穿过隧道炉并悬空连续固化得到最终产品。

(2) 间歇成型拉挤工艺　该工艺是把增强纤维牵引穿过树脂浸渍槽并进入对分式阴模，在静止状态下由模外加热固化。通常模具的进入端要冷却以防树脂固化，当一段增强纤维上的浸渍树脂完全固化后，打开模具再把下一段牵引到模中。

(3) 高频或微波加热拉挤工艺　该工艺与上述两种方法类似，但采用高频或微波加热。这种方法树脂固化速度快，在模内即可固化。

通常拉挤过程包括纤维粗纱自纱团架经纤维控制系统向前牵引，在浸渍槽中用适宜的浸渍树脂浸润并整理，将合在一起的浸渍过树脂的纤维束穿过成型模，使已成型的浸渍了树脂的预浸件穿过拉挤模等过程。拉挤成型工艺如图 5-11 所示。

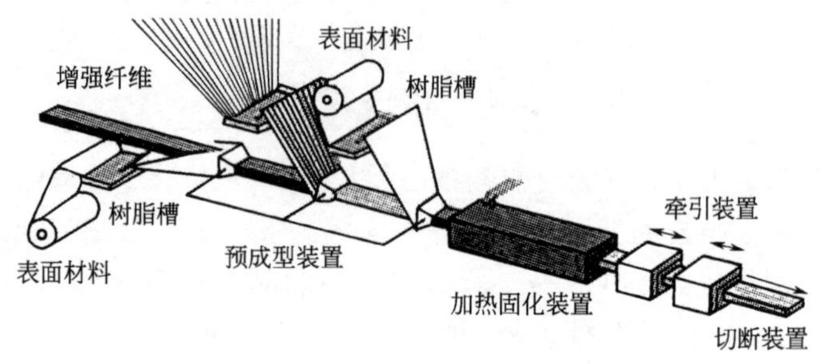

图 5-11 拉挤成型工艺示意图

拉挤成型工艺作为一种自动化连续生产的复合材料成型工艺方法，类似于金属的挤出工艺，其主要优点是制造速度快，拉挤成型材料的利用率为 95%（手糊成型材料的利用率仅为 75%）。用拉挤成型方法制成的拉挤制品具有高强、轻量（钢的 20%，铝的 60%）、较少或不需维修、耐化学腐蚀、耐老化、耐紫外线降解、尺寸稳定、表面光滑、易着色、无磁性、电磁透过性好、易于加工、可机械连接或胶接等特性。

拉挤制品与其他成型方法成型制品的不同之处主要是，可大批量生产、生产率高、成本低、制品纤维含量高、强度和刚度高、制品可复制性好、产品为直线型柱体。拉挤制品在工业发达国家已广泛应用于电气、建筑、交通及航天航空等领域。

随着拉挤成型工艺的不断发展，人们已能制作出 1.6m 宽的拉挤型材。近期又相继发展了拉挤缠绕组合工艺（用于制造管形结构产品）和曲面拉挤工艺（用于制造汽车板簧、工具手柄等）。

参考文献

[1] 李柏松，王继辉，邓京兰．真空辅助 RTM 成型技术的研究．玻璃钢/复合材料，2001，(1)：17-20.

[2] 魏俊伟，张用兵，郭万涛．真空辅助成型（VARI）工艺研究进展．材料开发与应

用，2010，25 (3)：99-106.

[3] 胡海青．热固性塑料注射成型．热固性树脂，2001，16 (1)：48-54.

[4] 黄克均，张建伟．拉挤成型工艺及应．工程塑料应用，1997，25 (3)：54-58.

[5] 胡平，刘锦霞，张鸿雁等．酚醛树脂及其复合材料成型工艺的研究进展．热固性树脂，2006，21 (1)：36-42.

第6章 硼酚醛树脂的性能与应用

前面章节中对于硼酚醛树脂的不同合成、改性方法对结构和性能的影响进行了详细的阐述，并对不同类型的硼酚醛树脂的结构性能进行了描述，下面将硼酚醛树脂具备的各种性能进行总结。

6.1 硼酚醛树脂性能

6.1.1 硼酚醛树脂的耐高温性能

耐高温材料包括耐火材料和耐热材料，有无机化合物，也有高分子聚合物材料。耐火材料通常是指能耐 1580℃以上温度的无机物材料。它们是修建窑炉、燃烧室和其他需耐高温的建筑材料。一般用石英砂、黏土、菱镁矿、白云石等做原料而制成，耐高温隔热保温涂料，是一种多组分无机涂料，耐温幅度在－80～1800℃，热导率为 $0.03W \cdot m^{-1} \cdot K^{-1}$，可抑制高温物体和低温物体的热辐射和传导热，对于高温物体可以保持 70％的热量不损失。涂料在 1100℃的物体表面涂上 8mm 耐高温隔热保温涂料，物体表面温度就能从 1100℃降低到 100℃以内。另外耐高温隔热保温涂料还有绝缘、重量轻、施工方便、使用寿命长等特点，也可用作无机材料耐高温耐酸碱胶联剂使用，附着物体牢固。如耐火水泥、镁砖等。从广义上讲，无机耐火、耐热材料是指这些化合物的硬度高、脆性好、耐化学腐蚀性能好，而且熔点在 1500℃以上，比如高温玻璃，也属于耐火材料。复合材料的力学性能，特别是热性能在很大程度上取决于基体树脂的性能。环氧树脂是早已广泛使用的基体树脂，虽然工艺性好，但使用温度不高，耐湿热性能差，在一些苛刻条件下使用受到限制。热固性聚酰亚胺中，树脂成本过高，脆性大，工艺性差，难以满足现代工业的要求。硼酚醛树脂具有价格低廉、工艺性良好的优点，同时具有良好阻燃性及低热释放性能。从 20 世纪 60 年代起就作为耐高温和耐烧蚀材料广泛地应用在宇航材料的耐烧蚀部件。由于改性的酚醛塑料制品具有良好的耐热性、电绝缘性，同时其增强塑料具有高的比强度和比刚度，国外军民机采用改性酚醛树脂制造耐热、耐潮湿、耐腐蚀、力学性能要求高的机械零件，制造绝缘性能良好的电气、仪表绝缘零件及舱内装饰零件。

传统的酚醛树脂由于分子结构中有较多的酚羟基和亚甲基，而酚羟基和亚甲基容易氧化，故耐热性较差。在使用温度超过 200℃时，便明显地发生氧化；在 340～360℃时进入热分解阶段；到 600～900℃时就放出 CO、CO_2、H_2O、苯酚等物质，从而在材料中产生较多的孔洞和开裂。由于高温烧蚀过程中降解严重，材料极易损耗，强度下降较快，故不能作为结构材料使用。为提高酚醛树脂的耐热性，通常采用化学改性的方法，如在酚醛树脂的分子结构中引入芳环或含芳杂环的聚合物，将酚醛树脂的酚羟基醚化、酯化或采用重金属整合以及严格后固化条件、加大固化剂用量等方法，使整个大分子的热稳定性提高，刚性增加，从而提高其耐热性能。采用硼化合对硼酚醛树脂改性是提高其耐热性能的有效方法之一。

无机硼元素的引入产生三相交联的树脂，支化度高，因而高温烧蚀时本体黏度大，又能生成坚硬高熔点的碳化硼，所以瞬时耐温好，强度高。

崔溢等通过硼酚醛树脂的傅立叶转换红外光谱、差示扫描量热法和热重法，分析讨论了硼酚醛树脂结构组成对其耐高温性能的影响。其中红外谱分析如下：1220cm^{-1}处为酚羟基的特征吸收峰；1350cm^{-1}处为硼酸酯键的特征吸收峰；2975cm^{-1}处为亚甲基的特征吸收峰。由谱图可见，1350cm^{-1}处出现硼酸酯键的吸收峰，这说明该硼酚醛树脂在结构中已形成硼酸酯键，由于硼酸酯键的键能（774.04$kJ\cdot mol^{-1}$）远大于碳碳键的键能（334.72$kJ\cdot mol^{-1}$），故硼酚醛树脂比普通酚醛树脂具有更高的耐热性。由谱图还可以看出，固化后的硼酚醛树脂在 2975cm^{-1}处的亚甲基特征吸收峰的峰形明显变小，这是由于亚甲基容易氧化，耐温性差，可见硼酚醛树脂的耐温性提高。另外谱图中 $1220cm^{-1}$ 处的酚羟基特征吸收峰也明显变小，这表明酚羟基减少，而酚羟基的减少同样可使树脂的耐热性能提高。其 DSC 测试分析如下：从 DSC 曲线中可以看出，硼酚醛树脂为单峰固化，固化反应放热温度范围为 130～250℃，放热最大值温度约为 220℃，而普通酚醛在 170℃左右达到放热最大值，这说明硼酚醛树脂的固化温度高于普通酚醛树脂。其热性能分析如下：从 TGA 曲线可以看出，硼酚醛树脂的初始分解温度在 455℃左右，在 800℃时残炭率约为 65％。而普通酚醛树脂的初始分解温度在 200℃左右，失重 5％时温度为 355℃，大量分解温度在 280℃左右，在 800℃时残炭率约为 55％。故硼酚醛树脂的耐热性能明显优于普通酚醛树脂。硼酚醛树脂耐热性能的提高归因于缩合反应后生成的硼酸酯键。同时，减少了体系中的游离酚羟基，使硼酚醛树脂的热分解温度提高。

6.1.2 硼酚醛树脂的耐烧蚀性能

作为烧蚀材料，要求汽化热大，热容量大，绝热性好，向外界辐射热量的功能强。烧蚀材料有多种，陶瓷是其中的佼佼者，而纤维补强陶瓷材料是最佳选择。近年来，研制成功了许多具有高强度、高弹性模量的纤维，如碳纤维、硼纤维、碳化锆纤维和氧化铝纤维，用它们制成的碳化物、氮化物复合陶瓷是优异的烧蚀材料，成为航天飞行器的不破盔甲。烧蚀材料按烧蚀机理分为升华型、熔化型和碳化型三类。聚四氟乙烯（泰氟隆）、石墨、碳-碳复合材料属于升华型烧蚀材料。其中的碳-碳复合材料是用碳（石墨）纤维或织物为增强材料，用沉积碳或浸渍碳为基体制成的复合材料。碳在高温下升华，吸收热量，而且碳还是一种辐射系数较高的材料，因而有很好的抗烧蚀性能。石英和玻璃类材料属于熔化型烧蚀材料，它的主要成分是二氧化硅，例如高硅氧玻璃内含二氧化硅 96％～99％。二氧化硅在高温下有很高的黏度，熔融的液态膜具有抵抗高速气流冲刷的能力，并能在吸收气动热后熔化和蒸发。纤维增强酚醛塑料属于碳化型烧蚀材料。它是以纤维或布为增强材料，以浸渍酚醛树脂为基体制成的复合材料。选用酚醛树脂作基体是因为它具有抗烧蚀、碳层强度高、碳含量高和工艺性能好等优点。烧蚀材料按密度分为高密度和低密度两种。高密度烧蚀材料的密度一般大于 1.0g·cm^{-3}。

硼酚醛树脂是在酚醛树脂的分子结构中引入无机的硼元素，生成键能较高的 B—O 键，而 B—O 键能（774.04kJ·mol^{-1}）远大于 C—C 键能（334.72kJ·mol^{-1}），并且体系中的游离酚羟基减少了，这就使得硼酚醛树脂的热分解温度比普通酚醛树脂高 100～140℃。硼酚醛树脂固化物在 900℃的残炭率为 70%，而普通酚醛固化物的 900℃残炭率仅仅为 50%左右，B—O—C 酯键以三向交联结构存在，固化过程中容易形成六元环，高温烧蚀时本体黏度大，且生成了坚硬、高熔点的碳化硼，因此硼改性酚醛树脂的耐热性、瞬时耐高温性、耐烧蚀性和力学性能比普通酚醛树脂好得多，可以作为优良的耐烧蚀材料，多应用于火箭、导弹和空间飞行器等空间技术领域。

6.1.3　硼酚醛树脂的防火阻燃性能

防火阻燃性能是指物质具有的或材料经处理后具有的明显推迟火焰蔓延的性质。这在材料使用范围选择上起指导作用，特别用于建材、船舶、车辆、家电上的材料要求阻燃性高。目前评价阻燃性方法很多，如氧指数测定法、水平或垂直燃烧试验法等。

如前所述，硼酚醛树脂的独特结构决定了其热分解温度较之普通酚醛树脂分解温度明显提高，同时其在高温下，较高的残留率，决定了硼酚醛具有较好的防火阻燃性能。

硼酸等硼化合物具有较低的熔点，当缓慢加热至 170℃左右时，硼酸失水生成不稳定的亚硼酸；当温度升至 270℃左右时，亚硼酸继续失水生成稳定的氧化硼；当温度高于 325℃时，氧化硼转变为致密的玻璃态结构，从而阻止了氧气等进入树脂内部。因此，树脂的抗氧化性能得以提高。

硼酚醛树脂应用于防火涂料就是一个典型的应用范例。虽然国内外对膨胀型防火涂料的研发都比较重视，也研制出了许多新品种防火涂料，但是其研发大多还是建立在对 P-C-N 阻燃体系的改性研究上，通常是通过添加不同配比的聚磷酸铵、季戊四醇、三聚氰胺来优化防火涂料性能，这类膨胀型阻燃剂虽然防火阻燃效果较好，但是其主要缺点是在涂料中添加量较大，存在一定程度的吸潮性和迁移性，较大程度上影响了涂料的成膜性能和理化性能。将硼酚醛树脂应用于防护涂料，突破了膨胀型防火涂料传统的 P-C-N 阻燃体系，极大改善了涂层的综合性能，具有较好的理论意义和应用前景，这与硼酚醛树脂本身的防火阻燃性能密不可分。硼酚醛本身属于耐烧蚀材料，又具有自成膜性，与环氧树脂、丙烯酸树脂等高分子材料有较好的相容性。在受热过程中，硼酚醛可以集催化、发泡、成炭于一身，有作为防火涂料防火助剂的潜力，可以替代 P-C-N 体系，从根本上改善防火涂料的防火性能、成膜性能及理化性能等。

6.1.4 硼酚醛树脂的耐磨性能

耐磨性能又称耐磨耗性能。指材料抵抗磨损的性能，它以规定摩擦条件下的磨损率或磨损度的倒数来表示，即耐磨性$=\mathrm{d}t/\mathrm{d}V$ 或 $\mathrm{d}L/\mathrm{d}V$。材料的耐磨损性能，用磨耗量或耐磨指数表示。磨损现象很常见，造成这一现象的原因很多，有物理化学和机械方面的，主要有磨粒磨损、黏着磨损（胶合）、疲劳磨损（点蚀）、腐蚀磨损。耐磨性几乎和材料所有性能都有关系，而且在不同磨耗机理条件下，为提高耐磨性对材料性能亦有不同要求。由于摩擦材料和试验条件各不相同，可用磨耗指数表示或由用磨耗试验机在规定条件下进行试验所测得的材料减量（$\mathrm{g \cdot cm^{-2}}$）或其倒数表示，耐磨性是摩擦磨损试验中的一个测量参量。涂料工业中指涂层对摩擦机械作用的抵抗能力。实际上是涂层的硬度、附着力和内聚力综合效应的体现。在条件相同的情况下，涂层耐磨性优于金属材料，因其有黏弹性效应，可把能量缓冲、吸收和释放掉。通常用涂膜耐磨仪测定耐磨性。在一定的负载下，涂膜用橡胶砂轮经规定的转速打磨后，求得涂膜的失重量，以克表示。

耐磨材料是一大类具有特殊电、磁、光、声、热、力、化学以及生物功能的新型材料，是信息技术、生物技术、能源技术等高技术领域和国防建设的重要基础材料，同时也对改造某些传统产业具有十分重要的作用。耐磨材料是新材料领域的核心，对高新技术的发展起着重要的推动和支撑作用，在全球新材料研究领域中，耐磨材料约占 85%。随着信息社会的到来，特种耐磨材料对高新技术的发展起着重要的推动和支撑作用，是 21 世纪信息、生物、能源、环保、空间等高技术领域的关键材料，成为世界各国新材料领域研究发展的重点，也是世界各国高技术发展中战略竞争的热点。摩擦材料，广泛应用于各种交通工具和工程机械的离合器与制动器中，一般系由增强材料、有机高分子基体辅以其他各种性能调节剂、添加剂、填料构成三元体系，而基体材料的选用对制品性能有着决定性影响。随着交通工具和工程机械技术的发展，对摩阻材料的性能要求越来越苛刻，试验表明，当高速重载时，其制动材料的吸收能量将达 $40\sim50kg\cdot cm^{-1}$（对盘式刹车片），表面温度可达 400℃以上，传统的酚醛树脂在此高温下将迅速分解而失效。为了制备新一代的基体树脂，国内外都进行了大量的探索。

研究人员发现，硼酚醛树脂的耐磨性能明显优于普通酚醛树脂，其初始分解温度较硼改性前提高了 130℃左右，并具有稳定的摩擦系数和较低的磨损率，并且硼酚醛树脂具有更好的抗氧化性能且热衰退小，因此硼酚醛树脂的这些性能使其在耐磨产品的应用具有很好的前景。

6.1.5　硼酚醛树脂的其他性能

(1) 耐湿（水）性　耐水性是指对水作用的抵抗能力。常用的耐水性测量方法，分为常温浸水法、沸水浸泡法和加速耐水法等。硼酚醛树脂中羟基的氢原子被硼原子取代后，其亲水性降低，耐湿性提高。如苯酚甲醛硼酚醛树脂中的 B—O 酯键对潮湿空气非常敏感，遇水后先生成不稳定络合物，最后脱去醇，形成硼酸。双酚 A 型中，由于其分子中对位无空位，且硼原子配位数饱和，发生邻位羟甲基化，形成 B—O—C 六元环结构，降低了水解速率，明显改善了其耐水性。

(2) 力学性能　材料在载荷作用下抵抗破坏的性能，称为力学性能。材料使用性能的好坏，决定了它的使用范围与使用寿命。金属材料的力学性能是零件的设计和选材时的主要依据，外加载荷性质不同（例如拉伸、压缩、扭转、冲击、循环载荷等），对材料要求的力学性能也将不同。常用的力学性能包括强度、塑性、硬度、冲击韧性、多次冲击抗力和疲劳极限等。硼与其他原子形成的化学键往往具有相对大的柔性，在酚醛树脂中引入硼元素，可较大地提高树脂的韧性和力学性能。

(3) 低毒性　由于在合成硼酚醛过程中，酚醛树脂中的酚羟基参与了反应，使游离酚羟基的含量也大量减少，有效防止了受热过程中硼酚醛分解出大量的有毒气体。

6.2　硼酚醛树脂的具体应用

6.2.1　硼酚醛树脂胶黏剂

胶黏剂是磨料和基体之间黏结强度的保证。随着化工工业的发展，各种新型胶黏剂进入了涂附磨具领域，提高了涂附磨具的性能，促进了涂附磨具工业的发展。胶黏剂除了胶料外，还包括溶剂、固化剂、增韧剂、防腐剂、着色剂、消泡剂等辅助成分。胶黏剂除了最常用的动物胶外，还包括合成树脂、橡胶和油漆。而关于胶黏剂耐高温性能的定义、分类及评价标准，国内外至今尚无统一的规定。一般说来，所谓耐高温胶是指那些在特定条件（温度、压力、时间、介质或环境等）下能保持设计要求黏结强度的胶黏剂材料。一种有价值的耐高温胶应满足以下要求：有良好的热物理和热化学稳定性；具有与多种被粘物及表面处理剂的相容性；有良好的加工性和施工性；固化时不（或很少）释放挥发物；具有在预期的使用条件（温度、压力、时间、介质或环境等）下的力学性能；价格合理等。

江西省科学院应用化学研究所的王丁等，采用甲基苯基硅树脂对酚醛环氧树脂进行改性，硼酚醛树脂与自制固化促进剂作为固化剂，辅以纳米蒙脱土、绢云母粉作为填料，制备出一种能在 300℃条件下长期使用的耐高温胶黏剂，制备工艺如图 6-1 所示。

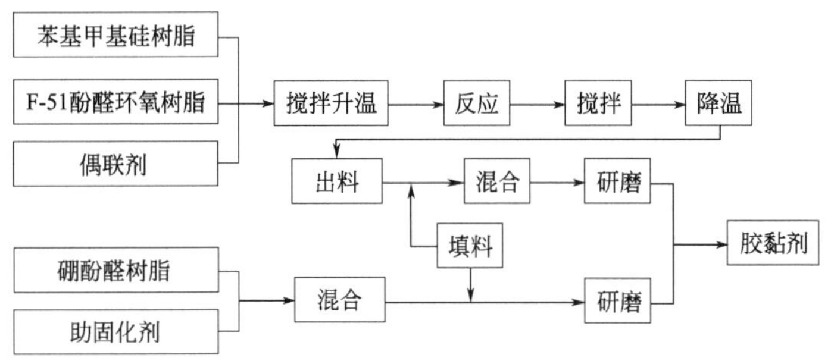

图 6-1　硼酚醛黏结的制备工艺流程

该课题组是以甲基苯基硅树脂与酚醛环氧树脂发生反应生成的改性树脂作为 A 组分，以硼酚醛树脂与自制固化促进剂为 B 组分制成的新型耐高温胶黏剂。该胶黏剂 300℃条件下剪切强度可以达到 12.3MPa。同时认为选择适宜的固化促进剂能促使固化温度大幅度降低，使高温固化的胶黏剂在常温下实现固化，满足了胶黏剂在常温下的使用，且具有良好的储存性能，如表 6-1、表 6-2 所示。

表 6-1　硼酚醛树脂与自制固化促进剂比例对于胶黏剂剪切强度的影响

硼酚醛树脂/自制固化促进剂	溶解性能	25℃剪切强度/MPa	300℃剪切强度/MPa
∞	—	0	6.9
5	较多不溶	3.9	8.7
2	溶解	13.8	12.3
0.5	溶解	9.7	7.8
0	—	7.3	4.3

如表 6-1 所示，在一定固化温度和固化时间下，随着配方中固化剂用量的增加，胶黏剂 25℃时的剪切强度也随之增加，当用量为 30%时达最高点；胶黏剂 120℃时的剪切强度也随之增加，当用量为 35%时达最高点；胶黏剂 300℃时的剪切强度在用量为 25%时达最高点，之后为一平台，当用量大于 35%后出现下跌。以上

数据说明，固化剂与树脂的用量配比对固化产物的性能有较大影响，当用量小于25%时，增加固化剂的用量会使固化物的剪切强度提高，胶黏剂高温情况下的剪切强度也同步增加；当用量大于25%时，常温、中温、高温情况下的剪切强度开始不同步，出现固化剂用量增加胶黏剂耐热性能反而下降的现象。综上所述，当固化剂用量为25%时，综合效果最好。

表 6-2 固化温度对于胶黏剂剪切强度的影响

编号	固化方式	25℃剪切强度/MPa	120℃剪切强度/MPa	300℃剪切强度/MPa
1	室温 24h	13.8	15.4	4.8
2	室温 24h,80℃固化 3h	22.9	19.8	10.6
3	室温 8h,80℃固化 2h,120℃固化 2h	25.7	22.3	12.3
4	室温 8h,120℃烘 2h,180℃烘 2h	25.8	22.3	12.3

从表 6-2 可知，在其他组分不变的情况下，改变固化方式对胶黏剂的性能有一定的影响，室温放置 24h 所得测试数据与经过了热处理后的数据有较大差距，采用室温 24h、80℃固化 3h 的固化方式所得数据也明显好于纯室温固化的样品数据，而室温 8h、80℃固化 3h、120℃固化 2h 的固化方式与室温放置 8h、120℃烘 2h、180℃烘 2h 的固化方式所测样品的数据几乎相同。说明经过热处理后，胶黏剂已经完全固化，第 4 种固化方式中的 180℃后处理温度对该胶黏剂性能的提升已无影响。因此认为，第 3 种固化方式最为经济实用。

纳米蒙脱土的加入不但能改善胶黏剂的触变性能，而且能提高胶黏剂的剪切强度，尤其是中温情况下的剪切强度，如表 6-3 所示。

表 6-3 蒙脱土的加入对硼酚醛高温胶黏剂剪切强度的影响

蒙脱土份数	25℃剪切强度/MPa	120℃剪切强度/MPa	300℃剪切强度/MPa
0	20.3	17.4	10.2
1	23.5	20.7	11.9
2	24.4	21.9	12.0
3	25.7	22.3	12.3
4	24.1	21.0	12.1

从表 6-3 可知，在其他组分不变的情况下，纳米蒙脱土的加入量从 0 份增加到 3 份的过程中，各温度下所测胶黏剂的剪切强度均相应增加，至纳米蒙脱土的加入量为 3 份时，各温度下的剪切强度均为极大值。实验表明，改变纳米蒙脱土的加入量对胶黏剂的性能有一定的影响，通过对纳米蒙脱土的加入量为 1 份与 0 份的数据比较发现，加与不加差距还是挺大的。

可作为砂轮胶黏剂的材料很多，如陶土、橡胶、树脂、菱苦土、虫胶等，但常用的是前三种。而应用较晚的树脂胶黏剂发展得最快，这是因为树脂胶黏剂的强度高、弹性好，防震能力强，通过加固、热压等工艺方法，可以提高砂轮的转速和磨削负荷，达到提高工作效率的目的。砂轮在高速回转时容易破裂，而且砂轮速度由 30m·s^{-1}增加到 60m·s^{-1}时，磨削温度升高约 70%，砂轮速度由 60m·s^{-1}增加到 80m·s^{-1}时，磨削温度又增加 15%～20%，这就需要研究提高砂轮的强度和耐热性。国外已生产具有高强度、耐高温等特种性能的砂轮产品。但我国至今只有酚醛树脂砂轮为定型产品，其他树脂砂轮往往存在树脂合成困难、价格昂贵以及砂轮压制条件苛刻等不同缺点，使我国砂轮生产处于落后状态，例如，打钢坯用的荒磨砂轮磨削效率比日本产品低 30%；树脂切割砂轮比日本产品的耐用度差一倍，高速磨片砂轮的磨削比，相当于日本 20 世纪 60 年代的产品。这就说明我国研究树脂砂轮的重要性和紧迫性。屠宛蓉等从事了不同含硼量的双酚 A 甲醛树脂作为砂轮胶黏剂的压制工艺和性能测试工作。

表 6-4　树脂中硼含量砂轮试体性能影响

树脂编号	树脂中含硼量/mol	抗拉强度/(kg·cm^{-2})		洛氏硬度 R_c 值		维卡耐热/(mm·s^{-1})
		冷压	热压	冷压	热压	热压
A00	0	112	115	62.4	57	0.003
		88～135	105～130	55～71	53～65	
A08	0.45	169	202	66.3	67	0.000
		146～190		62～74	60～76	
A07	0.90	186	213	64.4	74	0.000
		176～220	196～230	60～80	63～76	

注：横线下为最低到最高值，横线上为 3～5 数值的平均值。

由表 6-4 说明，砂轮试体的抗拉强度、硬度和耐热性能，随树脂中硼含量的增加而提高。尤其采用热压工艺所得结果更为明显。研究表明，双酚 A 型硼酚醛树脂原料易得，树脂合成工艺和砂轮压制工艺与酚醛树脂砂轮相似，在耐磨性、耐热性和抗拉强度上，比酚醛树脂要好。因此，硼酚醛树脂为砂轮产品革新提供了一种有价值的胶黏剂。

李国新等将硼酚醛树脂和 E-51 环氧树脂按不同比例，配制成耐烧蚀胶黏剂，通过热重分析（TGA）优选出残炭率高的耐烧蚀刮涂胶黏剂。硼酚醛树脂具有环氧树脂的改性剂和固化剂的双重作用，将两种树脂混合后，经加热可发生缩聚反应，得到环氧酚醛树脂缩聚体。由于酚醛树脂所含的羟基较多，因此能与更多的环氧基起反应，故交联密度高，它比纯环氧树脂具有更高的耐热性、机械强度和防腐性。采用 E-51 环氧树脂和硼酚醛树脂粉末共混得到的树脂基体，其比例为 0∶10、8∶2、7∶3、6∶4 和 5∶5，经固化后，在空气气氛下测试各配比的残炭率，结果见图 6-2。硼酚醛树脂的残炭率最高，在 800℃时约为 51%；环氧树脂和硼酚醛树脂共混物的残炭率，随硼酚醛树脂含量的增大而增大。但 6∶4 和 5∶5 比例的残炭率相差不大，配比为 5∶5 的略高。产生这些现象的原因可能是：在硼酚醛树脂含量较低时，其含量不足以使环氧树脂固化完全或固化产物的交联密度较低。当硼酚醛树脂为总含量 50% 时，残炭率最大；若再增大其含量，则由于黏度太大而使施工困难。因此，采用 E-51 环氧树脂和硼酚醛树脂粉末按质量比为 5∶5 配制胶黏剂。

采用质量分数为 3%～12%的 $MoSi_2$ 对该胶黏剂进行改性，得到了改性胶黏剂。如图 6-3 所示，随着 $MoSi_2$ 掺量的增大，线烧蚀率和质量烧蚀率均逐步降低，但掺量高于 9%时，降低幅度减小。在 $MoSi_2$ 掺量为 12% 时，其线烧蚀率和质量烧蚀率分别为 0.019mm·s^{-1}和 0.030mm·s^{-1}，因此选用掺杂量为 9%。

对硼酚醛树脂/环氧树脂基的耐烧蚀胶黏剂和改性胶黏剂进行烧蚀试验，结果发现，$MoSi_2$ 能显著提高胶黏剂的耐烧蚀性能，如

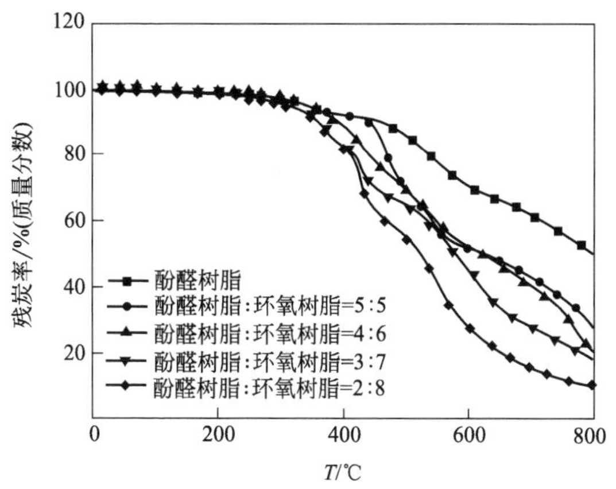

图 6-2　硼酚醛树脂和环氧树脂不同比例混合的 TGA 图

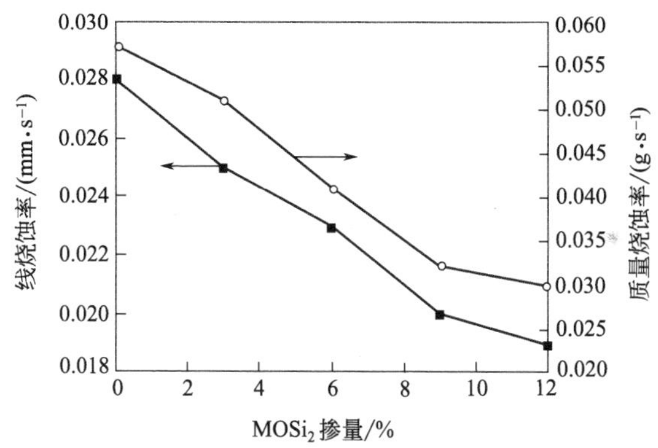

图 6-3　$MoSi_2$ 的量对硼酚醛树脂耐烧胶黏剂烧蚀性能的影响

图 6-4 所示。$MoSi_2$ 在空气气氛下，能显著提高胶黏剂的残炭率。

对硼酚醛树脂/环氧树脂基的耐烧蚀胶黏剂和质量分数为 9% 的 $MoSi_2$ 改性胶黏剂的烧蚀残炭物进行 XRD 测试，对比 JCPDS 卡片，结果见图 6-5。由图 6-5 可见，硼酚醛树脂/环氧树脂基的耐烧蚀胶黏剂的残炭几乎是无晶体组分，而经质量分数为 9% 的 $MoSi_2$ 改性后，残炭中会含有多种晶体物质，其主要有未完全反应

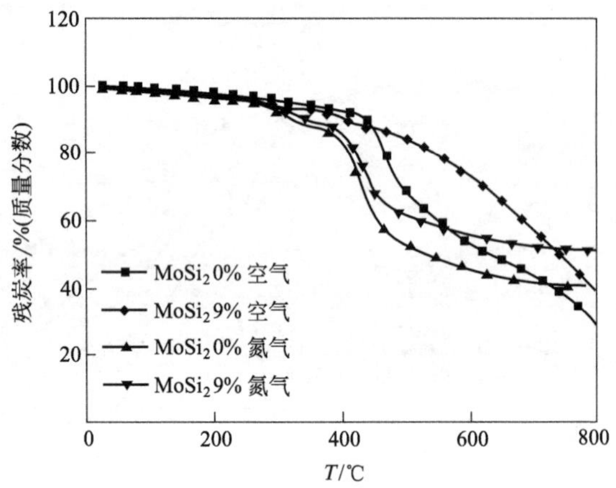

图 6-4　$MoSi_2$ 对耐烧蚀胶黏剂残炭率的影响

的 $MoSi_2$ 及反应产物 SiO_2、MoC_3 和 SiC。

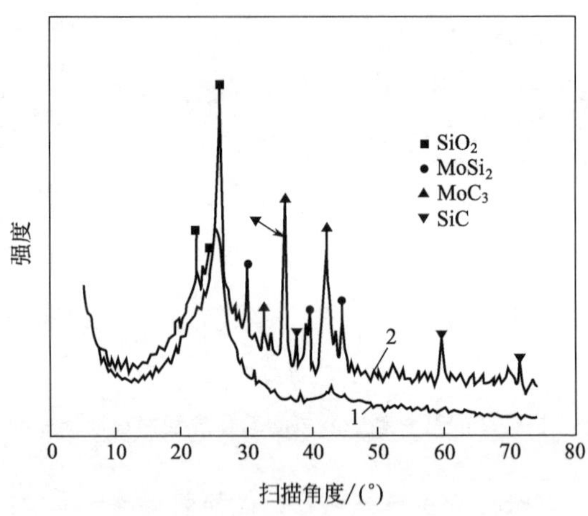

图 6-5　胶黏剂和 $MoSi_2$ 改性的胶黏剂的残炭 XRD 图

1— $MoSi_2$ 0%；2—$MoSi_2$ 9%

对硼酚醛树脂/环氧树脂基的耐烧蚀胶黏剂和质量分数为 9% 的 $MoSi_2$ 改性胶黏剂的烧蚀残炭物进行扫描电镜分析（SEM），测试结果见图 6-6。图 6-6（a）为硼酚醛树脂/环氧树脂基的耐烧蚀胶黏剂的残炭形貌，其结构为多孔结构，孔壁较薄，形成该结构的原因是高温作用下树脂基体降解，大量的气体产物离开凝聚相，在过程中形成了多孔炭质层结构。而经过质量分数为 9%的 $MoSi_2$ 改性后见图 6-6（b)，其炭质层表面形貌发生明显的变化，孔小而壁厚，表面似还有陶瓷质保护层，这应归功于高温下的产物 SiO_2、SiC 和 MoC_3。由此可见，$MoSi_2$ 的改性，使烧蚀试验中胶黏剂的炭质层组成和表面形貌发生改变，这可能是提高耐烧蚀性能的主要原因。

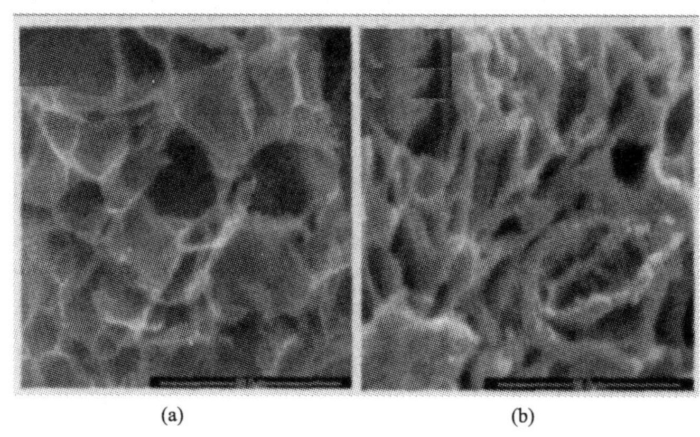

图 6-6　硼酚醛树脂耐烧蚀胶黏剂(a)和 $MoSi_2$ 改性胶黏剂(b)的残炭 SEM 图

结果表明，通过配方优选，得到了硼酚醛树脂/环氧树脂基的耐烧蚀胶黏剂。采用质量分数为 3%～12%的 $MoSi_2$ 对该胶黏剂进行改性，得到了改性胶黏剂。对硼酚醛树脂/环氧树脂基的耐烧蚀胶黏剂和改性胶黏剂进行烧蚀试验，结果发现，$MoSi_2$ 能显著提高胶黏剂的耐烧蚀性能。通过 TGA 分析，$MoSi_2$ 在空气气氛下，能显著提高胶黏剂的残炭率；XRD 测试表明，$MoSi_2$ 能促使胶黏剂在高温下生成热稳定性高的 SiO_2、MoC_3 和 SiC。SEM 分析表明，SiO_2、MoC_3 和 SiC 等产物改善了炭质层的表面形貌。

6.2.2　硼酚醛树脂涂料

6.2.2.1　防腐涂料

硼酚醛树脂是在酚醛树脂分子中引入了硼元素的一种新型的高

性能树脂，它除了具有一般酚醛树脂优良的耐酸、耐碱性能外，其热分解温度可高达438℃，耐温性能远远高于环氧、聚氨酯、醇酸等通用的涂料用树脂，然而其在涂料的应用中却并不很广泛，重要的原因是它的成膜性能比较差，需要高温才能固化成膜。

齐新等通过把硼酚醛树脂和环氧树脂进行混用，制成常温可以固化成膜的涂料，该涂料不仅防腐性能优异，而且其耐温性能也远远高于一般的环氧树脂类涂料，使硼酚醛树脂的优异性能在涂料应用中得以充分体现。其常温固化和加温固化后的涂料性能如表6-5、表 6-6 所示。

表 6-5　防腐涂料常温固化后性能

检验项目	检测结果	检验方法
颜色及外观	颜色均匀,漆膜平整	GB 1729—79
细度/μm	≤45	GB/T 1724—89
遮盖力/(g·m^{-2})	≤150	GB/T 1726—89
黏度(涂-4 黏度计)/s	40～60	GB/T 1723—93
附着力(画圈法)/级	≤2	GB/T 1720—89
硬度	≥2H	GB/T 1730—93
柔韧性/mm	≤1	GB/T 1731—93
冲击强度/cm	50	GB/T 1732—93
干燥时间/h		
表干	≤8	GB/T 1728—89
实干	≤16	GB/T 1728—89
耐水性(浸泡 24h)	合格	GB/T 1733—93
耐盐水性(3%NaCl 浸泡 24h)	合格	GB 1763—79
耐碱性(10%NaOH 浸泡 24h)	合格	GB 1763—79
耐汽油性(GB 1787 航空汽油中浸泡 24h)	有溶胀	GB/T 1734—93
耐润滑油性(润滑油中 120℃浸泡 8h)	有溶胀	HG 2-1611—85

表 6-6　涂料加温固化后性能

检验项目	检测结果	检验方法
颜色及外观	无变化	GB 1729—79
附着力/级	1	GB/T 1720—89
硬度	≥4H	GB/T 1730—93
柔韧性/mm	2	GB/T 1731—93

续表

检验项目	检测结果	检验方法
冲击强度/cm	40	GB/T 1732—93
耐水性(沸水中煮泡 24h)	无明显变化	GB/T 1733—93
耐汽油性(GB 1787 航空汽油中浸泡 168h)	无明显变化	GB/T 1734—93
耐润滑油性(120℃润滑油中浸泡 168h)	无明显变化	HG 2-1611—85
耐盐水性(3%NaC l80℃浸泡 168h)	无明显变化	GB 1763—79
耐碱性(40%KOH 80℃浸泡 168h)	无明显变化	GB 1763—79
耐温性能 1(从室温至 280℃循环 10 次)	无明显变化	
耐温性能 2(300℃保温 48h)	无明显变化	

试验表明，以硼酚醛树脂和环氧树脂制作的防腐涂料，常温干燥后能满足一般的防腐要求，而经过进一步加温固化后，涂料的防腐耐热性能比常温固化的涂料有很大的提高。经过高温烘烤后，涂料的性能相对于常温干燥有很大的变化，这是因为在常温下硼酚醛树脂和环氧树脂仅仅是一种简单的混合，并没有发生化学反应，而硼酚醛树脂必须经过高温后才能与环氧基和自身发生交联反应。这种变化是和这种交联反应相适应的。一般环氧树脂涂料的使用温度在 150℃以下，而本试验研制的涂料可耐 200℃的高温，短时间可耐 300℃，这归功于硼酚醛树脂独特的耐温性能。常用的有机硅涂料的耐温性能是很优异的，但耐化学药品腐蚀的性能相对较差，利用硼酚醛树脂就可以研制既耐温又耐化学品腐蚀的涂料。

刘学彬等以环氧树脂和硼酚醛树脂作为基料研制一种高性能涂料。利用硼酚醛树脂优异的耐高温性、良好的柔顺性和防腐性，来弥补环氧树脂在性能上的一些不足，此种涂料不仅具有耐高温、耐磨、重防腐等特性，同时可长期存在于原油中。实验表明，经自制硼酚醛树脂的红外光谱分析，确认酚醛树脂与硼酸发生了反应，形成了 B—O—C 键。说明硼酚醛树脂已经合成。但由于市售硼酚醛树脂 B—O 键要高于自制硼酚醛树脂，同时市售硼酚醛树脂涂料试样的各项性能要优于自制硼酚醛树脂，所以，市售硼酚醛树脂更适合用于耐高温耐磨防腐涂料。使用液体端羟基丁腈橡胶作为增韧剂时，样品的柔韧性随液体丁腈橡胶用量的增加而提高。当基料为15g环氧树脂E-44，6g硼酚醛树脂时，加入7g液体丁腈橡胶的效果最佳。配方为15g环氧树脂、6g硼酚醛树脂、7g液体端羟基丁腈橡胶、1g纳米钛浆、6g钛白粉、6g滑石粉、0.5g白炭黑、1g膨润土、4g碳化硅、7g硫酸钡、3g石墨，固化剂为双氰胺时，涂膜的力学性能与耐高温性能较好，耐酸碱盐性能优异。为使涂料中溶剂挥发完全，涂膜平整，可根据所使用的溶剂，制定出预固化时间。

6.2.2.2　防火涂料

施用于基材表面，用以改变材料表面燃烧特性，阻滞火灾迅速蔓延；或施用于建筑构件上，用以提高构件的耐火极限的特种涂料，称防火涂料。防火涂料就是通过将涂料刷在那些易燃材料的表面，能提高材料的耐火能力，减缓火焰蔓延传播速度，或在一定时间内能阻止燃烧，这一类涂料称为防火涂料，或叫作阻燃涂料。

防火涂料一般由基料、分散介质、阻燃剂、填料、助剂（增塑剂、稳定剂、防水剂、防潮剂等）组成。

基料是组成涂料的基础，是主要成膜物质，作用是将涂料的其他成分黏结成一个整体，使涂层固化后附着在基材表面而形成连续、均匀、坚韧的保护层。阻燃剂是防火涂料能起到防火作用的关键组分。阻燃剂在受热时能吸收大量的热，释放出捕获燃烧反应的自由基，释放出不燃性气体，或形成隔热隔氧且热导率很低的膨胀炭层。填料的加入将影响防火涂料的物理机械性能（耐候性、耐磨性等）和化学性能（耐酸碱性、防腐、防锈、耐水性等）。助剂可以改善涂料的柔韧性、弹性、附着力、稳定性等性能。溶剂是涂料中的挥发组分，主要作用是在生产时有利于各组分的分散，降低成膜物的黏度，便于施工，得到均匀而连续的涂层。水性防火涂料以水为溶剂，溶剂型防火涂料以有机溶剂为溶剂。

根据不同标准将防火涂料分类，如表6-7所示。

表 6-7 防火涂料的不同分类

分类依据	类型	基本特征和要求
溶剂	水性 溶剂型	以水为介质,环境友好,安全,是发展方向 以有机溶剂为介质,对环境污染,涂膜性好
基料	无机 有机 有机和无机复合	以磷酸盐、硅酸盐为胶黏剂,自身不燃,价格便宜,装饰效果差 以合成树脂为胶黏剂,附着力好,配方灵活性大 性能介于上述二者之间
防火原理	非膨胀型 膨胀型	装饰效果好,防火性有限 综合性能好,尤其防火性好
涂层厚度	厚型 薄型 超薄型 钢结构	涂膜厚度 7～45mm,耐火极限 0.5～3h 涂膜厚度 3～7mm,耐火极限 0.5～2h 涂膜厚度<3mm,耐火极限 0.5～2h 用于钢结构防火
用途	饰面 预应力混凝土楼板 电线电缆 隧道	用于饰面防火 用于预应力混凝土楼板防火 用于电线电缆 用于隧道
应用环境	室内 室外	用于室内防火,要求装饰性好 用于室外防火,要求耐水性、耐候性好

硼改性酚醛树脂是高分子化合物，本身具有成膜特性，可用于涂料成膜物，且其与目前通用的涂料成膜物环氧树脂等有很好的相容性，两者共混作为涂料的基料树脂，既改善了硼酚醛树脂的成膜性，又提高了环氧树脂的耐烧蚀性能，使涂膜具有良好的理化性能的同时具备优异的防火性能。硼酚醛树脂在受火作用时能够在脱水、固化、炭化的同时膨胀发泡，它集催化、成炭和发泡功能于一身，完全可以替代 P-C-N 体系防火，将其应用于防火涂料，可以突破传统膨胀防火体系，避免了小分子阻燃防火助剂的添加，可以从根本上改善涂料的成膜性能、防火性能、附着力和耐久性，是一种全新的膨胀阻燃体系，能够替代高档进口防火涂料，具有很好的应用前景。

针对硼酚醛树脂在防火涂料中的应用，由笔者领导的科研组开展了大量的文献和实地调查研究工作。对于硼酚醛膨胀型防火涂料的开发及研究一直处于国内外领先的位置，下面本书就对于该科研组将硼酚醛应用于各种不同类型的防火涂料的研究情况进行以下概述。

1. 硼酚醛树脂饰面型防火涂料

饰面型防火涂料是一种涂覆于可燃性基材表面后，既能因其平整的涂膜而起到一定的装饰作用，又能在火灾发生时因其涂层对可燃性基材起到防火保护、阻止火焰蔓延作用的膨胀型防火涂料。涂覆于基材表面上的涂层在遇火时膨胀发泡，形成泡沫层，泡沫层不仅隔绝了氧气，而且因为其质地疏松而具有良好的隔热性能，可延滞热量传向被涂覆基材的速率；涂层膨胀发泡产生泡沫层的过程因为体积扩大而呈吸热反应，也消耗大量的热量，又有利于降低火灾现场的温度。由于该产品防火效果显著、装饰效果明显，故可广泛应用于工业和民用建筑内的木材及其制品、纤维板及其制品、纸板及其制品等可燃性基材以及燃烧性能等级设计要求为 B1 级的其他室内装修材料，技术标准符合 GB 12441—2002 国家标准的技术指标，防火性能达到一级。饰面型防火涂料适用于一般工业及民用建筑、高层建筑、宾馆、文化娱乐场所、古建筑的木结构材料、纤维板、刨花板、玻璃钢板制品等易燃材料，以及水泥墙面等，起到防火保护作用。饰面型防火涂料成膜后涂层性能稳定，能适应各种气候条件，因此在全国各地均可使用。饰面型防火涂料也分为膨胀型与非膨胀型，非膨胀型防火涂料一般分为难燃性防火涂料和不燃性防火涂料。难燃性防火涂料即自身难燃，包括乳液性难燃涂料及含阻燃剂的防火涂料。不燃性防火涂料为无机质涂料。膨胀型防火涂料成膜后，常温下与普通漆膜无异。但在火焰或高温下，涂层剧烈发泡炭化，形成一个比原涂膜厚几十倍甚至几百倍的难燃的泡沫碳化层。它可以隔绝外界火源对基材的直接加热，起到阻燃作用。涂层炭化膨胀时，涂层厚度增大几十倍甚至上百倍，而涂层的热导率却在下降，最后通过膨胀炭层传递到基材的热量只有原涂层的几十分之一甚至几百分之一，使基材得以较好的保护。从宏观上看，炭质层的形成对防火作用有 4 个方面的贡献：①隔断火焰对底材的直接加热；

②涂层的软化、熔融、膨胀等物理变化及聚合物、填料、助剂的分解、蒸发和炭化等化学作用将吸收大量的热量；③隔绝底材和空气的接触；④分解出的不燃性气体能冲淡空气中氧气的浓度。

刘玲以酚醛改性树脂作为基料，以有机胺和磷酸季戊四醇酯作为反应性阻燃协效剂，添加硅酸铝等填料，制备了膨胀型饰面防火涂料，外观如图 6-7 所示。

图 6-7　硼酚醛饰面型防火涂料外观

通过一系列横向比较实验和正交试验分析讨论了基料、阻燃协效剂、填料的种类和用量对防火涂料性能的影响，完成了防火涂料配方的优化。实验证明，涂料的防火性能与基料、阻燃协效剂及填料的种类和用量密切相关。得到的硼酚醛饰面型防火涂料的耐燃时间达到 43min，远远超过国标标准（15min）。通过扫描电镜分析了硼酚醛饰面型防火涂料火烧后能够形成表面为致密网状、断面为微细泡孔状的膨胀碳层结构，这是能够大大提高饰面型防火涂料防火性能的主要原因。同时通过锥形量热仪（CONE）法对硼酚醛饰面型防火涂料的烟气进行了研究发现，从烟气释放情况来看，硼酚醛防火涂料样板 360s 的平均产烟速率为 0.0016$m^2 \cdot s^{-1}$，烟参数值为 8093，烟因子值为 126，均小于其他材料样板。从烟气毒性情况来看，360s 内硼酚醛防火涂料样板 CO 的浓度低于其他材料样板，其平均浓度仅为 0.0041%，毒性较小。锥形量热仪测试中，硼酚醛饰面型防火涂料烟气释放量小，CO 毒性气体平均浓度较低，是一种性能较好的绿色防火涂料。图 6-8 为硼酚醛饰面型防火涂料的各种性能参数。

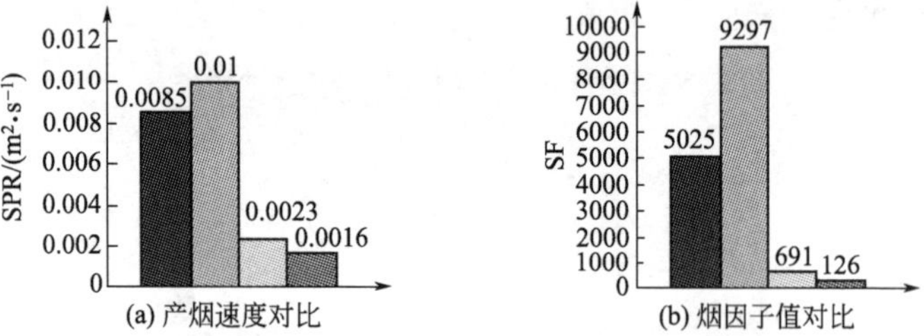

(a) 产烟速度对比

(b) 烟因子值对比

■-空白胶合板 ■-丙烯酸树脂 ■-市售防火涂料 ■-硼酚醛饰面型防火涂料

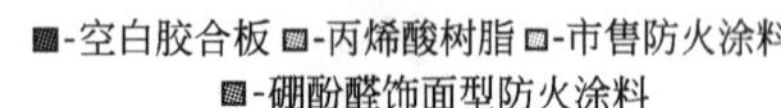

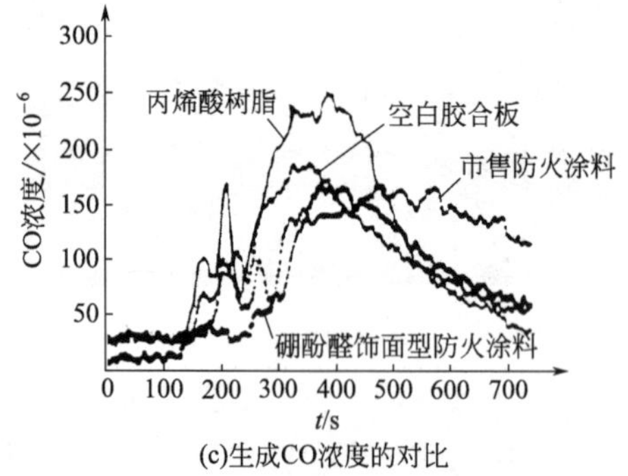

(c)生成CO浓度的对比

图 6-8 硼酚醛饰面型防火涂料与其他涂料的产烟速率、烟因子值及生成 CO 浓度的对比

郑自武对硼酚醛改性环氧树脂无溶剂饰面防火涂料进行了研制。首先研究了硼酚醛树脂与环氧树脂双组分成膜性能、阻燃防火性能。通过实验对硼酚醛树脂、环氧树脂双组分涂料配方研究筛选，并通过正交实验，确定以硼酚醛改性环氧树脂为成膜物质的无溶剂饰面型防火涂料的最优配方，并根据 GB 12441—2005，对其进行理化性能和防火性能分析评价。以硼酚醛树脂和环氧树脂两种热固性树脂作为基料，以磷酸酯改性胺复合物作为反应性阻燃协效

剂，添加填料硅酸铝，制备了硼酚醛改性环氧树脂无溶剂饰面防火涂料。

综合考虑涂料的理化性能和防火性能，在甲基丙烯酸甲酯和环氧树脂两种基料树脂中优选环氧树脂作为基料树脂；选用硼酚醛树脂作为防火涂料的阻燃体系，采用均分法，实验研究了硼酚醛树脂与环氧树脂的预混合比例。实验结果表明，综合考虑涂料的理化性能和防火性能，硼酚醛与环氧树脂的预混合比例为 1∶2 比较合适；合成了磷酸乙二醇酯，综合考虑涂料体系理化性能和防火性能要求，优选六亚甲基四胺作为涂料的改性添加胺，制备了磷酸酯改性胺复合物，作为防火涂料的活性添加反应阻燃协效剂；按照填料常用添加量，试验比较了氢氧化铝、硅酸铝、硫酸钡、硼酸锌、钛白粉、气相白炭黑 6 种常用防火涂料的颜（填）料在硼酚醛/环氧树脂防火涂料体系中的添加效果。实验结果表明，硅酸铝的添加能有效地改善防火涂料的成膜性能和防火性能。分别以硼酚醛树脂、磷酸酯改性胺复合物、硅酸铝在防火涂料体系中的含量为因素，以耐燃时间作为评价指标，构建了 L_9（3^4）正交实验因素与水平表。正交实验结果表明，防火涂料最优配方为 $A_3B_3C_2$，各因素对耐燃时间的影响程度依次为 B＞A＞C；根据单因素筛选实验和正交实验结果，确定了硼酚醛改性环氧树脂无溶剂饰面防火涂料的最优配方如表 6-8 所示。

表 6-8　硼酚醛改性环氧树脂无溶剂饰面防火涂料的最优配方

原料名称	用量/%	原料名称	用量/%
硼酚醛树脂	25	硅酸铝	14
环氧树脂	39.3	固化剂/稀释剂	8.7
磷酸酯改性胺复合物	13		

对该配方防火涂料进行了 3 次重复性验证实验，实验所得的平均耐燃时间为 55min，远远超过了国家标准中耐燃 15min 的要求。同时又将该最优配方与该体系其他配方所得的防火涂料进行了多次横向比较实验。实验证明，该硼酚醛饰面型防火涂料的防火性能及理化性能明显优越。如表 6-9 所示。

表 6-9　该硼酚醛防火涂料的最优配方理化性能和防火性能检测结果

序号	项目		技术指标	缺陷类别	实测结果	本项结论
1	在容器中的状态		无结块，搅拌后呈均匀液态	C 级	无结块，搅拌后呈均匀液态	合格
2	干燥时间	表干/h	≤5	C 级	3	合格
		实干/h	≤24		24	合格
3	附着力/级		≤3	A 级	1	合格
4	耐冲击强度/kg·cm		≥20	B 级	35	合格
5	耐水性/h		经 24h 实验，不起皱，不剥落，气泡在标准状态下 24h 内能基本恢复，允许轻微失光和变色	B 级	经 24h 实验，不起皱，不剥落，无起泡，有轻微失光和变色，自然干燥后能够恢复	合格
6	耐燃时间/min		≥15	A 级	55	合格

其次利用热分析（TG/DTG/DSC）记录被分析试样的热分解过程，并根据从其分解过程曲线中得到的各参数来对其耐燃性和热分解过程进行分析评价。结果表明，硼酚醛改性环氧树脂无溶剂饰面防火涂料热稳定性明显增加，800℃时的残炭量仍高达 45%。并且随着硼酚醛树脂在防火涂料中的添加量增大，涂料的热稳定性将进一步增加。如图 6-9～图 6-11 所示。

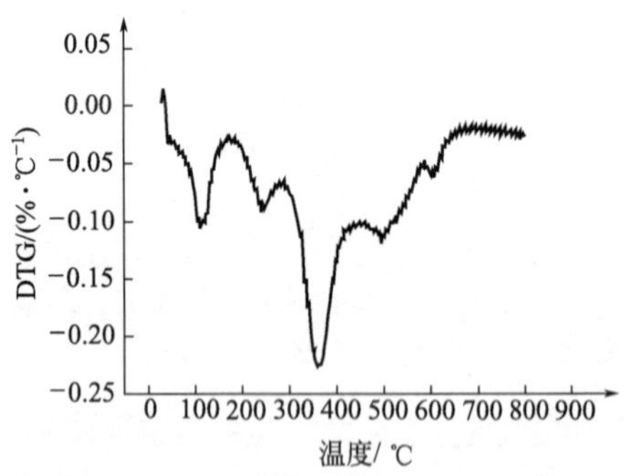

图 6-9　防火涂料最优配方 DTG 曲线

借助于扫描电镜（SEM）观察防火涂料燃烧后炭化层的微观形貌，分析研究各组分对涂料防火阻燃性能的影响，以及对最优配

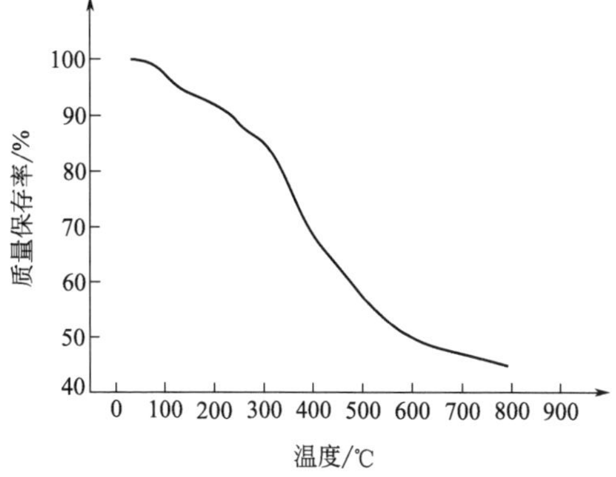

图 6-10　防火涂料最优配方 TG 曲线

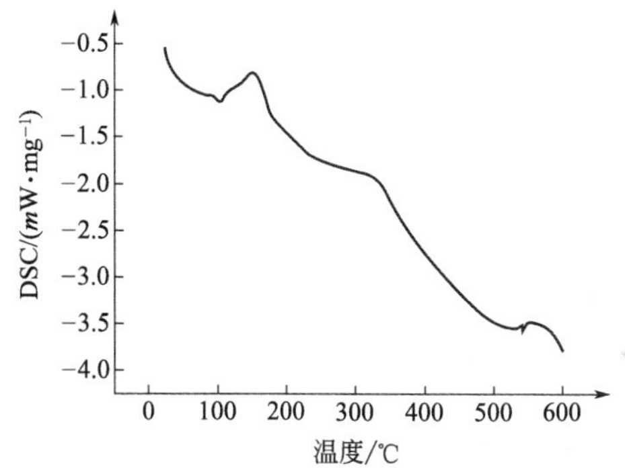

图 6-11　防火涂料最优配方 DSC 曲线

方膨胀炭层及其阻燃机理进行探讨研究。探讨了防火涂料膨胀炭层的形成过程及理想炭层结构的控制；分析了防火涂料中各组分对膨胀炭层微观结构的影响；硼酚醛改性环氧树脂无溶剂饰面防火涂料最优配方表面为致密网状玻璃钢结构，能够有效地降低外部火焰、高温向炭层内部的导热速率，炭层内部充满数量丰富、结构完整、孔径均匀的泡孔，能够有效地在炭层内部形成一定温度梯度，降低外部热量向被保护基材的传递和进攻，因此这样的炭化层能有效地达到保护基材的作用。最优配方配制的防火涂料膨胀炭层微观形貌图如图 6-12 所示。

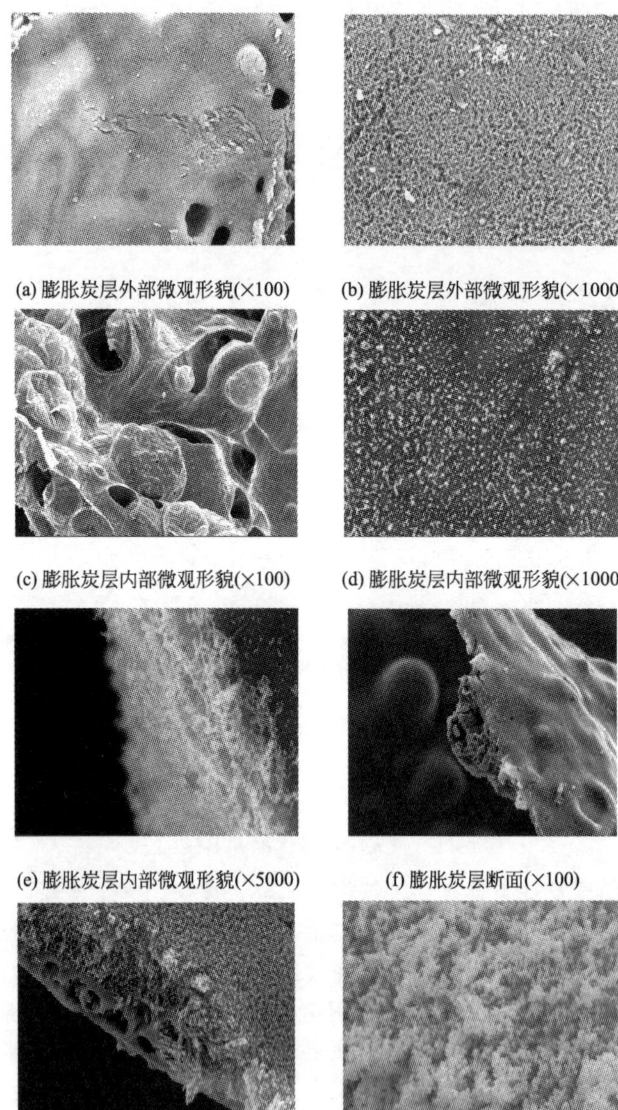

(a) 膨胀炭层外部微观形貌(×100)　(b) 膨胀炭层外部微观形貌(×1000)

(c) 膨胀炭层内部微观形貌(×100)　(d) 膨胀炭层内部微观形貌(×1000)

(e) 膨胀炭层内部微观形貌(×5000)　(f) 膨胀炭层断面(×100)

(g) 膨胀炭层断面(×1000)　(h) 膨胀炭层断面(×5000)

图 6-12　膨胀炭层扫描电镜图

利用锥形量热仪（CONE）分析硼酚醛改性环氧树脂无溶剂饰面防火涂料的阻燃性能和发烟情况，对其综合火灾危险性进行评价。借助热释放速率参数、火灾性能指数、总释放热参数、质量损失参数及有效燃烧热等参数表征了涂料的燃烧性能；借助总释烟量、产烟速率、烟参数、烟因子及 CO 的生成情况等参数表征了涂料的发烟情况及烟气毒性；借助火势增长指数、放热指数和毒性气体生成速率指数综合表征了涂料的火灾危险性。实验表明，硼酚醛改性环氧树脂无溶剂饰面防火涂料在热效应和烟效应两方面均表现优异，能够有效地控制环氧树脂的发热量和发烟量，能够显著地降低材料的火灾危险性，并且烟气毒性显著降低。各种检测数据如图 6-13 所示。

马文婷考虑了硼酚醛饰面型防火涂料中不同种类填料添加量的影响，分别制备添加纳米钛白粉、氧化铝、绢云母、空心微珠、泡沫玻璃 5 种填料，7 个添加量（5%、7.5%、10%、12.5%、15%、17.5%、20%）的硼酚醛防火涂料，对其进行理化性能和防火性能测试与分析。利用热重法（TGA）测试涂料热分解过程中质量损失与温度的变化关系，以研究填料对硼酚醛涂料热解过程的影响。使用 Madhusdanan-Krishnan-Ninan 法对涂料进行热降解动力学分析，以研究填料的添加对涂料各降解阶段活化能的影响。利用傅立叶红外光谱仪（FT-IR）测定涂料红外光谱，研究不同种类、不同含量的填料对硼酚醛涂料红外光谱吸收峰的影响。借助扫描电子显微镜（SEM）观察、记录涂料受热后膨胀炭层的形貌，分析填料对涂料膨胀炭层的影响。利用锥形量热仪（CONE）测试涂覆硼酚醛防火涂料胶合板的燃烧参数，对其火灾危险性进行评价。结论如下。

（1）对选定的基准配方（表 6-10）硼酚醛防火涂料进行检测，结果表明其理化性能（表 6-11）均达到国家标准，耐燃时间为 14′58″（′表示分钟，″表示秒，14′58″表示 14 分 58 秒），热分解过程有四个失重阶段（图 6-14），防火组分协同反应使炭层膨胀形成了均匀的蜂窝状泡沫层（图 6-15），但炭层耐火焰冲蚀性弱，裂纹较多，强度较小。

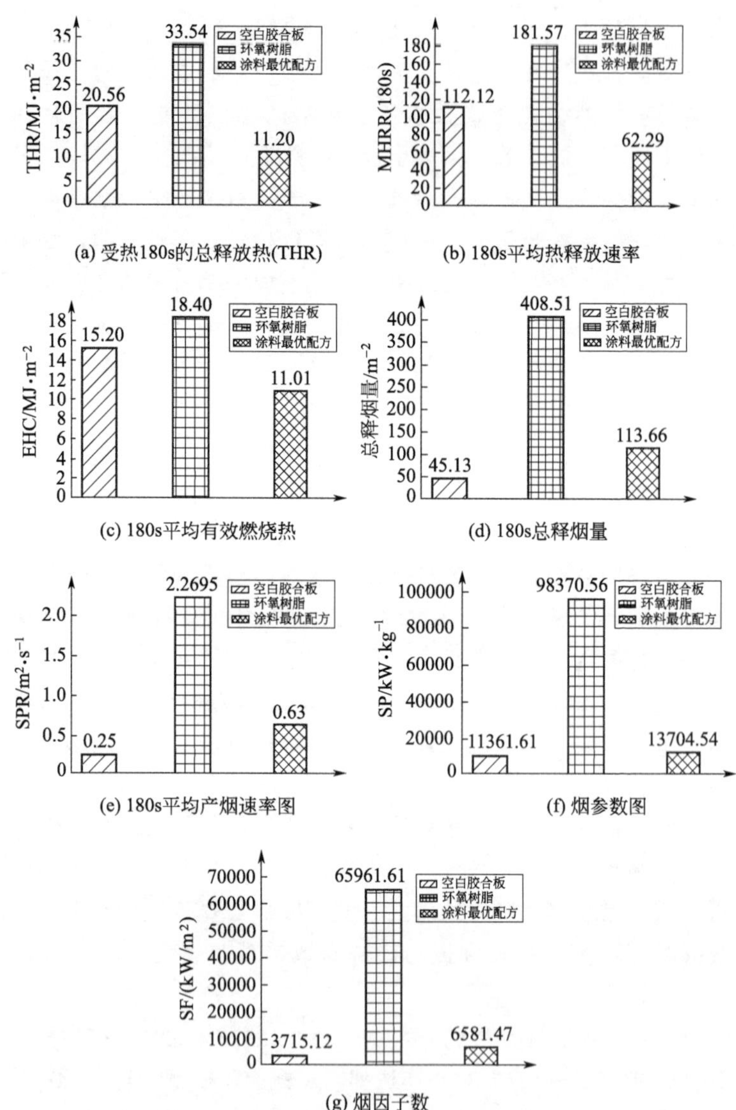

图 6-13　硼酚醛饰面防火涂料检测数据

表 6-10　涂料基准配方组分及用量

组分	E51	BPF	A	B	乙酸丁酯
用量/g	3	13	2	1	6

表 6-11　基准配方涂料的性能

检测项目	在容器中的状态	表干/实干/h	附着力/级	柔韧性/级	耐冲击性/kg·cm	耐燃时间
测结果	无结块,搅拌呈均匀液态	3/24	3	3	30	14′58″

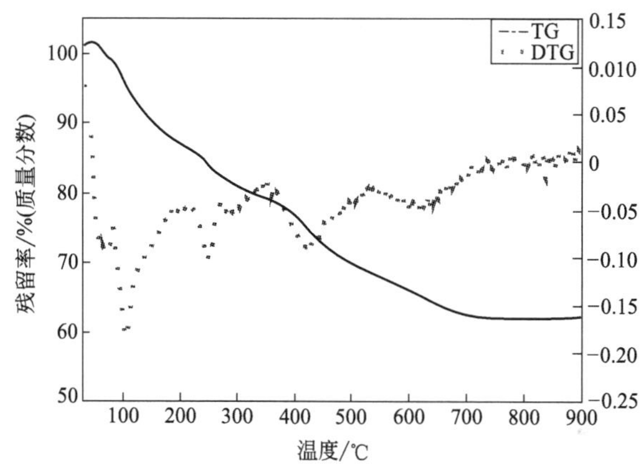

图 6-14　基准配方硼酚醛涂料的热失重曲线

图 6-14 为基准配方涂料的热失重曲线。实验结果表明，硼酚醛防火涂料在氮气气氛下的热分解过程大概包括四个阶段：第一阶段为 50～210℃，可能是由于涂料自身所吸水分的质量损失及部分防火助剂 B 在 200℃左右进行了热分解，失重率为 13.4%；第二阶段为 210～350℃，主要是防火助剂 A、B 及环氧树脂在 300℃左右进行了热分解造成了质量损失，失重率为 7.6%；第三阶段为 350～550℃，失重率 10%；第四阶段为 550～900℃，失重率为 5.1%，第三、四阶段主要与硼酚醛树脂的热分解有关。

膨胀型防火涂料在受热时涂层发泡成型机理主要包括形成气泡核、气泡核的成长、泡体的定型三个阶段。第一阶段非常重要，因为在气泡核的形成过程中，熔体中气泡是逐步出现还是同时出现将会影响膨胀炭层的质量，前者会使泡孔直径较大，分布稀疏，导致炭层结构不均匀，容易脱落，后者会使炭层中的泡孔细密、分布均匀，提高膨胀炭层质量。成核机理中，较为成熟的为“热点核机理”，即热点附近熔体先发生熔化而成为低势能点，导致泡核形成。第二阶段中气体在体系中的扩散速度直接影响泡孔形状。硼酚醛防火涂料膨胀炭层结构分为四层，即面层、炭质层、过渡层和底层，如图 6-15 所示。

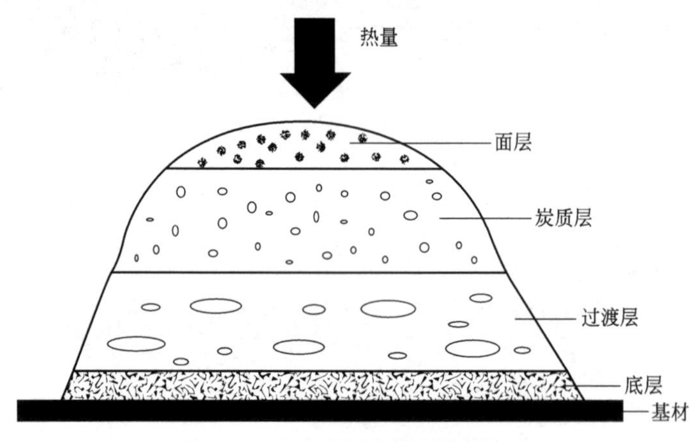

图 6-15　防火涂料膨胀炭层结构图

面层为无机层（B_2O_3、SiO_2 和 Al_2O_3 等）构成连续相；过渡层（未完全炭化部分）和炭质层为气固两相组成的封闭微孔纤维状复合结构，炭质层以无定形碳（石墨的微晶体）和无机物（TiP_2O_7、SiO_2 和 Al_2O_3 等）为基质连接成的连续相，NH_3、CO_2 和水蒸气等气体构成的封闭微孔散于其中成为分散相；底层为尚未膨胀的涂料。随着受火的进行，底层的涂料进一步反应膨胀，过渡层逐步炭化，炭质层的炭被逐步氧化，面层逐步增厚，直至膨胀层全部变为无机层。

(2) 纳米钛白粉的添加提高了涂料的附着力与耐冲击性，添加量为 17.5％时，膨胀炭层强度较大，涂料的防火效果最好，耐燃时间为 18′39″（图 6-16、表 6-12）。随着钛白粉添加量的增大，涂料初始分解温度升高，900℃的残留率增大。钛白粉对涂料热分解过程的第四个失重阶段影响较大，使最大失重速率对应温度向高温区移动（图 6-17），说明钛白粉的添加提高了涂料 550～900℃的热稳定性。

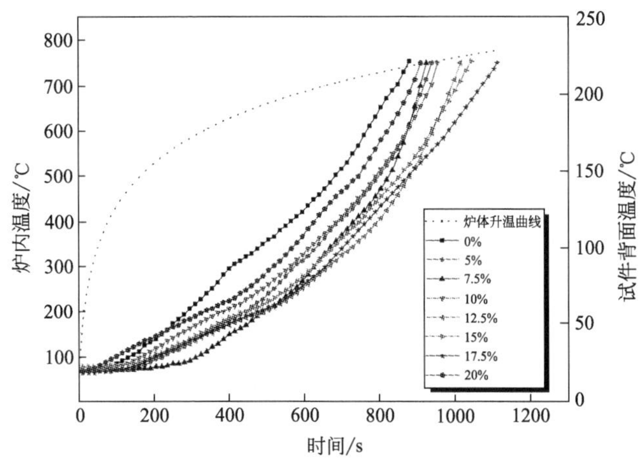

图 6-16　添加不同量钛白粉的涂料耐燃时间

表 6-12　钛白粉添加量对涂料防火性能的影响

钛白粉添加量	0%	5%	7.5%	10%	12.5%	15%	17.5%	20%
耐燃时间	14′59″	15′49″	15′30″	16′00″	17′03″	17′30″	18′39″	15′15″
炭层膨胀倍率	58.0	55.2	52.1	49.4	46.6	34.7	30.8	28.4

（3）氧化铝的添加对涂料理化性能影响不大，添加量为 12.5%时，涂料耐燃时间最大为 19′43″（图 6-18、表 6-13）。涂料初始分解温度随着添加量的增大而提高，添加 7.5%的氧化铝时涂料初始分解温度达到最高（表 6-14）。900℃残留率在添加量少于 10%时随着添加量的增大而增大，添加量大于 10%时，随着添加量的增大而减小。

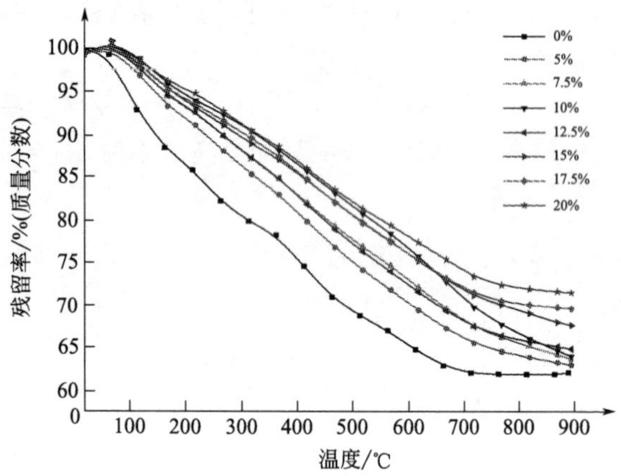

图 6-17　添加不同量钛白粉的涂料试样热失重曲线

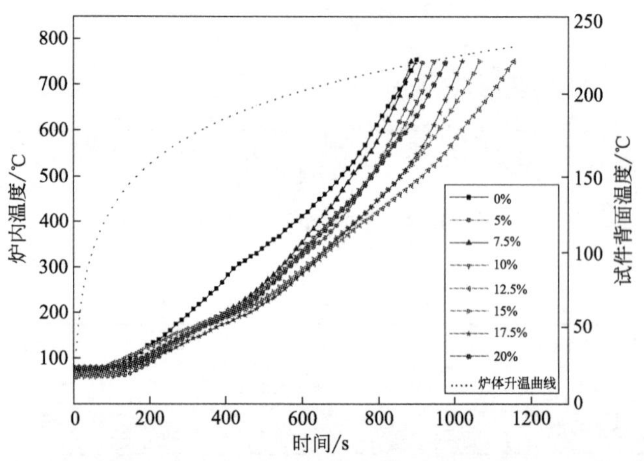

图 6-18　添加不同量氧化铝的涂料耐燃时间

表 6-13　氧化铝添加量对涂料防火性能的影响

氧化铝添加量	0%	5%	7.5%	10%	12.5%	15%	17.5%	20%
耐燃时间	14′58″	15′15″	14′46″	16′04″	19′43″	17′42″	17′00″	16′11″
炭层膨胀倍率	58.0	44.5	43.8	42.9	42.7	38.6	33.9	29.3

由表 6-14 可见，涂料第一、二、三阶段除了添加 7.5%氧化铝时涂料最大热分解速率对应的温度稍有下降，总体呈缓慢上升趋势；第四阶段随着氧化铝添加量的增加涂料最大热分解速率对应的温度下降，说明氧化铝的添加促进了 B—O 键及苯环的断裂，使涂料分解过程的第四失重阶段的热稳定性有所降低。

表 6-14　添加不同量氧化铝的涂料热降解数据

氧化铝添加量/%	900℃残留率/%	T_0/℃	T_{d1}/℃	T_{d2}/℃	T_{d3}/℃	T_{d4}/℃
0%	62.10	68.3	105.6	250.3	423.6	622.3
5%	43.78	58.7	121.3	285.3	422.0	617.3
7.5%	22.65	67.7	120.3	269.6	421.0	611.0
10%	35.90	96.7	123.3	289.0	423.3	608.3
12.5%	45.06	96.0	123.3	291.3	428.7	600.0
15%	47.29	93.3	126.0	292.0	429.7	598.0
17.5%	60.08	92.3	126.3	292.7	431.0	590.3
20%	61.14	87.3	126.6	292.7	432.3	589.3

注：T_0 为涂料初始分解温度，T_{d1}、T_{d2}、T_{d3}、T_{d4} 分别为热失重过程第一、二、三、四阶段最大热降解速率所对应的温度。

（4）绢云母的添加使涂料力学性能均有所提高，添加量为 10%时，涂料耐燃时间最大为 19′24″（图 6-19、表 6-15）。初始分

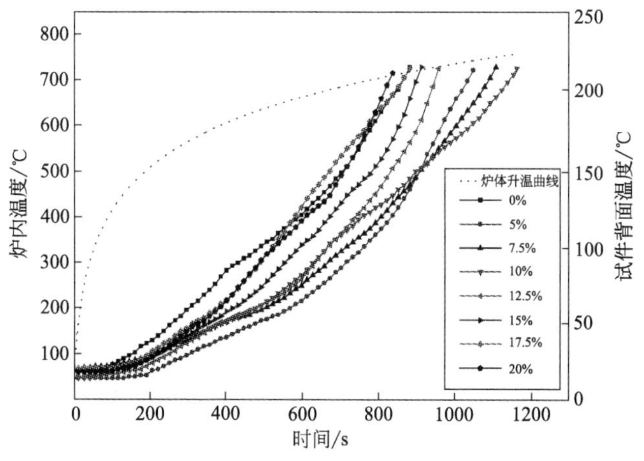

图 6-19　添加不同量绢云母的涂料耐燃时间

解温度随绢云母添加量的增大向高温区移动，涂料900℃的残留率在绢云母添加量少于10%时有所下降，添加量大于10%时涂料残留率受绢云母影响不大，仅当添加20%绢云母时残留率有所上升（图6-20）。

表6-15　绢云母添加量对涂料防火性能的影响

绢云母添加量	0%	5%	7.5%	10%	12.5%	15%	17.5%	20%
耐燃时间	14′58″	17′33″	18′29″	19′24″	16′04″	15′15″	14′42″	14′09″
炭层膨胀倍率	58.0	48.4	51.3	49.6	37.1	18.2	15.1	13.5

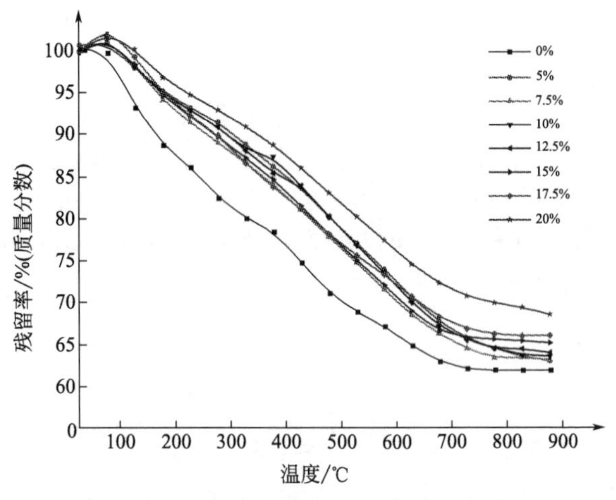

图6-20　添加不同量绢云母的涂料试样热失重曲线

（5）空心微珠的添加缩短了涂料的干燥时间，但使涂料力学性能均有所下降，添加量为15%时，涂料耐火极限最大为16′22″（图6-21、表6-16）。空心微珠的添加显著提高了涂料初始分解温度，但随着空心微珠添加量的增大，涂料初始分解温度有所降低，900℃残留率在添加量少于12.5%时有所降低，添加量大于15%时，随着添加量增加，初始分解温度向高温区移动。

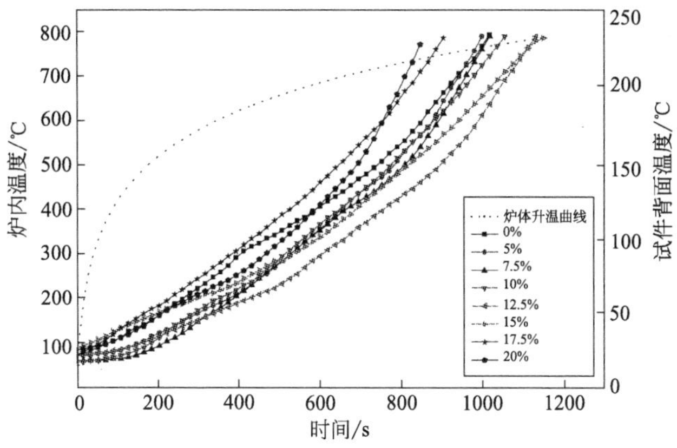

图 6-21　添加不同量空心微珠的涂料耐燃时间

表 6-16　空心微珠添加量对涂料防火性能的影响

空心微珠添加量	0%	5%	7.5%	10%	12.5%	15%	17.5%	20%
耐燃时间	14′58″	14′36″	14′9″	15′12″	16′11″	16′22″	13′06″	12′12″
炭层膨胀倍率	58.0	22.8	21.1	15.5	13.6	12.4	11.3	11.3

（6）泡沫玻璃的添加缩短了涂料的干燥时间，添加量少于15%时理化性能影响不大，当添加量大于17.5%时，涂料的耐冲击和柔韧性稍有提高。添加15%泡沫玻璃时，涂料耐火极限达最大为19′15″（图 6-22、表 6-17）。泡沫玻璃的添加降低了涂料的热

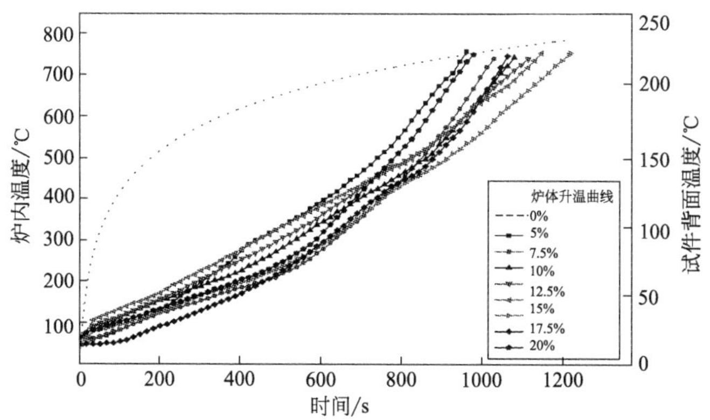

图 6-22　添加不同量泡沫玻璃的涂料耐燃时间

稳定性，使涂料初始分解温度随着添加量增大而降低，添加15%的泡沫玻璃时涂料初始分解温度显著增大。涂料900℃残留率在泡沫玻璃添加量小于15%时随着添加量的增大而增大，添加量大于15%时明显下降（图6-23）。

表6-17 泡沫玻璃添加量对涂料防火性能的影响

泡沫玻璃添加量	0%	5%	7.5%	10%	12.5%	15%	17.5%	20%
耐燃时间	14′58″	16′31″	17′13″	17′48″	18′18″	19′15″	16′51″	15′30″
炭层膨胀倍率	58.0	56.8	54.7	54.6	53.5	53.3	52.8	52.5

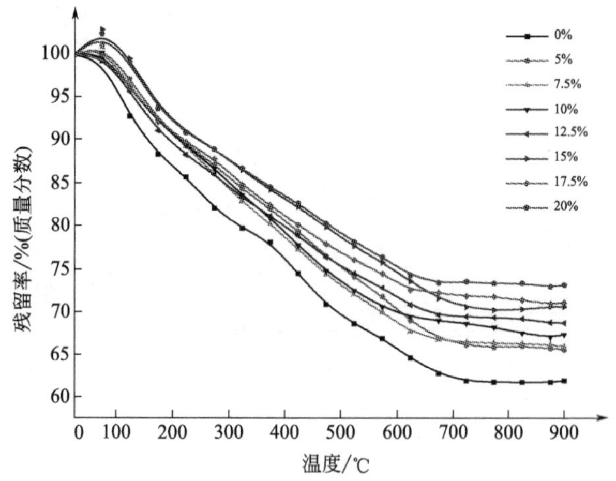

图6-23 添加不同量泡沫玻璃的涂料试样热失重曲线

（7）对涂料样板进行锥形量热仪测试，结果表明，硼酚醛防火涂料的涂覆使胶合板的热释放速率明显减小，说明硼酚醛防火涂料发挥了很好的膨胀隔热效果，延滞了热量向基材的传递，对被保护基材可以起到很好的防火阻燃作用。通过CONE测得参数对涂料进行危险性评价，结果表明，添加绢云母的涂料火势增长指数FGI、放热指数THRI（$THRI_{6min}$：材料试验前6min内放热量总和的对数）、发烟指数TSPI（$TSPI_{6min}$：材料试验前6min内发烟量总和的对数）、毒性气体生成速率指数ToxPI（$ToxPI_{6\,min}$：材料试验前6min毒气生成速率指数）均小于添加其他填料的涂料，说明发生火灾时其危险性最小，更有利于火灾初期人员逃生及火灾扑救。

采用锥形量热仪可以测得材料的质量损失速率（MLR）、热释放速率（HRR）、总热释放量（THR）、有效燃烧热（EHC）、比消光面积（SEA）、CO 产生速率（COY）等燃烧参数，从而研究材料的阻燃性能及烟毒释放特性，进而对材料的火灾危险性进行评价。根据第 3 章实验结果，依次选择理化性能相对优异的添加 17.5%钛白粉、12.5%氧化铝、10%绢云母、15%空心微珠、15%泡沫玻璃的涂料试样涂覆胶合板进行研究。锥形量热仪试验结果见表 6-18。

表 6-18　锥形量热仪试验结果

试样	pk-HRR /$kW \cdot m^{-2}$	av-HRR /$kW \cdot m^{-2}$	THR /$MJ \cdot m^{-2}$	av-EHC /$MJ \cdot kg^{-1}$	av-MLR /$g \cdot s^{-1}$	av-SEA /$m^2 \cdot kg^{-1}$	av-CO /$kg \cdot kg^{-1}$	av-CO_2 /$kg \cdot kg^{-1}$	残留率 /%
钛白粉	82.40 (15①)	7.23	2.82	2.22	0.029	501.2	0.074	1.436	35.3
氧化铝	57.00 (15①)	7.92	2.94	4.47	0.015	230.8	0.107	2.923	44.0
绢云母	58.89 (20①)	9.09	3.25	5.43	0.013	94.0	0.091	2.671	57.7
空心微珠	122.84 (15①)	10.22	3.68	2.39	0.038	564.6	0.071	1.322	49.9
泡沫玻璃	63.52 (15①)	5.69	2.15	2.51	0.020	241.0	0.071	2.286	44.3

① 括号内数据为峰值出现的时间，s。

注：平均值与 THR 都以 6min 为准。

防火涂料的阻燃性是指其对被涂覆材料所具有的减慢、终止或防止有焰燃烧的特性。热释放速率（HRR）是指单位面积样品释放热量的速率，是最重要的火行为参数之一，被定义为火强度。HRR 的最大值为热释放速率峰值（pk-HRR），HRR 或 pk-HRR 越大，该热反馈给聚合物材料的表面就加快了热裂解速度，从而产生更多的挥发性可燃物，加速了火焰传播，因此材料在火灾中危险性就越大。图 6-24 给出了涂覆添加不同填料涂料试件的 HRR。

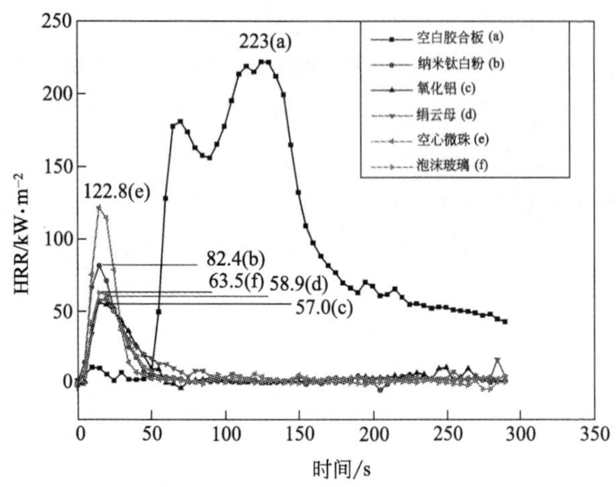

图 6-24 涂覆添加不同填料涂料试件的 HRR 曲线

由表 6-18 和图 6-24 可以看出，空白胶合板在受热后的 50s 热释放速率 HRR 大幅上升，在 140s 时其 HRR 达到峰值 223kW·m^{-2}。涂覆了硼酚醛防火涂料的胶合板在受热一开始热释放速率便有所上升，受热 15s 左右时，HRR 均达到峰值，可能是由于涂料受热时，涂层发生一系列的化学反应开始膨胀，放出热量，还有一部分残留的溶剂受热挥发出可燃性气体，在涂层表面发生燃烧，引起涂料热释放速率的突然增大，其中添加空心微珠的涂料的 HRR 峰值最大为 122.8kW·m^{-2}，远高于添加其他填料的涂料。添加钛白粉的涂料 HRR 峰值为 82.4kW·m^{-2}，添加氧化铝、绢云母及泡沫玻璃的硼酚醛涂料的 HRR 峰值降低，相差不大，在 50s 以后，涂覆涂料的胶合板的热释放速率基本保持在 4kW·m^{-2}以下，可见硼酚醛防火涂料在受热时发生膨胀形成良好的炭质泡沫层，延滞了热量向基材的传递过程，对胶合板起到了很好的防火保护作用，其中添加 15%泡沫玻璃试件在 6min 以内的平均热释放速率和总热释放量最小。

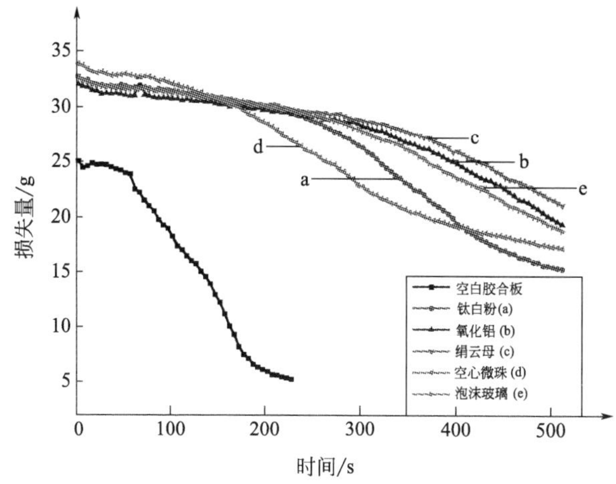

图 6-25　涂覆添加不同填料涂料试件的质量损失曲线

从图 6-25 可以看出，空白胶合板在受热 50s 之后质量迅速下降，到 200s 以后质量损失达到 80%，而涂覆了硼酚醛防火涂料的胶合板在 200s 之前质量损失小于 5%，添加了空心微珠的涂料试件在 200s 开始质量损失速率开始增大，相比其他涂料试样最少提前了 80s，添加钛白粉涂料在 250s 质量损失速率开始增大，氧化铝、绢云母、泡沫玻璃的添加使硼酚醛涂料的热分解时间推后，且质量损失速率相差不大，说明添加了空心微珠和钛白粉的硼酚醛涂料隔热效果相对较差，涂料中基料树脂、三聚氰胺及六亚甲基四胺快速发生分解，炭层强度相对较低，使辐射热量短时间传递至胶合板，促进了基材的热分解，引起质量损失速率增大，6min 时残余质量也下降。

烟毒的释放是火灾发生时威胁人们生命的最大因素。CONE 测量的是可以流动的体系的比消光面积（SEA）等烟数据，与大型燃烧实验数据显示出良好的相关性。由于 CONE 测量的是动态体系，可以利用它来研究防火涂料保护材料烟及毒气的产生，测定防火涂料的涂覆对基材成烟的影响。图 6-26 显示了添加不同填料的硼酚醛防火涂料的 SEA 与时间的关系图。可以看出，添加氧化铝的涂料的 SEA 最先出现峰值，其次为空心微珠和钛白粉，绢云母的添加推迟了涂料 SEA 出现峰值的时间，到 400s 时，才出现峰值，而且 6min 内的 SEA 平均值也最低，这为火灾扑救和人员疏散提供了条件。

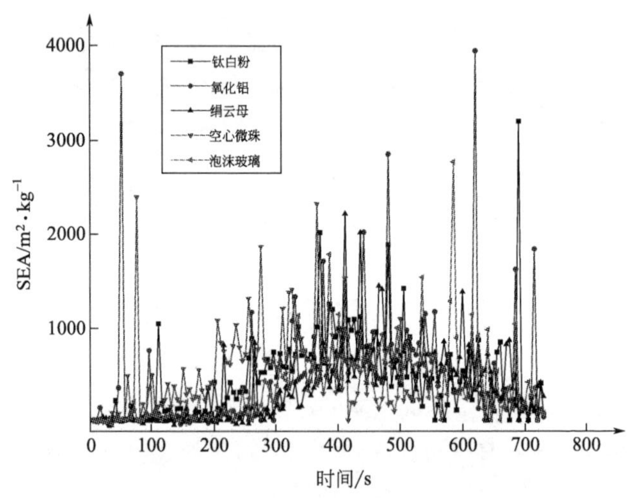

图 6-26 添加不同填料的硼酚醛涂料 SEA 与时间的关系图

火场中有毒气体的释放对人员逃生有着重要的影响。图 6-27 为添加不同填料的硼酚醛涂料 CO 生成率与时间的关系图。从中可以看出，添加氧化铝的涂料最先出现 CO 生成率的峰值，可能是膨胀炭层的强度较小，在受热 50s 左右时，炭层受火焰冲蚀受到破坏，使内部未充分反应的 CO 逸出的原因。根据涂料 CO 生成率峰值出现的时间长短可以推测添加不同填料的硼酚醛涂料受热炭层强度大小依次为绢云母＞泡沫玻璃＞钛白粉＞空心微珠＞氧化铝。可知添加氧化铝的涂料 CO 产生率的平均值最大，对人员逃生时威胁最大。

如图 6-28 所示，添加空心微珠的硼酚醛防火涂料的四项燃烧特性指数均高于添加其他填料的涂料，说明相比其他填料，空心微

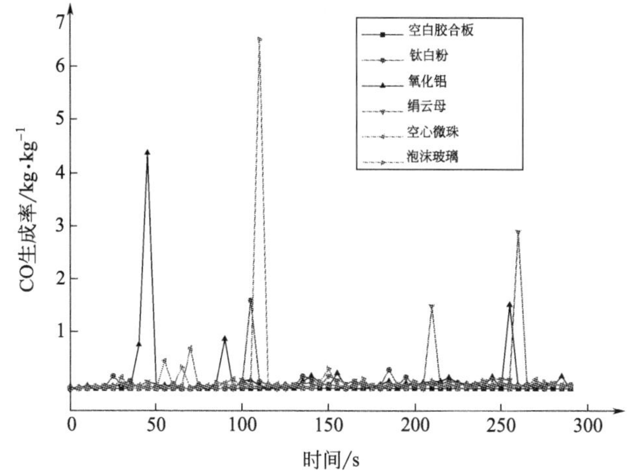

图 6-27　添加不同填料的硼酚醛涂料 CO 生成率与时间的关系图

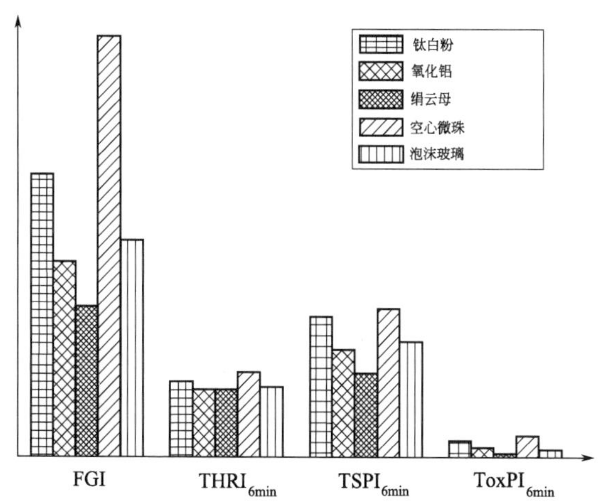

图 6-28　添加不同填料的硼酚醛防火涂料的燃烧特性指数

珠使涂覆防火涂料的胶合板在燃烧时火势增长速度更快，放热更多，释烟量更大，产生更多有毒气体，不利于火灾初期扑救及人员疏散。而绢云母的加入相比其他填料使涂覆防火涂料的胶合板的四项燃烧特性指数有所下降，说明其火灾危险性最小。

2. 硼酚醛树脂钢结构防火涂料

钢结构是现在建房主要用的材料，对它的防火要求特别严格。先要给钢结构涂层，当涂层受热时，首先是成膜物软化熔融，引起整个涂层软化、塑化，此时发泡剂达到分解温度，释放出非燃性气体，使涂层膨胀成泡沫层，同时成炭催化剂分解生成磷酸、聚磷酸，呈熔融的黏稠体作用于泡沫层，使涂层中的含羟基有机物发生脱水成炭反应。当泡沫达到最大体积时，泡沫凝固炭化，使生成的多孔海绵状炭化层定形，泡沫的发泡效率取决于组分之间反应速度的协调配合。国外对钢结构防火涂料的研制较早，比我国提前20年左右，开始主要以厚涂型钢结构防火涂料为主。后来，随着薄涂型与超薄型钢结构防火涂料的开发，其应用也得以推广。研究表明，欧美等国家的钢结构防火涂料以P-C-N体系为主。以热固性或热塑性树脂为成膜剂，辅以其他助剂制作而成。所研制的防火涂料具有耐火极限长，黏结性强，附着力好，施工方便等特点，并有一定的装饰作用。目前工艺发展比较成熟的产品多出自美国、英国、德国和日本等。直到20世纪80年代，随着进口钢结构防火涂料在我国建筑市场上的应用，国内也开始了对钢结构防火涂料的研制与开发。我国第一代钢结构防火涂料是在1984年由公安部四川消防研究所研制成功。此后，我国的钢结构防火涂料产品相继问世。为了规范钢结构防火涂料市场和保证产品质量，我国出台了GB 14907—2002《钢结构防火涂料》标准，这也是我国现行的钢结构防火涂料的技术要求和检测方法的标准。在厚涂型、薄涂型和超薄型三种钢结构防火涂料之中，超薄型钢结构防火涂料以其重量轻、装饰性好、施工方便的特点在近几年受到普遍的关注，对其研究也逐渐深入，相关报道的文章也屡见不鲜。硼酚醛本身属于耐烧蚀材料，又具有自成膜性，与环氧树脂、丙烯酸树脂等高分子材料有较好的相容性。在受热过程中，硼酚醛可以集催化、发泡、成炭于一身，有作为防火涂料防火助剂的潜力，可以替代P-C-N体系，从根本上改善防火涂料的防火性能、成膜性能及理化性能等，因此以改性硼酚醛-环氧树脂为基料树脂，通过选择不同防火助剂添加剂制备含硼超薄型钢结构防火涂料完全可以成为一种研究方向。

苏晓明以硼酚醛树脂的基础配方防火涂料为基础，通过单因素筛选试验确定了硼酸锌等五种防火助剂添加剂的范围，通过正交试验确定了含硼超薄型钢结构防火涂料的最优配方，制备的超薄型钢结构防火涂料涂覆后的外观如图 6-29 所示。

图 6-29　硼酚醛防火涂料外观

以基础配方硼酚醛防火涂料为基准进行优化，研究制备了一种新型含硼超薄型钢结构防火涂料，并对其理化性能及防火性能进行了的评价。结合一些仪器分析手段，对该涂料的膨胀炭层显微结构、热性能、红外光谱表征等进行了进一步的机理分析，并从热解动力学和反应化学的角度研究了该涂料的固化机理和防火机理。研究的结果如下。

(1) 通过对基准配方硼酚醛防火涂料进行单因素筛选试验。通过实验详细论述了硼酸锌（ZB）、发泡剂 AC、双酚 F、六亚甲基四胺（HMTA）和环氧固化剂 651 等五种添加剂对防火涂料理化性能、耐火极限及膨胀炭层的影响，并以此找到了五种因素的基础添加量范围。如表 6-19 所示。

表 6-19　硼酚醛超薄钢结构防火涂料正交试验因素与水平表

水平	因素				
	A	B	C	D	E
	ZB 添加量/g	发泡剂 AC 添加量/g	双酚 F 添加量/g	HMTA 添加量/g	固化剂 651 添加量/g
1	$A_1=11$	$B_1=1.4$	$C_1=8$	$D_1=0.4$	$E_1=1.1$
2	$A_2=12$	$B_2=1.6$	$C_2=9$	$D_2=0.5$	$E_2=1.3$
3	$A_3=13$	$B_3=1.8$	$C_3=10$	$D_3=0.6$	$E_3=1.5$
4	$A_4=14$	$B_4=2.0$	$C_4=11$	$D_4=0.7$	$E_4=1.7$
5	$A_5=15$	$B_5=2.2$	$C_5=12$	$D_5=0.8$	$E_5=1.9$

实验结果表明，硼酸锌的加入能有效增加防火涂料膨胀炭层的强度，发泡剂 AC 的加入能较好地改善硼酚醛-环氧树脂自发泡的炭孔状态，双酚 F 的加入能使涂料在膨胀成炭过程中延长硼酚醛-环氧树脂的热分解时间，低分子聚酰胺与六亚甲基四胺在硼酚醛-环氧树脂的固化中起着重要作用。

（2）通过正交试验找到了含硼超薄型钢结构防火涂料的最优配方，如表 6-20 所示。并根据 GB 14907—2002 对该防火涂料进行理化性能检测，如表 6-21 所示。该涂料检测结果合格，且该涂料表干时间 1h、涂层黏结强度为 0.42MPa，耐水性大于 24h。实干后，漆膜光滑透明，呈浅黄白色，耐水性优良，对钢结构构件有一定的装饰作用。

表 6-20　硼酚醛超薄型钢结构防火涂料最优配方

组分	硼酚醛	E51	溶剂	3N	HMTA	ZB	双酚 F	651	AC
用量/g	13	3	14	2	0.8	14	12	1.9	1.4

表 6-21　硼酚醛超薄型钢结构防火涂料的理化性能

检测项目	在容器中状态	表干/h	黏结强度/MPa	耐水性/h	涂刷后状态	结论
检测结果	无结块，搅拌后呈均匀液态	1.0	0.42	＞24	涂层无开裂剥落、起泡	合格

（3）实验炉以火灾标准升温曲线升温，对最优配方钢结构防火

涂料试件进行加热，记录钢板背温变化曲线及温度达到 583℃时对应的时间，即钢结构防火涂料的耐火极限，对最优配方的硼酚醛超薄型钢结构防火涂料进行防火性能检测，结果表明，涂层厚度为 1.1mm 时，耐火极限可达 76′57″，超过 GB 14097—2002 中的要求约 17min。

（4）膨胀型钢结构防火涂料受火后的膨胀炭层结构随受火时间而变化，在受火的初始阶段膨胀层分为四层，即面层、炭质层、过渡层和底层。面层为无机层连续相，过渡层为气固两相组成的封闭微孔纤维状复合结构，炭质层以无定形碳和无机物连接而成，各类气体构成的封闭微孔散于其中并以其为分散相，底层为未膨胀原涂料。在进一步受火，温度上升过程中，炭质层被氧化为无机面层，过渡层逐步炭化为炭化层，底层逐渐膨胀。这个过程如此重复，直至整个涂料完全受热膨胀成炭。一般膨胀炭层含有氮、氧、磷及其他无机元素。炭化层的阻燃功能一般来自以下三点。

① 隔离热量于凝聚相以外。

② 阻止氧从周围介质扩散入正在降解的高分子材料中。

③ 阻止由于热降解产生的气/液态产物脱离材料表面。

硼化合物可以降低炭层的渗透性，而炭层的渗透性一般与温度有关。当温度低于 450℃时，膨胀炭层的渗透性先随温度升高而降低，之后随温度升高而升高。这主要是由于硼化合物在 450℃时呈透明液体状，可以覆盖炭层的孔隙。若温度继续升高，硼化合物的黏度降低，炭层表面覆盖率下降。

具有优良阻燃性能的防火涂料膨胀炭层的炭化层一般具有多孔、封闭、细密、热导率低的特点。具有这些特点的膨胀炭层可以较好延缓被保护基材温度的上升。防火涂料膨胀炭层的结构特点直接决定防火涂料防火性能的优异。决定防火涂料膨胀炭层结构的因素一般有炭化层厚度，炭化层表面及内部炭孔结构、化学组成，膨胀过程中伴随的理化反应等。其中，炭化层表面状况主要表现在炭化层的表面是否均匀完整以及炭化层的表面是否存在比较致密均匀的无机保护层。炭化层的表面均匀完整程度是指炭化层厚度均匀，表面炭层无明显的塌陷或孔洞；无机物保护层是指经过一定时间的燃烧过程后，受火焰高温灼烧作用影响在膨胀炭层表面形成的具有一定强度一定致密度的无机残留物薄层。

对最优配方的硼酚醛超薄型钢结构防火涂料膨胀炭层的宏观形貌及不同位置炭层的显微结构进行研究，图 6-30 为最优配方的防火涂料膨胀炭层表面的显微形貌结构。由图 6-30 可见，最优配方的钢结构防火涂料膨胀炭层炭孔呈现封闭、致密，分散均匀，大小相对一致的特点。从高倍图亦可以清晰看出镶嵌于膨胀炭层表面的无机物颗粒，且内部没有洞中洞的现象，炭孔比表面积较小，具有防火性能优良的膨胀炭层的结构特征。

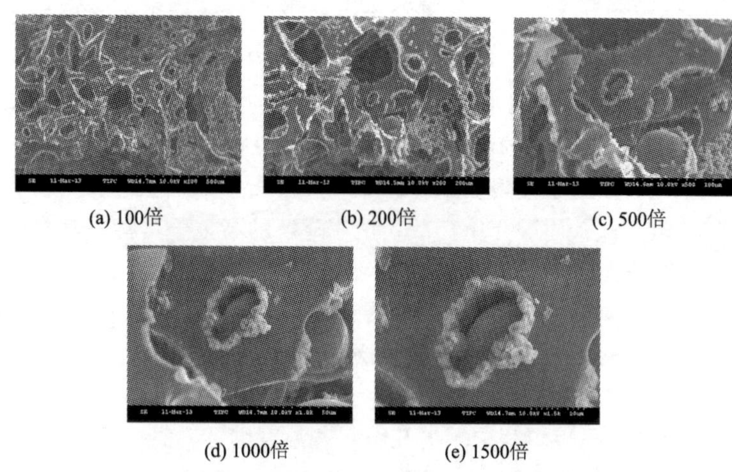

(a) 100倍　(b) 200倍　(c) 500倍　(d) 1000倍　(e) 1500倍

图 6-30　硼酚醛超薄型钢结构防火涂料膨胀炭层表面显微形貌

图 6-31 为最优配方的防火涂料膨胀炭层断面显微形貌结构。断面膨胀炭层结构与表面膨胀炭层结构相比，炭孔更加致密细小，大小更加均匀。从高倍电镜图片中可以看到，膨胀炭层结构光滑，无机物颗粒较少。这说明最优配方的防火涂料无机物主要还是附着于膨胀炭层表面，膨胀过程中的过渡层和炭化层都较少。

图 6-30 和图 6-31 中的防火涂料膨胀炭层表现出优良的防火性能。随着温度上升，防火涂料中的水合硼酸锌分解出汽化水蒸气、

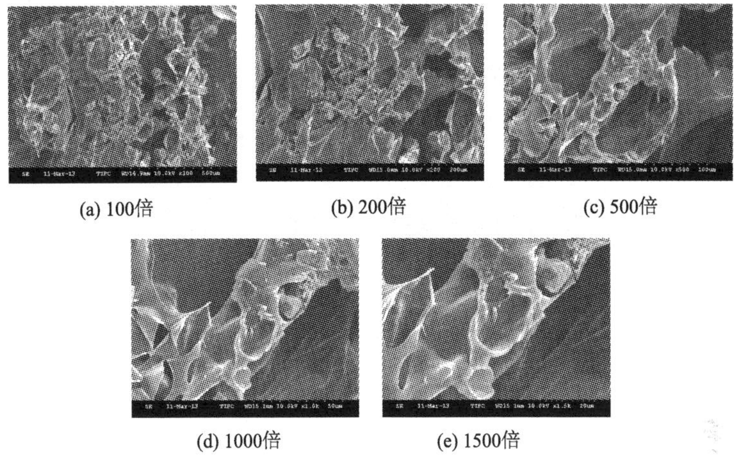

(a) 100倍　(b) 200倍　(c) 500倍

(d) 1000倍　(e) 1500倍

图 6-31　硼酚醛超薄型钢结构防火涂料膨胀炭层断面显微形貌

氧化锌和氧化硼等物质，氧化硼在高温下和涂料中的双酚 F 反应生成部分硼酸酯。有研究表明，硼和烷基酚对酚醛树脂进行改性后可以获得较好的耐热性。

从上面的分析结果表明，硼酚醛超薄型防火涂料的膨胀倍率高，内部炭孔分布均匀，有封闭密实的特点，呈致密网状，炭层表面镶嵌有含锌化合物、氧化硼等无机颗粒增强炭层强度，具有较好的实用意义。

(5) 由图 6-32 可知，最优配方的防火涂料共有三个热失重阶段：第一阶段为 80～280℃，该阶段为防火涂料发挥防火效能的第一阶段，主要是有机溶剂的挥发，发泡剂 AC 等发泡剂的分解及涂料树脂的固化脱水造成的，失重速率最快在 130℃左右，热失重率为 25.48%；第二阶段为 280～530℃左右，该阶段主要是防火涂料发挥防火效能的第二阶段，在该阶段，硼酚醛-环氧树脂与发泡剂 AC 一同发泡，并且伴随着水合硼酸锌与双酚 F 的酯化反应、羰基与醚键的消失等，失重速率最快在 450℃左右，热失重率为 10.37%；第三阶段为 530～800℃左右，在该阶段主要发生了硼酯键等高键能化学键的断裂，失重速率最快在 590℃左右，热失重率

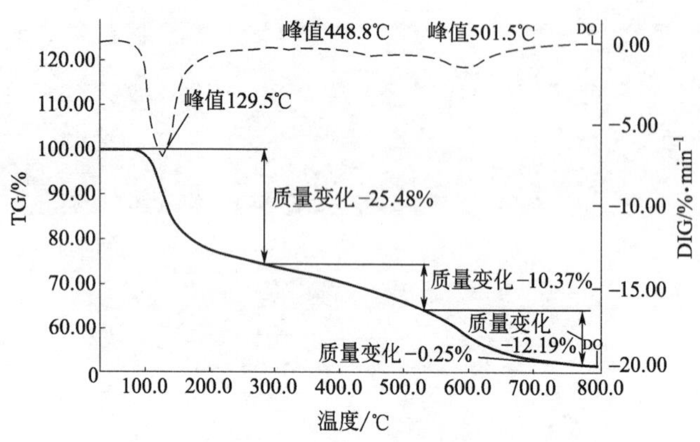

图 6-32　硼酚醛超薄型钢结构防火涂料 TG-DTG 图

为 12.44%。该防火涂料的总热失重率为 48.29%。由基准配发与最优配方的防火涂料 TG/DTG 图分析结果可知，最优配方的总热失重率低于基础配方，热失重阶段也少了一个阶段，且每个阶段的失重速率最快的温度均高于基础配方的热失重速率。这说明最优配方的钢结构防火涂料的热分解性能更稳定，涂料树脂固化更完全，交联生成的大分子相对基础配方而言分子量更大，防火性能更加优异。

表 6-22　防火涂料在 10℃·min⁻¹氮气气氛下不同反应机理的热降解动力学参数

失重阶段	反应级数	相关因子	活化能 E/kJ·mol⁻¹	标准偏差
第一阶段	1	0.991	42.24	0.081
	2	0.914	20.78	0.124
	3	0.831	15.44	0.357
第二阶段	1	0.811	24.36	0.349
	2	0.921	19.45	0.117
	3	0.973	21.37	0.093
第三阶段	1	0.882	30.64	0.231
	2	0.907	22.14	0.105
	3	0.984	35.45	0.089

由表 6-22 可知，不同反应机理的涂料热分解活化能不同。由

相关因子和标准偏差可知热失重的第一阶段为一级反应，第二、三阶段反应均为三级反应。由三阶段反应的活化能可知，$E_1>E_3>E_2$。其中，E_1 为小分子分解吸热，E_2 为硼酚醛-环氧树脂的初步分解、发泡剂 AC 发泡、硼酯键的生成及羰基与醚键的断裂过程，E_3 为完全固化交联后的硼酚醛-环氧树脂大分子的分解过程。

由表 6-22 同样可知，防火涂料在三个阶段的活化能都不大。这很有可能是防火涂料在膨胀成炭的过程中存在放热反应，但每阶段反应仍以吸热反应为主。在上述反应阶段，新化学键键的生成与断裂，大分子树脂的分解及小分子的分解挥发过程都需要吸收热量，对硼酚醛-环氧树脂防火涂料的防火过程起到一定的作用。

硼酚醛超薄型钢结构防火涂料的固化程度较基础配方而言更好，涂料树脂热分解性能更稳定，涂料树脂的交联程度更加优异，涂料树脂在 800℃的残留率为 51.71%。热分析动力学研究结果表明，涂料的热失重第一阶段为一级反应，第二、三阶段反应均为三级反应，且 $E_1>E_3>E_2$。

（6）对不同添加剂组分单体、不同配方的含硼超薄型钢结构防火涂料及不同受热温度的防火涂料进行红外光谱分析。对防火涂料的基础配方、添加 ZB、添加发泡剂 AC、添加双酚 F 后得到的最优配方分别进行傅立叶红外光谱分析，与原材料的谱图作对比，结果见图 6-33。

根据红外光谱图谱和防火涂料的组分组成，可以推断，3300～3500cm^{-1}为酚羟基和—NH 振动吸收峰，3231.42^{-1}为硼羟基的伸缩振动吸收峰，2369.56cm^{-1}和 2263.80cm^{-1}为亚甲基的对称伸缩振动吸收峰和非对称伸缩振动吸收峰，2995.99cm^{-1}和 2948.88cm^{-1}为甲基的对称伸缩振动峰和非对称伸缩振动吸收峰，1637.39cm^{-1}和 1512.69cm^{-1}为芳香族化合物环内碳原子间伸缩振动引起的环的骨架振动特征吸收峰，1467.78cm^{-1}为硼酰胺四元环的特征吸收峰，1384.65cm^{-1}为 B—O 伸缩振动吸收峰，1250cm^{-1}为酚羟基的 C—O 伸缩振动峰，1231.77cm^{-1}为酚羟基 C—O 伸缩振动吸收峰，1193.19cm^{-1}为硼羟基的面内变形振动，1096.86cm^{-1}为醚键 C—O 键的伸缩振动峰，1039.77cm^{-1}为苄羟

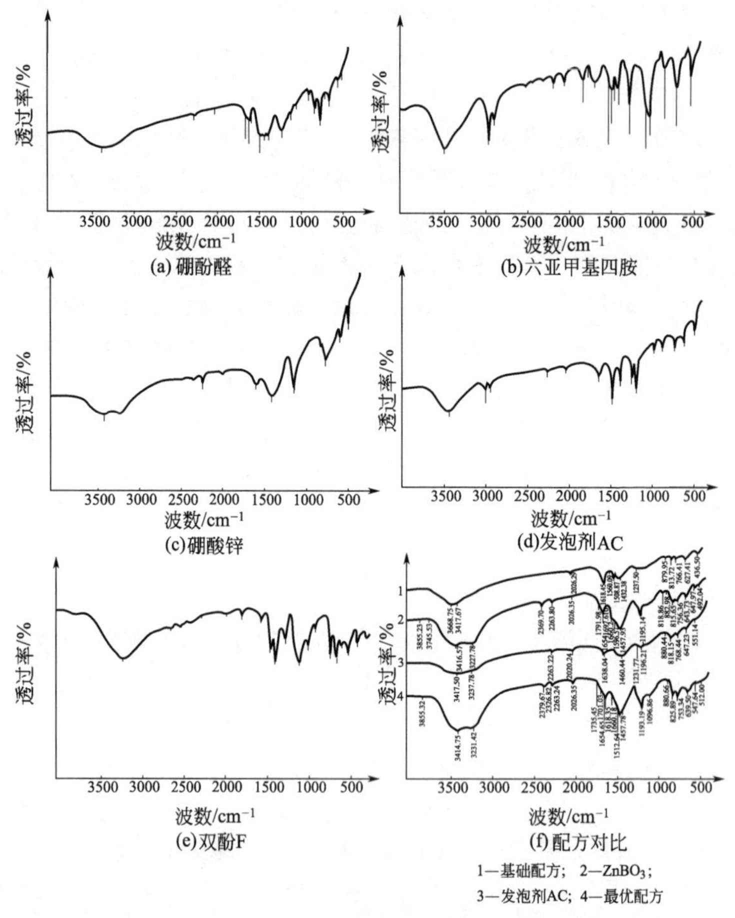

图 6-33 涂料组分与涂料不同配方的红外光谱

基 C—O 键的伸缩振动，825.89cm^{-1}为苯环上的对位二取代峰，758.34cm^{-1}为苯环的 C—H 面外弯曲振动吸收峰。

由图 6-33 可知，随着防火涂料各组分的添加，形成防火涂料配方后，原组分的吸收峰发生了很多变化。六亚甲基四胺的亚甲基的伸缩振动峰 2953.67cm^{-1}和 2871.81cm^{-1}在涂料中完全消失，环氧树脂的特征峰 970cm^{-1}、916cm^{-1}和 773cm^{-1}也基本消失了，硼酚醛的 B—O 键也消失，这说明在固化过程中生成了硼氮配位和硼氧配位结构。一般认为，化合物中未反应的硼酸基团，在一定条件下可以和伯氨基或仲氨基反应形成硼酰胺键，硼酰胺键可以进一步生成二聚体式的硼氮环配位结构。

由结果可以看出，六亚甲基四胺与硼酚醛-环氧树脂和环氧固化剂 651 发生了固化反应，形成了硼氮、硼氮配位结构。该结构进一步提高了防火涂料的耐热性和耐水性等。

对硼酚醛超薄型钢结构防火涂料在室温、150℃、250℃、350℃、450℃、550℃、650℃、750℃和 850℃的表层分别作傅立叶红外光谱分析，结果见图 6-34。

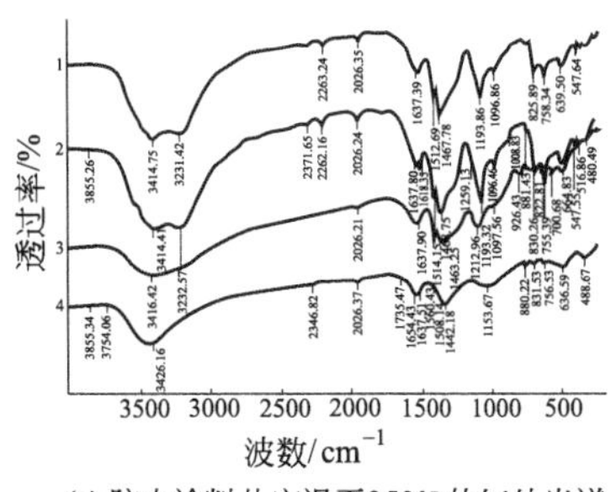

(a) 防火涂料从室温至350℃的红外光谱
1—室温；2—150℃；3—250℃；4—350℃

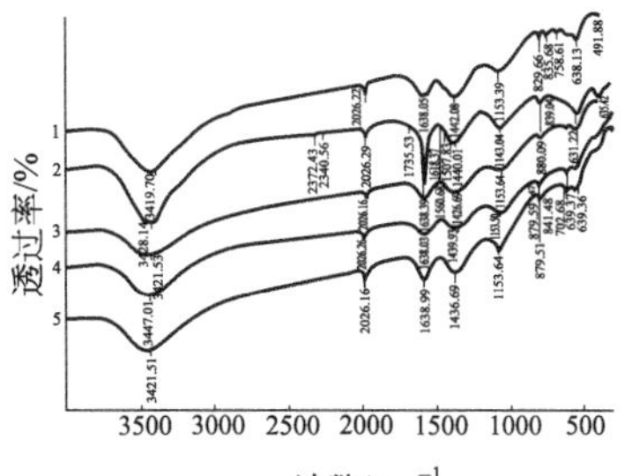

(b) 防火涂料从450～850℃的红外光谱
1—450℃；2—550℃；3—650℃；4—750℃；5—850℃

图 6-34　硼酚醛超薄型钢结构防火涂料 450～850℃的红外光谱

由图 6-34 可知，最优配方的防火涂料随着温度的上升，其红外吸收光谱峰位发生了许多变化。随着温度从室温上升到 350℃，位于 3231.42cm^{-1} 的硼羟基伸缩振动吸收峰逐渐减小并消失，2263.24cm^{-1}的亚甲基吸收峰消失，1250cm^{-1} 的酚羟基 C—O 伸缩振动峰消失，位于 1193.19cm^{-1} 的硼羟基面内变形振动吸收峰逐渐消失，1096.86cm^{-1} 的醚键 C—O 伸缩振动峰消失，250℃出现了 1212.96cm^{-1}的硼氧配位键，350℃出现了 1153.67cm^{-1}的芳香酯 C—O 对称伸缩吸收峰，这说明随着温度的上升，在 150～350℃，防火涂料内部发生了化学变化。硼羟基消失，亚甲基消失，醚键消失，升温过程中出现了硼酸酚酯键，这也同时说明了防火涂料中加入双酚 F 后耐火极限骤然上升的原因。

随着温度的继续上升，当温度升至 450℃之后，可以发现防火涂料膨胀炭层的红外光谱基本稳定，有机分子官能团吸收峰基本消失，引起吸收的仅为 C—C 伸缩振动吸收峰。这说明，该防火涂料的化学反应集中在 150～450℃之间。

结合热重分析与红外光谱分析可知，随温度增加，防火涂料内部首先出现的硼酚醛-环氧树脂体系进一步固化与小分子物质分解和残余水分逸出，随着温度上升到 200～400℃，防火涂料内部出现了硼酯键、硼氮配位键及硼酰胺基团，与此过程中伴随着硼酚醛-环氧树脂的熔融、发泡、膨胀、成炭。之后随着温度的进一步增加，则出现了炭层中部分苯环的断裂与分解。

① 固化反应　随着温度的持续上升，防火涂料内部的固化反应也没有停止。伴随着有机溶剂的挥发，固化剂与硼酚醛-环氧树脂的接触概率变小，接触面积减小，固化速率下降。且低分子聚酰胺是室温固化剂，其对环氧树脂的固化效率并不是太高，在涂料中对环氧树脂的固化率不能达到 100%。由于温度的上升，硼酚醛-环氧树脂中的环氧键打开，形成新的仲胺键、叔胺键及硼氮配位键，使树脂的交联度进一步增大。

② 膨胀炭层的形成过程　防火涂料膨胀炭层在膨胀过程中，随着内部温度的上升，水合硼酸锌中的硼酸分子与双酚 F 形成新的硼酯键，这在红外光谱中可以很明显地发现。而由于硼氧键的高键能，使其在进一步分解过程中吸收了较多的热量。同样，在该段膨胀过程中，还伴随着硼氮配位键与硼酰胺键的形成与分解。在热分解阶段，防火涂料中的羟基、醚键、亚甲基和碳酯键首先分解，形成羰基，最终以二氧化碳的形式逸出。然后是硼酯键、硼氮配位键和硼酰胺键等高键能化学键的分解，在涂料炭层表面以氧化硼的形式保留下来并增强炭层强度，氮元素则以氮气或 NH_3 的形式逸出膨胀炭层。

结果表明，防火涂料在固化过程中生成了硼氧配位和硼氮配位键，在升温过程中，硼羟基消失，亚甲基消失，醚键消失，升温过程中出现了硼酸酚酯键，其主要化学变化集中在 150～450℃。膨胀成炭过程中有固化反应及硼酯键、硼氮键和硼酰胺键的生成与分解，最终在炭层表面有残留的锌及氧化硼等无机物颗粒。

3. 硼酚醛防火涂料总结

选用硼酚醛树脂改性防火涂料，突破了以脱水成炭催化剂（聚磷酸铵 JLS-APP）、成炭剂（季戊四醇 PER）、发泡剂（三聚氰胺 MEL）组成的传统的 P-C-N 阻燃体系，简化了涂料配方组成，有利于改善涂料的成膜性能和防火性能；通过实验研究解决硼酚醛树脂难以常温固化的问题，拓宽硼酚醛树脂的应用领域；研究并分析涂料膨胀发泡炭质层微观结构对防火阻燃性能的影响。这种树脂集发泡、脱水、成炭性能于一身，具有优良的阻燃防火、耐高温、低烟、低毒等特性，突破了传统膨胀型防火涂料必须具备酸源、炭源、气源的局限，避免了在防火涂料中添加大量的阻燃、发泡、成炭添加剂，简化了涂料配方组成，有利于改善涂料的成膜性能和防火性能。该树脂本身具有很好的成膜性能和黏结性能，可独立成膜或代替部分成膜剂，显著提高了涂料的黏结性能和抗老化性能。该树脂具有优良的耐酸、耐碱性能，可提高涂料的防护性能。该树脂热分解温度达 400℃以上，耐温性能远远高于环氧、聚氨酯、醇酸等通用的涂料用树脂，可提高涂料的使用温度。

硼酚醛树脂性能优异、成本低廉、原料丰富，将硼酚醛树脂用于膨胀型饰面型和钢结构型防火涂料，具有很好的应用前景。

6.2.3　硼酚醛树脂塑料

酚醛树脂（PF）及其塑料是最早研制成功并商品化的合成树脂和塑料，具有悠久的发展历史。由于其原料易得，价格低廉，生产工艺及设备简单，且具有优良的耐热性、阻燃性及优异的力学性能、电绝缘性、尺寸稳定性等诸多优点，因此迄今为止在材料界仍占有重要的地位。但是，传统 PF 结构中的缺陷限制了它的广泛使用。如亚甲基连接的刚性芳环的紧密堆砌，致使其脆性大；树脂上的酚羟基和亚甲基容易氧化，耐热性和耐氧化性也变差。所以，纯 PF 已经不能满足航空航天等高科技领域的需求。因此，新型高性能 PF 的合成方法一直是近些年研究的核心内容。为了满足高科技领域的需求，国内外研究人员开发出了一系列高性能 PF，其中将硼原子引入到 PF 主链结构中，合成含有柔顺性好且键能高的 B—O 键的硼酚醛树脂（BPF），这种方法在提高 PF 综合性能方面取得了良好的效果。

朱苗淼等以盐酸为催化剂，利用固相合成法先合成硼酸苯酯，再和 PMF 合成 BPF，最后采用预混法，将 BPF 树脂胶液与短切维纶纤维混合制备了 BPF 模塑料。

表 6-23　水洗前后的硼酚醛树脂模塑料性能表征

pH	马丁耐热温度/℃	冲击强度/kJ·m^{-2}	弯曲强度/MPa
2.5	111	32.25	81.07
6.5	138.5	24.44	101.94

产物在未水洗前 pH＝2.5，水洗后 pH＝6～7。对水洗前后的硼酚醛树脂分别进行观察及性能测试，结果如表 6-23 所示。由表 6-23 可以看出，水洗至中性的硼酚醛树脂其马丁耐热温度提高了 27.5℃，弯曲强度提高了 25.7%，而冲击强度稍有降低，这说明水洗过后树脂的力学性能和耐热性均得到提高。由于硼酚醛树脂合成过程中加入了盐酸作为催化剂，预浸料法制备硼酚醛模塑料过程中，会出现硼酚醛与固化剂在常温下固化的现象，生成的不溶不熔的固化产物在模塑料压制过程中作为缺陷存在，成为内应力的来源，在材料内部的平均应力还没达到它的理论强度以前，缺陷部位的应力首先达到该材料的强度极限值，材料便从那里开始破坏，大大降低了模塑料的力学性能以及马丁耐热温度。

结果表明，制得的 BPF 树脂胶液经水洗至中性后，其 BPF 模塑料的马丁耐热温度提高了 27.5℃，弯曲强度提高了 25.7%，BPF 模塑料的马丁耐热温度高达 165.3℃，冲击强度可达32.35kJ·m^{-2}。

河北大学沈宏康等通过制备硼改性酚醛树脂，制造出了具有防中子辐射、耐高温、而又具有高强度的含硼酚醛塑料。该课题组通过两种方式合成了硼酚醛树脂：①由硼酸和苯酚合成硼酸苯酯，再由合成的硼酸苯酯与多聚甲醛进行缩聚反应，形成含硼酚醛树脂，这种树脂冷却后呈黄色透明固体；②由硼酸和苯酚合成硼酸苯酯，再由合成的硼酸苯酯与多聚甲醛进行缩聚反应，在反应终了，加入无水乙醇稀释树脂即可得到黏稠的树脂液。然后把合成的硼酚醛树脂加入填料（如石棉纤维、玻璃纤维、玻璃布等），捏合均匀后（树脂含量一般在 40%左右），在 120℃左右烘干，在热压机上于 250～300℃下经 $300kg \cdot cm^{-2}$ 的压制，即可得到良好的塑料制品。由于含有硼元素，因此它比普通酚醛制品具有较高的耐热性，极高的硬度以及防中子辐射的作用。在上述条件下制得的成品，如果以石棉纤维为填料，在 300℃下保持 3h，其布氏硬度反而由原来的 40 提高到 60；而一般酚醛制品在同样条件下则已碳化，硬度急剧下降。上述成品如果以玻璃纤维为填料，所得制品的强度和硬度就更为突出。所制备的硼酚醛塑料性能如表 6-24 所示。

表 6-24　硼酚醛耐高温塑料性能

性能＼编号	配方 1 得到的硼酚醛塑料	配方 2 得到的硼酚醛塑料
耐热性/℃	约 400	约 500
中子吸收率(1mm)	36.1%	46.8%
耐寒性(48h 无变化)	−75℃	−75℃
吸水性/$g \cdot dm^{-2}$	0.12	0.04
耐酒精性/%	—	6
耐酸性(HCl)	在浓酸中稳定	在浓酸中破坏，在 10%的 HCl 中 24h 内无变化
耐碱性(NaOH)	在饱和碱中破坏，在 0.1 $mol \cdot L^{-1}$NaOH 中 24h 无变化	在饱和碱中破坏，在 0.1 $mol \cdot L^{-1}$NaOH 中 24h 无变化
相对密度	1.5	1.6
弯曲强度 $kg \cdot cm^{-2}$	45	45
压力强度 $kg \cdot cm^{-2}$	530	530
张力强度 $kg \cdot cm^{-2}$	45	45
表面电阻率	12649×10^{10}	19649×10^{10}
体积电阻率	789×10^{10}	505×10^{10}
击穿电压	120000	120000
外观	光亮、平滑	光亮、平滑

6.2.4 硼酚醛树脂烧蚀材料

烧蚀材料应具备比热容大、热导率小、密度小、烧蚀速率小等特点，通常耐烧蚀材料主要有晶须-陶瓷、纤维-树脂、碳-碳等，而对于树脂基烧蚀材料，树脂基体一般为酚醛树脂、环氧树脂、聚氨酯、有机硅等。在这其中，酚醛树脂具有良好的力学性能、较高的成炭率、较好的耐热性，同时生产成本较低，完全可以满足基本的、较短时间的烧蚀应用，以该树脂为基体的烧蚀材料，烧蚀速率和绝热系数都要优于其他高分子材料。但普通酚醛树脂（钡酚醛和氨酚醛）的残炭率低（55%～64%）。低剪切强度及低残炭率导致固体火箭发动机地面试验中酚醛复合材料喷管部件上经常出现烧蚀坑、沟槽等过度烧蚀和不稳定烧蚀现象，严重限制其应用范围，影响发动机工作的可靠性。同时在空气气氛中，如果普通酚醛树脂一直处于高于150℃的环境下，其高温烧蚀就会发生严重降解，碳化后材料中产生较多的空洞和裂纹，影响烧蚀材料的强度，并且很容易造成大量损耗，从而限制了普通酚醛树脂在苛刻条件下的使用。并且普通酚醛树脂还存在脆性大等缺点。为了提高炭/酚醛材料的烧蚀性能及其可预测性以及发动机工作的可靠性，国内外对酚醛树脂进行了大量改性研究，研制开发高纯硼酚醛、氨酚醛、钼酚醛等高性能改性酚醛树脂。

闫联生等介绍了炭布增强硼酚醛烧蚀材料的制备，研究了工艺对复合材料力学性能和烧蚀性能的影响。结果表明，硼酚醛分子结构中引入了硼元素，酚羟基上的氢原子被硼原子取代，树脂的残炭率和耐热性高于一般酚醛树脂（如钡酚醛），如表6-25所示。

表6-25 平纹炭布增强酚醛复合材料的性能

材料	剪切强度/MPa	弯曲强度/MPa	氧-乙炔质量烧蚀率/$g \cdot s^{-1}$		氧-乙炔线烧蚀率/$mm \cdot s^{-1}$	
			未后固化	后固化	未后固化	后固化
炭/硼酚醛	39.7	420	0.0414	0.0364	0.038	0.029
炭/钡酚醛	22.4	380	0.0465	—	0.027	—

其炭布增强复合材料的抗烧蚀性能也优于炭/钡酚醛材料。硼

酚醛树脂固化物在 900℃ 的残炭率达到 70%，分解峰温度高达 625℃，而钡酚醛树脂相应性能分别仅为 56% 和 594℃，如表 6-26 所示。

表 6-26　酚醛树脂固化物的耐热性

热性能	FB 树脂	钡酚醛树脂
900℃残炭率/%	70	56
开始分解温度/℃	424	428
分解峰温度/℃	625	594

炭/硼酚醛材料的氧-乙炔质量烧蚀率仅为 0.0364g·s^{-1}，比炭/钡酚醛材料低 21%。此外，硼酚醛分子结构中引进了柔性较大的—B—O—键，树脂基体韧性高，使得炭布增强复合材料的力学性能大为提高。平纹炭布增强硼酚醛复合材料的剪切强度高达 39.7MPa，相比炭/酚醛材料提高了 80%。等离子烧蚀试验火焰温度高，燃气为中性，更适合于比较不同炭/酚醛材料的烧蚀性能。硼酚醛的残炭率高、复合材料剪切强度高，试样烧蚀型面规整，烧蚀后试样完整、未分层，而炭/钡酚醛材料烧蚀后试样发生分层。

周瑞涛等探讨了硼酚醛树脂/丁腈胶烧蚀材料体系的烧蚀机理，并详细研究了硼酚醛树脂含量对烧蚀材料烧蚀性能、力学性能和加工性能的影响。结果表明，硼酚醛树脂在高温下会发生分子内的配位反应，产生游离氢离子，对硼酚醛树脂/丁腈胶烧蚀材料有延迟硫化作用，如图 6-35 所示。

硼酚醛树脂对丁腈胶原始胶料的力学性能有两方面的影响，即增加材料的强度，但导致了材料的断裂伸长率降低。如图 6-36 和图 6-37 所示。L 试样由于纤维取向方向与拉伸方向相同，材料中分子的运动受到纤维强烈地限制，伸长率很低，硼酚醛树脂的作用不明显。T 试样在拉伸方向不受纤维限制。因此硼酚醛树脂对材料的变形阻碍作用表现得较为显著，使胶料断裂伸长率下降较大。在选择硼酚醛树脂用量时，应综合权衡其对断裂伸长率和拉伸强度两方面的影响。

硼酚醛树脂由于本身热分解温度高，高温残炭率大，不仅增加

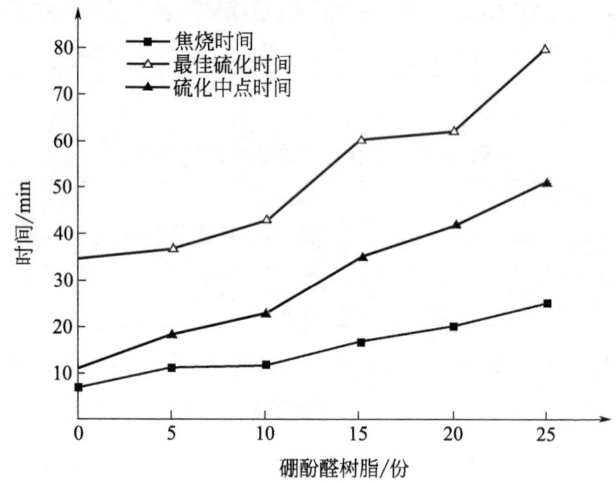

图 6-35　硼酚醛树脂含量对硫化时间的影响

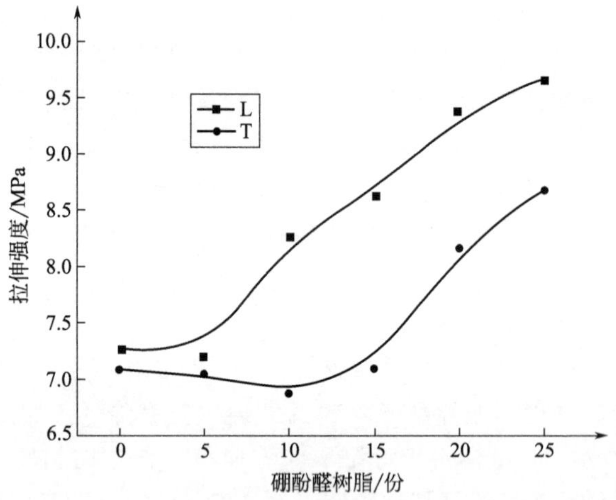

图 6-36　硼酚醛树脂含量对拉伸强度的影响

了烧蚀材料的分解层和炭化层的强度，提高了材料的抗冲蚀性能，而且使材料的线烧蚀率和质量烧蚀率都得到了明显降低。

齐风杰等采用凝胶色谱仪（GPC）和热分析仪（TG）对高残炭普通酚醛树脂和硼酚醛树脂的分子量及其分布、热失重特性进行

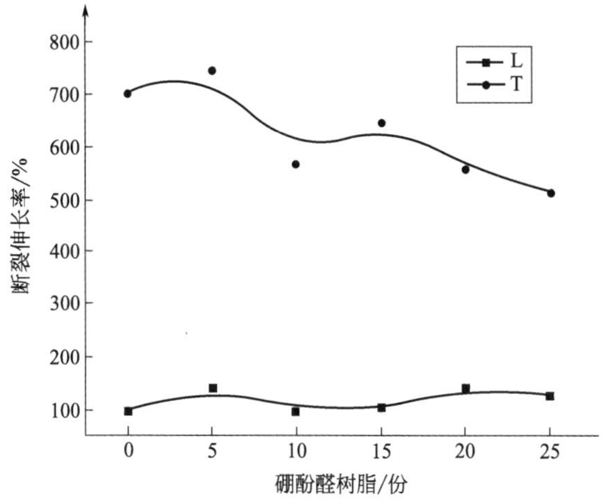

图 6-37　硼酚醛树脂含量对断裂伸长率的影响

了表征和对比。同时对比了以玻璃纤维布为增强体的两种烧蚀材料的力学性能和烧蚀性能。研究结果发现，与高残炭普通酚醛树脂相比，硼酚醛树脂的分子量更小，分布宽度更窄，与增强体的浸润性更好。在 60～400℃，高残炭普通酚醛树脂的残炭率高于硼酚醛树脂，超过 400℃后，硼酚醛树脂残炭率高于高残炭普通酚醛树脂。以玻璃纤维布为增强体的两种烧蚀材料的烧蚀性能都较稳定。不论是弯曲性能、拉伸性能、压缩性能还是剪切强度，硼酚醛树脂都要好于高残炭普通酚醛树脂，而且强度的提高百分数要高于模量的提高百分数。

张俊华等对硼酚醛树脂进行了性能表征，介绍了连续玄武岩纤维平纹布增强硼酚醛树脂复合材料的制备，研究了层压成型工艺对该复合材料力学性能和烧蚀性能的影响。结果表明，当硼酚醛树脂质量分数为 28%、预固化温度为 150℃、固化温度为 180℃、固化压力为 5MPa、固化时间为 15min 时，硼酚醛树脂/连续玄武岩纤维平纹布复合材料的力学性能和烧蚀性能最好。

6.2.5　耐高温材料

北京玻璃钢研究设计院复合材料有限公司通过改性硼酚醛环氧

树脂浸渍高强度玻璃布，在压机中制得层压板复合材料，测试其性能，得到一种耐高温高强度绝缘层压板。其制备过程如图 6-38 所示。

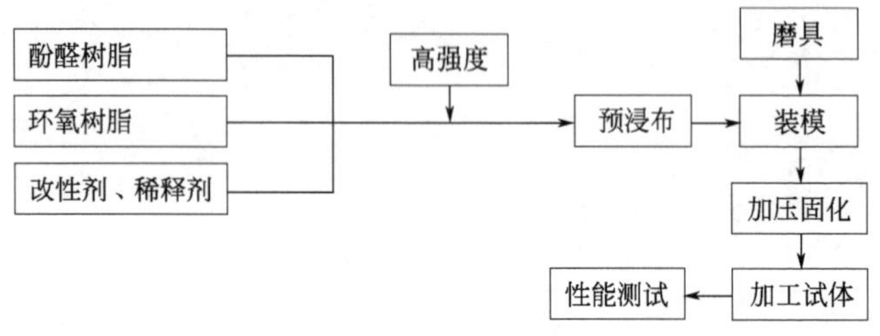

图 6-38　耐高温高强度绝缘层压板制备过程

对酚醛树脂的缺点进行了改性，改变分子链结构，生成键能较高的 B—O 键，从而提高其耐热性能。在此基础上将纳米粒子引入到改性硼酚醛环氧树脂中，可以提高酚醛环氧树脂的综合性能。采用含硅纳米材料改性硼酚醛树脂，以杂原子硅取代酚羟基的氢，这样就能够克服制品开裂、强度下降等不利影响。纳米量级的微粒和有机相之间存在强的相互作用，这种作用包括物理吸附作用和化学交联作用，从而提高了酚醛分子链在加热过程中断裂需要的能量，提高其力学性能和热性能。改性酚醛环氧树脂具有良好的工艺性能，它和高强玻璃布制得的预浸玻璃布在适宜的固化工艺和压制条件下，可制得耐高温、力学电气性能优异的耐高温高强度层压板，其性能指标如表 6-27 所示。

6-27　高强度层压板性能指标

指标强度	实测值	指标强度	实测值
弯曲强度(径向)/MPa	638	介电常数/Hz	4.47×10^{6}
拉伸强度(横向)/MPa	616	介电损耗/Hz	1.3×10^{4}
压缩强度/MPa	488	表面电阻率/Ω	3.7×10^{11}
冲击韧性/$J\cdot cm^{-3}$	24.3	击穿强度/$kV\cdot m^{-1}$	19.2
层间剪切强度/MPa	34.2	密度/$g\cdot cm^{-3}$	1.82
热导率/$W\cdot m^{-1}\cdot K^{-1}$	0.397	马丁耐热温度/℃	288
比热容/$J\cdot kg^{-1}\cdot K^{-1}$	1.16×10^{-3}		

这种复合材料可以作为耐高温电子电气绝缘材料和航空工业以及机械工业中的结构材料使用。

顾澄中等介绍了耐高温硼酚醛树脂的合成方法，合成的硼酚醛树脂的热分解温度高达 438℃，由于硼配位键饱和，树脂形成 B—O—C 螯合结构，吸湿性大为改善，以上述树脂为基体的刹车片的耐高温及耐磨性能卓越。

6.2.6　硼酚醛树脂复合材料

Wang Duan-Chih 等采用原位聚合法制备了硼酚醛树脂（BPF）/蒙脱土（MMT）纳米复合材料。先采用不同的有机改性剂对蒙脱土进行改性，改善蒙脱土的亲和性和扩大层间距；再将改性后的蒙脱土与苯酚、甲醛置于反应瓶中，以氨水为催化剂，按照甲醛水溶液法制备了硼酚醛树脂/蒙脱土纳米复合材料。结果表明，蒙脱土片层已被部分剥离，并且均匀地分散在树脂基体中；硼酚醛树脂/蒙脱土复合材料的热分解温度和 790℃下的残炭率最高可比普通酚醛树脂/蒙脱土复合材料分别高出 57℃和 9.2%；但硼酚醛树脂/蒙脱土复合材料的吸水率要比普通酚醛树脂/蒙脱土复合材料的高，这是由于在合成过程中，存在着未反应的硼或反应不完全的硼所致。他们也采用固相生成法制备了硼酚醛树脂，其吸水率低于甲醛水溶液法合成的硼酚醛树脂。

多壁碳纳米管属于分子规模的石墨碳管，有着许多优异的性能，尤其是热性能、力学性能和导热性等较为突出。刘琳等首先制备了改性多碳纳米管 MWCNTs（m-MWCNTs）：①将 MWCNTs 与硝酸作用，在纳米管的结构中引入羧基；②与 DDM 等试剂在一定条件下反应，在 MWCNTs 的结构中引入苯环，由于 BPF 的主链由苯环和亚甲基组成，所以苯环的引入可以改善 MWCNTs 和 BPF 之间的相容性；③用硼酸在 MWCNTs 的侧壁上引入反应基团，然后以原位聚合法将 m-MWCNTs 引入到 BPF 树脂中，制备了 BPF/m-MWCNTs 纳米复合材料。结果表明，在 m-MWCNTs 中引入的基团都各自起到了有效的作用，促进了 MWCNTs 与 BPF

的相互作用；而且少量的 m-MWCNTs 就可提高固化反应的起始温度，降低峰值温度，降低了固化反应活化能；当 m-MWCNTs 质量分数为 1%时，BPF/m-MWCNTs 纳米复合材料的热分解温度（T_d）和 800℃下的残炭率分别为 470.7℃和 72.2%，比 BPF 的 T_d 高 36.3℃，残炭率则提高了 6.2%。

张克宏以杉木粉为原料、硼酚醛预聚体为前驱体，采用溶胶-凝胶法制备了硼酚醛/杉木粉复合材料。采用红外光谱、X 射线衍射、扫描电镜、热失重等分析方法，研究了该复合材料的结构和相关性能。结果表明，通过 FTIR、XRD、SEM 对复合材料的结构进行检测表明，硼酚醛预聚体渗入到木材的空隙中，木材中羟基与硼酚醛预聚体上的羟基发生了缩合反应，形成了比较稳定的 B—O—C 键，木材纤维素的结晶被破坏，空隙消失；随着木粉量的增加，复合材料中硼醛预聚体与木材反应的程度下降，木粉纤维素结晶被破坏的程度降低；催化剂 NaOH 的使用对于杉木粉/硼酚醛复合材料的结构有影响。热失重分析表明，当复合材料加热到 500℃时失重率约 8%左右，800℃时热失重率也仅约为 32%，与木材相比，复合材料的热稳定性大大提高，可以作为制取碳化硼陶瓷材料的前驱体。相关性能检测表明，杉木粉/硼酚醛复合材料的吸水率远小于木材，尺寸稳定性显著提高，且随着杉木粉比例的增加，杉木粉/硼酚醛复合材料的吸水率增大；而复合材料的无缺口冲击强度与拉伸强度是随着木粉用量的增加呈现先增大后降低的趋势。

6.2.7 其他应用

6.2.7.1 耐磨材料

摩擦材料在其组成中，基体树脂最易受热影响而降解，从而导致整个制品失效。硼酚醛树脂降解时碳化率高，生成的碳化硼呈蜂窝状，有利于热的扩散，故表现出很好的热稳定性，适合摩擦材料对基体树脂的要求。但由于硼酚醛树脂改性过程中增加了交联点，导致材料脆性和硬度增大，加工性能下降。

车剑飞等采用原位生成法，针对硼酚醛树脂的缺点进行了纳米 TiO_2 粒子填充改性，采用纳米 TiO_2 改性硼酚醛为新型树脂基体制备了摩擦材料试样。结果表明：纳米 TiO_2 改性硼酚醛可显著提高酚醛树脂的耐热性，尤其可大幅度提高树脂初始分解温度；纳米 TiO_2 改性硼酚醛比普通酚醛流动性好，纳米粒子的加入能有效削弱高分子链间的极性连接，降低树脂黏度；纳米 TiO_2 改性硼酚醛可提高树脂浇注体的冲击强度；纳米 TiO_2 改性硼酚醛由于减少了摩擦材料工作条件下的热分解产物，有利于提高树脂的使用温度，稳定摩擦系数；同时，其流动性能的改善又改善了界面黏结性能，从而又可提高摩擦材料的磨耗性能和冲击性能。

6.2.7.2　柔性绝热层材料

三元乙丙橡胶（EPDM）因其密度低、热分解温度高、吸热值大而逐渐替代密度较高的丁腈橡胶（NBR），但三元乙丙橡胶极性较低，其与发动机壳体的黏结较困难。将三元乙丙橡胶与丁腈橡胶按照一定配比混匀后可得到低密度、耐烧蚀、耐老化、易粘贴等性能优异、价格低廉的硫化胶料。它是橡胶基柔性绝热层耐烧蚀材料理想的橡胶基体，但必须添加一定量的无机填料和阻燃剂，才能具有更好的力学性能和耐烧蚀性能。白炭黑和硼酚醛树脂是固体火箭发动机内绝热层材料常用的填料阻燃剂之一。硼酚醛树脂在 900℃高温烧蚀时，仍可达到 70%的残炭率，所以具有较高的耐烧蚀效果。赵文胜等通过向 100 份三元乙丙/丁腈橡胶胶料中添加不同质量分数的白炭黑和硼酚醛树脂，分析其用量对柔性材料拉伸强度、断裂伸长率、质量烧蚀率、线烧蚀率和相对密度等性能的影响，寻求白炭黑和硼酚醛树脂各自的最佳用量，以获取高强度、大伸长率、低烧蚀率和低密度的柔性绝热层材料。通过各种测试分析得出，白炭黑和硼酚醛树脂用量增加对三元乙丙/丁腈橡胶都可起到很好的力学增强作用和抗烧蚀效果，但考虑到绝热层材料大断裂伸长率、低烧蚀率和低密度的特点，100 份胶料中白炭黑和硼酚醛树脂的用量最好取为 20 份，如此绝热层材料的烧蚀率较低、断裂伸长率也较低，拉伸强度也最有利。

6.2.7.3 绝缘材料

合肥工业大学化工系吴佩瑜等以环氧树脂为基体，以双酚 A 型硼酚醛树脂作固化剂，配入适当的辅助组分研制了 F 级的浸渍绝缘漆。研制的硼酚醛环氧浸渍绝缘漆，漆液物理性能达到了一般浸渍漆的使用要求，热固化后漆膜的常规物理性能和电性能的各项指标如下。电性能：体积电阻系数常态为 $10^{17}\Omega\cdot Cm$；浸水（室温、30h）为 $10^{5}\Omega\cdot Cm$。击穿强度常态大于 $50kV\cdot mm^{-1}$；浸水（室温 30h）大于 $40kV\cdot mm^{-1}$，都符合浸渍绝缘漆的标准要求，其耐热等级从它的热失重曲线得其温度指数 $T_{zg}=158.2$℃，可见达到 F 级绝缘漆的温度（155℃）要求。

由此认为硼酚醛环氧浸渍绝缘漆可以达到 F 级的耐热绝缘漆的要求，可以作为 F 级绝缘漆，使用该漆工艺简单可行、无毒、原料来源广、成本低、易于工业生产。为 F 级绝缘浸渍漆来源开辟了一条广阔的新途径。

当前的主要绝缘导轨材料 G-9、G-10、G-11 等，基体树脂耐温低，受热易分解炭化，在再次发射之前必须清除膛内碳化物，否则不能进行再发射。针对这些情况，陈强等选用特种耐温硼酚醛(FB)树脂代替普通环氧树脂，再加入四五种其他成分，采用正交优化选择配方，制备胶黏剂，然后和玻璃纤维复合，研制出了圆膛电磁发射器的绝缘导轨。

表 6-28 正交设计后选定的配方

材料	质量份	材料	质量份
FB	100	协同阻燃剂	5
氢氧化铝	35	四溴双酚 A	5
增强剂	10	偶联剂	2

采用正交优化设计出的配方（如表 6-28 所示）使得树脂体系剪切强度、复合材料的氧指数、电性能都最佳。按此配方配成的胶黏剂和玻璃纤维复合，研制成复合板，加工成圆膛直径 2cm、长 1m 的绝缘导轨。其后对绝缘导轨进行全面的性能试验，结果表明，研制的复合材料氧指数达 60%，抗拉强度 367MPa，耐压强度

29.4MV·m^{-1}，抗电痕性在 2.5 级，烧蚀前表面电阻 $10^{12}\Omega$，烧蚀后表面电阻 $10^{5}\Omega$。

6.2.7.4　建筑外墙保温板

随着我国节能减排战略的实施，提出了建筑节能必须达到50%～65%的具体指标，建筑节能已进入强制实施阶段，发展新型墙体保温材料不但前景广阔，而且势在必行。目前我国建筑外墙保温材料以有机保温材料为主，常用的有 EPS、XPS、PU 等。但由于有机保温材料使用过程中易燃，且一旦燃烧会产生有毒有害烟气等，因此存在诸多安全与环境问题。如何提高我国墙体保温材料质量，解决有机保温材料和无机保温材料质量缺陷，得到既满足节能要求又安全环保的墙体保温材料，已成为我国建筑节能工作的当务之急。充分发挥无机保温材料安全防火环保功能，融合有机材料轻质保温性能，制备无机有机复合墙体保温材料，是我国新型建筑节能材料的发展方向之一，有很好的应用前景，社会效益显著。

中国人民武装警察部队学院科研小组以硼酚醛树脂为耐高温、耐烧蚀的胶黏剂，配以轻质无机材料制备了轻质保温板材。硼酚醛复合保温板如图 6-39 所示。

图 6-39　硼酚醛复合防火保温板视图

硼酚醛（PFB）复合防火保温板特性如下。

(1) 主料是一种无机玻璃质矿物材料，经过多级碳化硅电加热管式生产工艺技术加工技术加工而成，呈不规则球状体颗粒，内部多孔孔腔结构，表面玻化封闭，光泽平滑，理化性能稳定，具有轻质、绝热、防火、耐高低温、抗老化、吸水率小等优异特性，可替代粉煤灰漂珠、玻璃微珠、膨胀珍珠岩、聚苯颗粒等诸多传统轻质骨料在不同制品中的应用。因此该骨料是一种环保型高性能新型无机轻质绝热材料。胶黏剂是耐高温、耐烧蚀、耐水，并且一定温度下具有发泡特性的硼酚醛树脂材料。

(2) 板材密度（厚度 5mm）小于 $15kg \cdot m^{-2}$，芯板双面各抹 25mm 厚水泥砂浆的墙板密度小于 $123kg \cdot m^{-2}$。减轻了结构的梁、板、柱、基础的荷载，减少了钢筋、混凝土的使用量。

(3) PFB 复合防火保温板耐火极限大于 2h。骨料为无机矿物质材料和有机胶黏剂，无毒无味，热稳定性能好，具有良好的抗老化和耐候性，与建筑物的寿命相同。

(4) PFB 复合防火保温板是采用轻质无机材料、有机材料经压制而成、有机材料作为胶黏剂，可以使其与轻质材料无缝黏合，从而使得该保温板整体性良好。施工过程中，用水泥砂浆牢牢固定于建筑物表面，构筑成一个整体，因此其抗震抗裂性能优良。

(5) 100mm 厚的 PFB 复合防火保温板，其热阻大于 $0.65m^2 \cdot K \cdot W^{-1}$。作为外墙板使用时，单面抹 25mm 厚保温砂浆，其保温效果可达到国家建筑节能 65％的要求，使其节能保温一步到位。

(6) 100mm 厚的 PFB 复合防火保温板，其隔声系数大于 40db，130mm 厚度保温板，其隔声系数大于 45db，隔声性能明显优于 GRC（轻质隔墙板）板材和石膏等材质的其他墙板。

(7) 干式施工，暗管、暗线、水管线可以随意安装，方便快捷，材料随到随装，不占场地，搬运方便。

(8) 增加使用面积，墙板厚度仅为 100mm，而普通砖墙抹灰后为 250mm，大大增加了使用面积和使用空间。

硼酚醛复合防火保温板性能指标如表 6-29 所示。

表 6-29　硼酚醛复合防火保温板的各性能指标

PFB 复合防火保温板(芯板)技术指标

指标序号	性能名称	单位	技术指标
1	表观密度	$kg \cdot m^{-3}$	≤250
2	抗压强度	kPa	≥400
3	含水率	%	≤2
4	热导率	$W \cdot m^{-1} \cdot K^{-1}$	≤0.06
5	燃烧性能	级	A

建筑物理性能指标(芯板厚度为 50mm,板两面砂浆层未做饰面处理)

序号	性能	指标值	备注
1	热阻 $m^2 \cdot K \cdot W^{-1}$	≥0.65	厚 100mm 板
2	隔声系数/dB	≥40	厚 100mm 板
		≥45	厚 130mm 板
3	抗冻性/次	≥25	无剥落、开裂、起层等现象
4	耐火极限/h	≥2.0	厚 100mm 板

轴向载荷允许值

长度(芯板公称长度)/m	2.4	3.6
两面各抹 25mm 厚水泥砂浆层/$kN \cdot m^{-2}$	74.4	65.5
备注	水泥砂浆强度等级不应低于 M10	

横向载荷允许值

长度(芯板公称长度)/m	2.4
两面各抹 25mm 厚水泥砂浆层/$kN \cdot m^{-2}$	≥2.54
备注	水泥砂浆强度等级不应低于 M20

不同厚度墙板单位面积质量参考指标

墙板厚度/mm	构造	参考指标/$kg \cdot m^{-2}$
100	板两面各抹 25mm 厚水泥砂浆	≤120
110	板两面各抹 30mm 厚水泥砂浆	≤130
130	板两面各抹 25mm 厚水泥砂浆,再各 15mm 厚粉刷石膏或轻质砂浆	≤140
备注	水泥砂浆配比为 1∶3	

轴向载荷允许值

长度(芯板公称长度)/m	2.4	3.6
两面各抹 25mm 厚水泥砂浆层/$kN \cdot m^{-2}$	74.4	65.5
备注	水泥砂浆强度等级不应低于 M10	

横向载荷允许值

长度(芯板公称长度)/M	2.4

续表

横向载荷允许值		
两面各抹 25mm 厚水泥砂浆层 kN•/m^{-2}	≥2.54	
备注	水泥砂浆强度等级不应低于 M20	
不同厚度墙板单位面积质量参考指标		
墙板厚度/mm	构造	参考指标/kg•m^{-2}
100	板两面各抹 25mm 厚水泥砂浆	≤120
110	板两面各抹 30mm 厚水泥砂浆	≤130
130	板两面各抹 25mm 厚水泥砂浆,再各 15mm 厚粉刷石膏或轻质砂浆	≤140
备注	水泥砂浆配比为 1∶3	

硼酚醛复合防火保温板（芯板）的生产流程如图 6-40 所示。

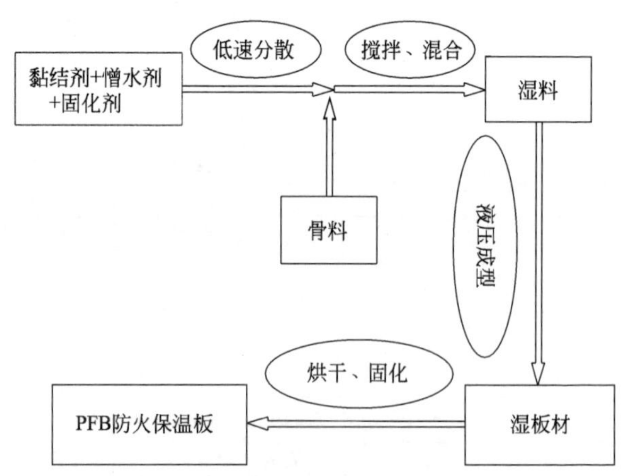

图 6-39　硼酚醛复合保温板的生产流程

硼酚醛防火保温板符合国家行业政策，是受重点支持和亟待发展的高科技节能环保产品。市场前景广阔，需求稳步增长，并具备出口创汇的潜力。科技含量高，产品综合性能好，是优质高性能的环保节能材料，有很好的社会效益和经济效益，前景十分广阔。

参考文献

[1] 王丁，程斌，刘峰，江民涛，黄朝．有机硅改性酚醛环氧树脂耐高温胶黏剂的研

制，中国黏结剂，2007，16，3，23-27.

[2] 屠宛蓉，梁万成，刘志奇．双酚 A 型硼酚醛树脂作为砂轮黏结剂的研究．河北大学学报：自然科学版，1983，1，43-48.

[3] 李国新，梁国正．$MoSi_2$ 改性硼酚醛树脂/环氧树脂的耐烧蚀胶黏剂研究．中国黏结剂，2007，16，19-22.

[4] 齐新，翟红，杨丹，李瑞生，王忠诚．现代涂料与涂装．硼酚醛树脂在涂料中的应用，2004，3，5-8.

[5] 刘学彬，毕文军，蒋洪敏，张佳樑，王重．硼酚醛 F 环氧树脂涂料的研制．沈阳化工大学学报，2014，28（1），57-64.

[6] 刘玲．硼酚醛树脂在饰面型防火涂料中的应用研究［D］．廊坊：中国人民武装警察部队学院，2009.

[7] 郑自武．硼酚醛改性环氧树脂无溶剂饰面防火涂料的研制［D］．廊坊：中国人民武装警察部队学院，2010.

[8] 马文婷．填料对硼酚醛防火涂料性能的影响研究［D］．廊坊：中国人民武装警察部队学院，2012.

[9] Hans van de Weijgert MSc. Protecting structural steel. Fire Safety engineering，2001，8：16-19.

[10] Williamson R B，Mowrer F，Iding R H. A Fire Resistant Materials. Fire Resistance Determination and Performance Prediction Reasearch Needs Workshop. Proceedings，2002，9：19-20.

[11] Ron Smith. Apllied Science：how fire protive coatings should be appllied to structural steelwork. Fire prevention Journal and Fire Engineering，2002，10：40-42.

[12] Isle Firestop Ltd. Composition for fire-protection coating. 欧洲专利：1136529 Al，2001-09-26.

[13] Samuel Gottfried，Riverdate. Fire and heat protection wrap for structural steel columns，beams and open joists. 美国专利：6074714，2000-06-13.

[14] Wolf-Dieter Pirig，Euskirchen，Volker Thewes，Monheim. Flame-retardant coating. 美国专利：6251961 B1，2001-06-26.

[15] Chance & Hunt Limited，Ferro Limited. Flame-retardant intumescent coating. 英国专利：2377223 A，2002-03-22.

[16] Fosroc Internat Ltd.，Crous Willem Johnnes. Smart Roderick Macdonmald. Fire retardant coating. 世界专利：0196074，2001-12-20.

[17] 赵宗治．我国钢结构防火涂料发展回眸与展望．消防技术与产品信息，1999，(12)：10-14.

[18] 苏小明．含硼超薄型钢结构防火涂料的研制［D］．廊坊：中国人民武装警察部队

学院，2013.

[19] 季宝华．膨胀型钢结构防火涂料的阻燃机理．消防技术与产品信息，2007.

[20] 欧育湘．阻燃剂．北京：国防工业出版社，2009.

[21] Olcesd T Pagella C Vitreous fillered in Intumescent Coatings. In Organic Coatings, 1999，(36)：231-241.

[22] 许乾慰，方润，王国建，刘琳．膨胀型防火涂料炭化层结构评价体系研究．建筑材料学报，2006.

[23] 唐路林，李乃宁，吴培熙．高性能酚醛树脂及其应用技术．北京：化学工业出版社，2007.

[24] 屠婉蓉，魏守义．甲醛水溶液法合成双酚 A 型硼酚醛树脂．塑料工业，1981，4：16.

[25] 翟丁，高俊刚，田庆，蒋超杰．苯酚型硼氮配位酚醛树脂的热性能与热降解动力学．河北大学学报，2008，5，282-286.

[26] Gao J G，Xia L Y. Structure of a boron-containing bisphena-l F formaldehyde resin and kinetics of its thermal degradation. Polymer Degradation and Stability，2004，83：71-77.

[27] Gao J G，Su X H，Xia Y. Synthesis and structure characterization of boron-nitrogen containing phenol formaldehyde resin. Inter J Polym Mater，2005，54：949-961.

[28] 王虹，秦梅，周玉祥．胶黏剂合成、配方设计与配方实例．北京：化学工业出版社，2004.

[29] Ma Hengyi，Genshuan Wei，Yiqun Liu，Xiaohong Zhang，Jianming Gao，Fan Huang，Banghui Tan，Zhihai Song，Jinliang Qiao. Effect of elastomeric nanoparticles on properties of phenolic resin. Polymer，2005，46 (23)：10568-10573.

[30] 赵小玲，齐暑华，杨辉，张剑．酚醛树脂的高性能化改性研究新进展．塑料科技，2003，158 (6)：50-54.

[31] 朱苗淼，王汝敏，向薇．硼酚醛树脂的合成及其模塑料的表征．塑料工业，2011，39 (8)：26-29.

[32] 闫联生，姚冬梅，杨学军．硼酚醛烧蚀材料的研究．固体火箭技术，2000，23：59-73.

[33] 周瑞涛，郑元锁，孙黎黎，高国新，刘艺，巩红光．硼酚醛树脂/丁腈橡胶烧蚀材料性能研究．固体火箭技术，2007，3：159-162.

[34] 张俊华，李锦文，李传校，齐风杰，张清辉，魏化震．连续玄武岩纤维平纹布增强硼酚醛树脂复合材料研究．工程塑料应用，2008，36：17-19.

[35] 王鸿，杨方庆．改性双马来酰亚胺树脂/高强玻璃布复合材料的研究．复合材料的现状与发展——第十一届全国复合材料学术会议文集，2000.

[36] 詹英荣．玻璃钢复合材料原材料性能与应用．北京：中国国际广播出版社，1995.

[37] 顾澄中．耐高温刹车片基体树脂双酚 F 硼酚醛的研究．复合材料学报，1991，8 (4)：37-43.

[38] Wang Duan Chi，Geng-Wen Chang，Yun Chen. Preparation and thermal stability of boron-containing phenolic resin/clay nanocomposites. Polymer Degradation and Stability，2008，93 (1)：125-133.

[39] Liu Lin，Ziping Ye. Effects of modified multi-walled carbon nanotubes on the curing behavior and thermal stability of boron phenolic resin. Polymer Degradation and Stability，2009，94 (11)：1972-1978.

[40] 张克宏．硼酚醛/杉木粉复合材料的制备与性能．材料科学与工程学报，2011，29 (4)：531-534.

[41] 陈强，刘志刚．正交优化设计法在研制耐温、阻燃、绝缘导轨中的应用．精细化工，1998，3 (15)：45-47.

第7章 硼酚醛使用中的安全环保与回收处理技术

硼酚醛树脂具体的毒性与安全数据尚无文献报道，但我们可以参考普通酚醛树脂相关的理化性能与安全数据。

(1) 标识和物性　由苯酚及其同系物与醛缩合而成的树脂状物质的总称。通常是指苯酚或甲酚与甲醛的缩合产物，它有热塑性和热固性两种。热塑性酚醛树脂常温下很稳定，易储存，耐热性和机械强度较高。热固性酚醛树脂不如热塑性的稳定，但它的电性能、耐水性和化学稳定性优良，可供一些特种要求的制品使用。

(2) 燃烧爆炸危险性　难燃，离火自熄，燃烧热 13.47kJ·g^{-1}，发烟起始温度 392℃。燃烧产生的毒性气体主要是苯酚、CO 和 CO_2。

(3) 毒性及健康危害　酚醛树脂是以酚和甲醛为主的醛类缩合物，在缩合过程中有甲醛和酚的接触，在成品压制过程中除上述两种毒物和粉尘外，还可分解出其他有害气体。加热至 540℃时可产生一氧化碳、醛、二氧化碳和氨等。浓度提高时可引起一氧化碳中毒。长期接触酚醛树脂，可引起头痛、食欲减退、皮炎和支气管炎。除对症治疗外，平时注意防护，生产厂所应有防尘设备和抽出式通风装置等。

(4) 包装及储运　储存于阴凉、通风仓库内，远离火种，热源。防止阳光直射，包装必须密封。应与氧化剂、酸类分开存放。储存间内的照明、通风等设施应采用防爆型，开关设在仓外。配备相应品种和数量的消防器材。搬运时轻装轻卸，防止包装及容器损坏。

与普通酚醛树脂相比，硼酚醛树脂本身成炭性好，有很好的阻燃性，燃烧爆炸危险性、毒性及健康危害都较小。但当其作为塑料、胶黏剂、涂料原料应用时，为了满足特定的物理化学特性，尚须加入各种辅助组分，其中包括固化剂、稀释剂、增韧剂、填料、偶联剂等。因此，在其使用过程中化学成分复杂，存在着各种危险因素。本章结合硼酚醛树脂使用中的毒性和火灾危险性进行阐述，为了适应当前的环保要求，对硼酚醛树脂的环境影响及回收处理知识进行了介绍。

7.1　毒性和火灾危险性基本知识

(1) 毒性　毒性是一种物质对机体造成损害的能力。毒性较高的物质，只要相对较小的数量，则可对机体造成一定的损害；而毒性较低的物质，需要较多的数量，才呈现毒性。物质毒性的高低仅具有相对意义。在一定意义上，只要达到一定数量，任何物质对机体都具有毒性；在一般情况下，如果低于一定数量，任何物质都不具备毒性；关键是此种物质与机体接触的量。除物质与机体接触的数量外，还与物质本身的理化性质以及其与机体接触的途径有关。

(2) 致死量　致死量即可以造成机体死亡的剂量。但在一群体中，死亡个体数目的多少有很大程度的差别，所需的剂量也不一致，因此，致死量又具有下列不同概念：①绝对致死量（LD100）是指能造成一群体全部死亡的最低剂量；②半数致死量（LD50）是指能引起一群个体 50%死亡所需剂量，也称致死中量。LD50 的单位为 $mg \cdot kg^{-1}$，LD50 数值越小，表示外来化合物毒性越强；反之，LD50 数值越大，则毒性越低。

(3) 吸收　外来化合物经过各种途径透过机体的生物膜进入血液的过程。主要途径包括胃肠道吸收、呼吸道吸收和皮肤吸收。胃肠道是外来化合物最主要的吸收途径。许多外来化合物可随同食物或饮水进入消化道并在胃肠道中吸收。一般外来化合物在胃肠道中的吸收过程，主要是通过简单扩散，仅有极少种类外来化合物的吸收是通过吸收营养素和内源性化合物的专用主动转运系统。肺是呼吸道中主要吸收器官，肺泡上皮细胞层极薄，而且血管丰富，所以气体、挥发性液体的蒸气和细小的气溶胶在肺部吸收迅速完全。吸收最快的是气体、小颗粒气溶胶和脂水分配系数较高的物质。经肺吸收的外来化合物与经胃肠道吸收者不同，前者不随同静脉血流进入肝脏，未经肝脏中的生物转化过程，即直接进入体循环并分布全身。外来化合物经皮肤吸收，一般可分为两个阶段，第一阶段是外来化合物透过皮肤表皮，即角质层的过程，为穿透阶段。第二阶段即由角质层进入乳头层和真皮，并被吸收进入血液，为吸收阶段。

(4) 急性毒性作用　急性毒性是指机体（人或实验动物）一次（或 24h 内多次）接触外来化合物之后所引起的中毒效应，甚至引起死亡。急性毒性可以初步估计该化合物对人类毒害的危险性。急性毒性的大小，通常以受试化合物对一种或几种实验动物的致死剂量（通常以 LD50 为主要参数）来表述，致死剂量越小毒性越大；中毒症状是了解该化合物急性毒性的另一重要环节，是补充 LD50 这个参数不足的重要方面。详细观察动物的中毒症状、发生和发展过程及规律，死亡前症状特点、死亡时间等，这有助于揭示化合物甚至同类化合物的不同衍生物的急性毒性特征。

(5) 亚慢性毒性作用　亚慢性毒性是指实验动物连续多日接触较大剂量的外来化合物所出现的中毒效应。所谓较大剂量，是指小于急性 LD50 的剂量。亚慢性毒性主要是给出亚慢性毒性的阈剂量或阈浓度和在亚慢性试验期间未观察到毒效应的剂量水平，且为慢性试验寻找接触剂量及观察指标。

(6) 慢性毒性作用　慢性毒性是指以低剂量外来化合物长期给予实验动物接触，观察其对实验动物所产生的毒性效应。其试验目的是确定外来化合物的毒性下限，即长期接触该化合物可以引起机体危害的阈剂量和无作用剂量。为进行该化合物的危险性评价与制定人接触该化合物的安全限量标准提供毒理学依据，如最高容许浓度和每日容许摄入量等。

(7) 燃烧的三要素　燃烧的三要素包括可燃物、助燃物和热能源。燃烧的三要素是可燃物引燃、燃烧和发生火灾的必要条件。

①闪点和燃点　能够产生闪燃的最低温度称为闪点，能够维持

液体稳定燃烧的最低温度称为燃点。闪点和燃点与液体的引燃性密切相关，闪点和燃点越低越易引燃，闪点和燃点在一定程度上表明了液体的火灾危险性，因此，它是反应液体火灾危险性的一项重要指标。

②自燃温度　如果可燃液体（或其局部）的温度达到燃点，但没有接触外界明火源，就不会着火。若继续对它加热，使其温度上升到一定程度后，即使不接触明火，它也能自发着火燃烧。可燃液体在没有火源作用下，靠外界加热引起的着火现象，称为自燃着火。发生自燃着火的最低温度称为自燃点或自发着火点。自燃温度越低，火灾危险性越大。

7.2　毒性防护与应急处理

在一定条件下外来化学物质以较小剂量即可引起机体的功能或器质性损害，甚至危及生命，此种化学物质称为毒物（toxicant）。机体受毒物的作用引起一定程度损害而出现的疾病状态称中毒（poisoning）。劳动者在生产过程中由于接触毒物发生的中毒称为职业中毒（occupational poisoning）。生产性毒物的来源可有多种形式，同一毒物在不同行业或生产环节中又各有差异，可来自于原料、中间产品（中间体）、辅助原料、成品、夹杂物、副产品或废物。在生产环境中的毒物可以固体、液体、气体或气溶胶（烟、雾、尘）的形式存在。了解生产性毒物的来源及其存在形态，对于分析及制定相应防护策略均有重要意义。硼酚醛生产和使用过程，在每一个环节中，工人均可接触不同类型的化学毒物。

职业中毒的预防应采取综合治理的措施。由于其病因的根源来自职业环境中的生产性毒物，故必须从根本上消除、控制或尽可能减少毒物对职工的侵害。在预防上，遵循“三级预防”原则。防毒措施的具体方法有很多，但就其作用可分为以下几个方面。

（1）根除毒物　从生产工艺流程中消除有毒物质，可用无毒或低毒物质代替有毒或高毒物质，例如，用苯作为溶剂或稀释剂的胶黏剂，将苯改用二甲苯等。但此种替代物不能影响产品质量，目前还不能完全做到。

(2) 降低毒物浓度　减少人体接触毒物水平，以保证不对接触者产生明显健康危害是预防职业中毒的关键。其中心环节是要使环境空气中毒物浓度降到低于最高容许浓度。因此，要严格控制毒物逸散到作业场所空气中的机会，避免操作人员直接接触逸出的毒物，防止其扩散，并需经净化后排出。

(3) 个体防护　个体防护在预防职业中毒中虽不是根本性的措施，但在有些情况下，例如在狭小船舱中、锅炉内电焊，维修、清洗化学反应釜等，个体防护是重要辅助措施。个体防护用品包括防护帽、防护眼镜、防护面罩、防护服、呼吸防护器、皮肤防护用品等。选择个人防护用品应注意其防护特性和效能。在使用时，应对使用者加以培训；平时经常保持良好的维护，才能很好地发挥效用。

在有毒物质作业场所，还应设置必要的卫生设施，如盥洗设备、淋浴室及更衣室和个人专用衣箱。对能经皮肤吸收或局部作用危害大的毒物还应配备皮肤洗消和冲洗眼的设施。

(4) 工艺、建筑布局　生产工序的布局不仅要满足生产上的需要，而且应符合卫生上的要求。有毒物逸散的作业区域之间应区分隔离，以免产生叠加影响；在符合工艺设计的前提下，从毒性、浓度和接触人群等几方面考虑，应呈梯度分布。有害物质发生源，应布置在下风侧。对容易积存或被吸附的毒物如汞，或能发生有毒粉尘飞扬的厂房，建筑物结构表面应符合卫生要求，防止沾积尘毒及二次飞扬。

(5) 安全卫生管理　管理制度不全、规章制度执行不严、设备维修不及时及违章操作等常是造成职业中毒的主要原因。因此，采取相应的管理措施来消除可能引发职业中毒的危险因素具有重要作用。所以应做好管理部门和作业者职业卫生知识宣传教育，提高双方对防毒工作的认识和重视，共同自觉执行有关的职业安全卫生法规。

（6）职业卫生服务　健全的职业卫生服务在预防职业中毒中极为重要，除上面已提及的外，应定期或不定期监测作业场所空气中毒物浓度。对接触有毒物质的职工技术人员，实施上岗前和定期体格检查，排除职业禁忌证，发现早期的健康损害，以便及时处理。

此外，对接触毒物的人员，合理实施有毒作业保健待遇制度，适当开展体育锻炼以增强体质，提高机体抵抗力。

7.3　火灾的预防

可燃物、助燃物和热能源是燃烧的三要素，燃烧的三要素是可燃物引燃、燃烧和发生火灾的必要条件。因此，火灾的预防从根本上讲就是控制可燃物、助燃物和热能源（引火源）。为了预防工业企业火灾爆炸事故的发生，限制工业企业火灾爆炸事故的蔓延扩大，减少人员伤亡和财产损失，工业企业的火灾预防必须从工业企业的设计、火源控制、消防安全管理等方面深入研究，采取相应的有效预防措施。

7.3.1　工业企业消防安全设计

工业企业消防安全设计，是企业消防安全的重要保障。消防安全设计可以有效地控制易燃和可燃材料，保障材料的安全数量和安全距离。因此，可以防止或减少火灾的发生，并且为紧急情况下的抢险救援提供必要条件，也使险情的局域化控制成为可能。因此，做好企业的消防安全设计是做好企业防火防爆工作的基础。

工业企业消防安全设计主要包括区域规划、工厂总体布置、生产设备的安全设计和布置、固定灭火装置等，这部分内容请读者参阅相关专著和相应标准以及技术规范要求。

7.3.2　点火源的控制

点火源是燃烧三要素之一，为了防止火灾发生，点火源是企业控制和管理的重点对象。点火源的控制不但涉及机电等设备的设计、选择和使用，还与生产过程中原料的选择、工人的操作等密切相关。

引起工业企业火灾或爆炸事故的点火源，可分为四种类型：化学点火源、电气点火源、高温点火源、冲击点火源。化学点火源包含明火和自燃发热，电气点火源包含电火花和静电火花，高温点火源包含高温表面和热辐射，冲击点火源包含冲击与摩擦和绝热压缩。

控制明火成为点火源的有效措施是隔离。自燃发热点火源的控制措施主要有与热源进行可靠隔离、破坏反应发生的条件和防止热量蓄积。电火花点火源的控制应根据火灾危险等级采用具有相应防爆性能的电力机械和设备，以避免产生电火花；根据使用环境选用相应的电气配线，并且要及时检测线路和设备的绝缘性能，防止因设备线路老化而产生火花；在有火灾爆炸危险的场所，所有的金属外箱、框架、防护装置、机壳、导线管都要进行可靠接地，其接地电阻应由计算确定。静电火花点火源的控制可以采取减少不必要的摩擦、接触，接地，添加导电填料，添加抗静电剂，增加空气湿度等措施。控制高温表面的措施通常是绝热、冷却降温或保证可燃物与高温管道及高温物体间有足够的间距等隔热措施。热辐射点火源的控制应采取隔离、遮挡、通风和冷却降温等方法实施保护，且不宜将之置放于容易接受热辐射作用的场所。冲击与摩擦点火源的控制措施有：在易燃易爆危险场所，使用镀青铜、铝青铜制成的防爆工具操作；在设备运转操作中尽量避免不必要的摩擦和撞击，可能发生撞击的两部分应采用不同的金属制成；不能使用有色金属制造的某些设备中应采用惰性气体保护或真空操作；对于轴承、滑轮、联轴器、制动器、切削机械等运转部位，要加强保养，按时润滑和清洁，在允许的条件下，降低机械运转速度，以减小摩擦；在粉碎机、混合机、搅拌机入口前设置磁铁分离器和振动筛，防止混入金属异物和石块；紧固设备，防止零部件松动落入设备中；在搬运盛有可燃气体或易燃流体的金属容器时，不要抛掷拖拉，防止互相撞击摩擦产生火花或使容器爆裂造成事故。不允许穿带钉子的鞋进入有燃烧爆炸危险的生产区域，特别危险的部位，地面应采用不能产生火花的地面。绝热压缩点火源的控制是尽量避免或控制可能出现绝热压缩的操作，例如在启闭压缩机的排水阀、放出塔槽中的排出物以及抽出成品时开关动作要缓慢；限制气流在管道中的流速以防止绝热压缩造成异常升温。

7.3.3　消防安全管理

消防安全设计是保证安全生产的根本，点火源的控制有效切断了引燃途径。但生产过程是由生产者完成的，人的行为对消防安全起着至关重要的作用。安全事故统计表明，生产过程中造成事故的主要原因是人的不安全行为和物的不安全状态，它们的背景是管理上的缺陷。因此加强消防安全管理是消防安全的又一重要保障。各级领导和广大职工都要牢固树立“安全第一，预防为主”的指导思想，把安全工作放在一切工作的首位来考虑。

消防安全管理主要是认真执行国家有关安全生产的方针、政策、法律、法规和标准。我国目前实施的安全法规和防火标准非常多，例如：《中华人民共和国消防法》《化学危险品安全管理条例》《消防安全标准》《石油化工企业设计防火规范》《建筑设计防火规范》等。这些法规和标准有强制作用，各单位、各部门必须认真执行。企业还要根据本单位的具体情况，制定出企业的综合消防管理制度，并对广大职工进行安全教育。

7.3.3.1　消防管理制度

消防管理制度是消防管理有序进行的重要保证，通过消防制度的建立，使企业的消防工作层层分解，达到处处有人管、事事有人负责，形成专管成线、群管成网的格局。企业的消防管理制度主要包括以下几方面的主要内容。

(1) 厂区防火制度　制度的基本内容包括：禁止吸烟和燃放烟花爆竹，以及不经批准不得擅自动火作业；未经批准不得堆放其他物品，不得搭建临时建筑；消防车通道不得堵塞；保持厂区整洁等。

(2) 防火宣传教育制度　制度的基本内容包括：新员工入厂必须要进行厂、车间和班组的三级消防安全教育，对临时工、外包工、院实习生必须进行消防教育后才可入厂和上岗，对重点工种要进行专门的消防训练等。

(3) 防火检查和火险隐患整改制度　制度的基本内容包括企业领导季度查或月查、车间周查、班组日查的逐级防火检查制；规定检查的内容、依据、标准和如何进行季节、节假日、专业性的防火检查；明确专业职能部门检查时，被查单位应派人参加，并主动提供情况和资料，检查结果应有记录的要求；规定查出的重大隐患、一般隐患或不安全因素，要定隐患性质、定解决措施、定责任人和整改的期限；明确能整改的隐患要立即整改，班组能整改的不上交车间，车间能整改的不上交企业，企业解决不了的要上报主管部门，重大火险隐患整改后，要报请消防部门验收。

(4) 建立防火管理制度　制度的基本内容包括企业的消防规划、消防设施的设计要求和新建、扩建、改建的建筑工程，施工前报公安消防机关审核，工程竣工后报请公安消防机关进行验收；搭建易燃建筑的限制要求，如特别需要也必须经领导同意，报公安消防机关审核，并规定使用期限等。

(5) 用火用电防火制度　制度的基本内容包括确定用火管理范围；划分用火作业级别及其动火审批权限和手续；规定在禁烟禁火的范围不办理动火手续，不得擅自进行明火作业；有着火、爆炸危险的设备，动火前应采取安全措施；吸烟和用火地点的防火要求；电动机、变压器、配电设备、电气线路和电热器具等电器设备的安装、使用的防火要求等。

(6) 易燃易爆危险品防火制度　制度的基本内容包括：易燃易爆危险品的范围，物品储存的具体防火要求，领取物品的手续，使用物品单位和岗位，定人、定点、定容器、定量的要求和防火措施，使用点的明显醒目的防火标志等。

(7) 消防设施和器材的管理制度　制度的基本内容包括消防设施和器材不得挪用、不得损坏，消防栓不得圈占和埋压，消防设施应定期试验和检查维修，消防器材的配置标准、配置的电、管理人员，失效的器材应及时更换等。

(8) 火灾事故处理制度　制度的基本内容包括没有查清起火原因不放过，责任者没有受到处理和群众没有受到教育不放过，没有防范和改进措施不放过的“三不放过”原则。在消防安全责任人的领导下，由消防部门组织有关部门和人员追查火灾原因，对责任者提出处理意见，提出防范或改进的安全措施等。

(9) 外包工综合管理制度　制度的基本内容包括基建部门对外包工队的审核、录用方法、录用条件（持有承包工程许可证和施工营业执照、施工队的综合说明）；安全施工管理体制；施工队进企业施工的登记手续，填写施工队登记表一式五份，并报保安、安技、消防部门，从保卫部门领取施工人员临时出入证件；施工前和施工过程中的安全教育；施工队实用易燃易爆危险品的安全保管制度；施工动火制度；电、气焊和电工等特殊工种人员的持证上岗制度；施工队的施工面积、范围、搭建工棚的要求；施工期间违反规定或发生火灾事故的处罚措施等。

(10) 防火承包责任制　防火承包责任制是加强消防监督管理的一项重要改革，是新形势下做好消防工作的一项重要措施。通过实行防火承包，可以极大地增强广大消防干警的事业心和责任感，能充分调动企业各单位的积极性和主动性，提高防火工作效率。因此，各企业都要切合实际地实行防火承包责任制。

实行防火承包责任制，可根据企业各单位的总产值、固定资产、三年火灾损失的平均数，人口多少、消防实力情况、取暖期长短等六个方面为主要依据，分配承包指标数。将全年的火灾指标基数定为 100%，将六个方面的因素进行分解，确定承包指标数。总之，要根据本企业各单位的实际情况而定。

(11) 消防工作奖惩制度　制度的基本内容包括对消防工作中有突出成绩的单位和个人的表彰、奖励，规定奖惩条件和标准；明确实行表彰和奖励的部门，表彰、奖励的程序；规定违反消防安全管理规定应受惩罚的各种情况及具体处罚等。

7.3.3.2　消防安全教育

消防安全教育是安全管理的一项内容，是保证消防安全的重要手段。它是以人为对象，研究和认识生产、生活中不安全因素，以教育理论为指导，以必要的防火安全技术、法规、制度的研究成果和防火安全教育实践经验为基础，并吸收教育学、心理学的基本原则和方法，去解释消防安全的规律性，预防火灾事故的发生。

帮助单位防火负责人、安全管理人员建立合理的知识结构；随时调整单位消防安全教育体系的层次，增强各级各类人员的消防意识和帮助他们掌握防火防爆的基本技术措施及火灾扑救方法；提高人们对消防安全规律的认识，以达到提高本单位预防火灾、抵御火灾的整体功能。

消防安全教育的内容是相当广泛的，不可能每个人都像消防安全工程专业的人员一样，面面俱到，要根据企业作业情况的不同而有所侧重，企业消防安全教育的主要内容，应包括以下几个方面。

（1）消防工作的方针和政策教育　企业的消防安全工作，是随着企业的经济建设和工业化制度的发展而发展的。“预防为主，防消结合”的消防工作方针以及各项消防安全工作的具体政策，是保障社会生产和公民生命财产安全的重要措施。所以，进行消防安全教育，首先应当进行消防工作的方针和政策的教育，以帮助员工从思想上、理论上认清做好消防工作对促进社会主义经济建设的重要性；增强关心人、保护人的责任感，树立牢固的群众观点；认识社会主义制度下搞好消防的重大政治意义。在进行消防方针、政策教育时，要联系各种只顾生产不重视安全的错误言行，加以纠正，以奠定员工思想基础。这是调动广大员工群众积极性、做好企业消防安全工作的前提。

（2）消防安全法规、劳动纪律教育　消防安全法规包括消防条例、规程、规定、规章制度等，是人人应该遵守的准则。通过消防安全法规教育，可以增强法制观念，使广大员工群众懂得哪些应该做，应该怎样做；哪些不能做，为什么不能做，做了又有什么危害和后果等，以增强责任感和自觉性，从而保证各项消防法规的正确执行。

劳动纪律是劳动者进行劳动时必须共同遵守的行为规则，只有严格执行劳动纪律，树立法制观念，安全生产才会有保证。

对员工进行遵纪守法教育，是提高企业管理水平，合理组织劳动力，不断提高生产率的重要条件，是贯彻消防工作方针，减少或消灭火灾爆炸事故，保障安全生产的必要措施。

（3）消防安全知识教育　消防安全知识教育包括一般性的消防常识教育，如发生火灾的条件，燃烧和爆炸的基本知识，危险品的特性及储存、运输、使用等环节的防火知识，用电、用火的防火知识，发生火灾的条件，常用消防器材的使用方法，火灾报警，初期火灾的扑救，如何逃生自救及本岗位的不安全因素的消除和预防。还包括专业性消防技术知识教育，及对特殊（重点）工种操作时保证消防安全所需要的消防技术知识，如从事锅炉、压力容器、电气设备、焊接、油漆等作业所需要的专门的消防安全技术知识。这种知识是生产技术知识的组成部分，所以应结合生产技术知识的教育来进行。

（4）消防安全技能教育　消防安全技能教育主要是对作业人员而言的。在一个企业，要达到生产作业的消防安全，作业人员不仅要获得消防安全基础知识，而且还应掌握防火、灭火的基本技能。如果消防安全教育只是使受教育者拥有消防安全知识，那实际上还不能完全防止火灾事故的发生，只有作业人员在实践中灵活地运用所掌握的消防安全知识，并且具有熟练的操作能力，才能体现消防安全教育的效果。要实现从“知道”到“会做”的过程，这就需要借助于技能教育，它包括正常作业的消防安全技能教育和异常情况的处理技能教育。这种教育主要应该在实际操作中去进行，因为掌握安全操作技能，从本质上说，就是多次重复同样的符合要求的动作在人的生理上形成条件反射的结果。

（5）火灾案例教育　人们对火灾危害的认识往往需从火灾事故的教训中得到，而要提高人们的消防安全意识和防火警惕性，火灾案例教育则是一种最具说服力的方法。因此，企业在消防安全教育中要认真总结各车间、部门、班组及个人在生产实践中所创造的防火防爆好经验，同时也要认真总结在生产过程中所发生的火灾、爆炸事故，分析其原因，吸取其教训。用活生生的惨痛案例来宣传教育群众，这是很直观的并有说服力的形象教育。通过对火灾案例的宣传教育，可从反面提高人们对防火工作的认识，从中吸取教训，总结经验，采取措施，做好消防安全工作。

7.4 硼酚醛树脂环境危害与回收处理技术

7.4.1 掩埋或焚烧的环境危害

硼酚醛塑料是热固性塑料的一种，热固性塑料分子链间通过大量的交联分子键形成独特的三度交联网状结构，这种结构决定了其不能再熔融，在溶剂中也不能溶解的特性。因此，热固性塑料以其特有的高强度和耐高温等优良特性而得到广泛的应用，但是也正是由于这种特有的高度交联的网状结构，热固性塑料不能像热塑性塑料那样容易熔融再生，实现资源的回收利用。

当今人们往往会采用掩埋或焚烧的方法对废弃的热固性塑料进行粗暴处理，给社会和环境带来了严重的问题。

(1) 空气污染　构成塑料的主要元素是C和H，用焚烧法处理废旧塑料制品，会释放大量的CO_2气体，加剧“温室效应”。此外塑料中含有其他元素，如S、N、Cl、P、F等，在焚烧的过程中会产生NO_x、SO_x、氯乙烯、苯乙烯、甲醛、二噁英等有害气体，对空气质量造成严重污染，威胁到人类的身体健康。

(2) 土壤环境污染　塑料废弃物如果不进行回收而直接填埋，需要数十年甚至上百年才能自然降解，部分塑料废弃物可能需要长达数百年，在此期间，一些用于改善塑料性能的化学添加剂会逐步渗漏出来，如重金属离子和一些有毒物质会逐渐渗透，影响地下水质和土壤。此外，废旧塑料填埋在土壤中，会影响植物根系的发育和生长。

(3) 水环境污染　塑料制品在陆地上降解需要一两百年的时间，而在水环境中，由于水的冷却作用，降解时间会延长至三四百年。在北太平洋的中部海域，被分解的塑料颗粒与浮游生物的质量比已经达到 6∶1，这些浮游生物经常会把这些塑料颗粒误当成鱼卵吃下去。据研究表明，这些降解的颗粒可以吸附有毒的化学物质，这些有毒的化学物质会通过食物链最终来到人类的餐桌上。

(4) 资源的浪费　塑料的原料主要来源于石油，而石油是不可再生资源。废旧塑料制品的简单填埋、焚烧处理或者是直接废弃，从根本上说是浪费了大量的石油。废旧塑料制品通过再资源化被利用，可以节约大量的石油资源。

7.4.2　废旧热固性塑料再资源化研究现状

随着环保意识的增强、全球资源面临枯竭的压力以及可持续发展的要求，近年来，国内外在废旧热固性塑料的回收再资源化方面已取得很大的进展。再资源化技术主要有：物理回收法，主要是机械粉碎和碾磨，其粉碎产物主要是充当填料；化学回收法，主要是油化回收和单体回收；能量回收法，主要是燃烧和燃料化技术。

(1) 物理回收法　物理回收，也叫机械回收，该方法是采用机械设备对废旧热固性塑料进行破碎、团粒以及造粒等，粉碎的颗粒或粉末充当制备新的热固性塑料复合材料的填充料，或者直接填充到热塑性塑料中，提高材料的某些力学性能，如断裂伸长率、模量或冲击强度等，实现对废旧热固性塑料的回收再利用。整个回收过程中，热固性塑料的化学结构和化学性质基本没有发生改变。物理回收设备成本低，技术工艺比较成熟，操作简单，是目前废旧热固性塑料最主要的回收方法。

热固性酚醛塑料也常常用物理法进行回收。首先是用锤磨机将废旧酚醛塑料粉碎成粒径约为 6.35mm 的小粒子，再用球磨机或滚压机进一步超细粉碎，得到粒径更加细小的粉末。将 50%玻璃纤维增强的酚醛树脂粉碎成 76～200μm 的超细粉末，并以质量分数 4%～12%重新添加到玻璃纤维增强酚醛树脂中，测量其模压件的力学性能，结果表明：加入回收的酚醛树脂粉末后，模压件的力学性能并没有降低，而且填充粉末的粒径越小，其填充效果越好。将质量分数 10%的回收粉末填充至 40%玻璃纤维增强酚醛树脂中注射成型，测试其力学性能，发现其拉伸强度和弯曲强度并没有较明显的降低，而弯曲疲劳强度不但没有降低，反而还略有提高。

（2）化学回收法　化学回收法是指采用化学方法促使废旧热固性塑料的树脂基体降解成低分子化合物，如小分子碳氢化合物或燃料如焦炭等，同时将其中的纤维填料分离出去的方法。化学回收法分为化学分解和热分解两种。化学分解法又分为水解和醇解等，主要用于回收单体；而热分解是在高温下，使热固性塑料发生裂解，从而得到可用作燃料或者化工原料的油品和气体的方法，主要分为封闭状态下的热分解法和氢气环境下的热分解法等。

从理论上来说，化学回收法回收得到的单体或者化工原料又可合成得到新的塑料产品，实现较为理想的循环使用。但目前化学回收的实际应用还远比不上物理回收，即使在发达国家，化学回收的比例也不大，原因并不仅仅是化学回收在技术和工艺上不成熟。事实上某些化学回收的技术和工艺已经很成熟，在实际生产上也有较大规模的应用，但是其设备、工艺路线复杂，造价昂贵，以及有些技术需要高能耗等，造成回收成本的居高不下，从而限制了其实际应用。

Palerma 采用化学分解方法回收酚醛树脂增强塑料，在 300℃和 2MPa 的条件下，将酚醛树脂增强塑料粉末与苯酚混合反应，废料中的酚醛树脂将会发生降解。当反应结束，过量的苯酚受热挥发掉后，由降解的树脂和玻璃纤维、矿物质填充料等组成的产物表现出可塑性，在其中加入六亚甲基四胺会固化成型。将降解的树脂从纤维和填料中分离出来后再次填充到原材料中制备新的酚醛树脂。

（3）能量回收法　废旧塑料的能量回收是将它在焚烧炉中焚烧时释放的热能进行有效利用以达到回收的目的。通过热交换器，将燃烧热的热能转化成温水，或通过锅炉转化成蒸气来发电和供热从而加以利用。

废旧塑料能量回收的关键技术主要有两个，一是焚烧技术，二是废气的处理。前者是因为塑料较高的燃烧值以及废旧塑料种类的不同，所以，对焚烧炉的结构设计有一定的要求；后者由于环境的要求，对排出的废气要求无公害，所以必须进行处理。

7.4.3　热固性塑料的机械物理法再生

现有的物理、化学能量回收工艺虽然可以极大地改善废旧热固性塑料的回收再利用现状，但还存在一些问题：物理回收法回收效率不高，在新产品中废旧热固性塑料所占的比例较小，且回收的价值较低，不宜用于制作高档次的制品；化学回收法对反应所需的设备要求极高，成本昂贵，工艺极其复杂，不同塑料的回收工艺相差很大，在工业生产中的可行性较低；对于能量回收法，由于其热量利用率相对较低，在焚烧过程中除能源损失较严重外，还容易造成二次污染。针对这些问题，现在的研究趋势转向了热固性塑料的机械物理法再生研究。

7.4.3.1　机械物理法的理论基础

机械物理法的基本原理是利用机械能来诱发化学反应，使材料的组织、结构和性能发生变化，机械力化学是机械物理法的理论基础。机械物理法回收废旧热固性塑料的实质是在强烈而持久的机械力和摩擦热的共同作用下，使热固性塑料发生有效的机械力化学效应，打断其交联键，破坏其高度交联的分子结构，从而使热固性塑料发生降解，恢复一定的塑性，进而再次塑性成型。

7.4.3.2　机械物理法降解再生的基本规律

(1) 分子链断裂发生在热固性塑料受力变形应力集中的位置，即发生在机械力粉碎过程中多次形变增长的裂纹深处及强烈机械力作用下的裂解面上。在各种机械力作用形式下，为了使热固性塑料能够发生有效的降解，必须保证单位体积的热固性塑料在单位时间内受到强烈的机械力作用，获得足够大的机械能。

(2) 分子链最弱的位置最容易发生化学键的断裂，如长链的中间位置。此外键的键能和类型也影响到分子链断裂位置和降解速率，可以根据化学键键能的大小定性判断分子链的断裂点。通过对酚醛塑料实验研究表明，机械力集中作用在分子链内，当吸收能量超过苯环和亚甲基 CH_2 连接的 C—C 键的键能 347.3kJ·mol^{-1}时，分子链断裂。

(3) 如果完全靠机械力使分子链断裂，输入能量比 C—C 键能高几千倍，所以机械力效率较低，但是机械力摩擦生成热能作用增强了机械力作用效果。

(4) 粉碎及再生过程中，不同机械设备对材料施加的机械力作用方式及大小有很大差异，因此热固性塑料粉碎及再生效果取决于机械力作用方式、工艺方法、工艺参数及所采用的机械设备等外部条件。

7.4.3.3　机械物理法回收废旧热固性塑料工艺分析

机械物理法是利用强烈持久的各种机械力的复合作用，机械能量的累积，宏观上使材料的物理性质和形态发生变化，生成新表面，颗粒粒度减小，比表面积增大，随着颗粒的细化从脆性破坏转变成塑性变形。热固性塑料在高速粉碎过程中，在多种强烈的机械力（研磨、压缩、冲击、剪切、延伸等）的综合作用下，一方面由于内应力分布不均匀或者冲击能量集中在个别链段上，产生临界应力使得化学键断裂，另一方面，机械力产生的热能促使分子结构中键能较弱的化学键发生断裂，因此，热固性酚醛树脂的分子结构趋于非体型化，交联密度降低，活性及塑化性能增加，材料降解。机械力作用形式有：基于高压和剪切变形机理的固态高速剪切粉碎；基于剪切、环向和挤压应力多种机械力作用形式的磨盘型研磨粉碎；基于碰撞变形、破裂的高能球磨粉碎；其他机械力作用形式有振动磨和气流粉碎等方式。根据机械物理法的特点、热固性塑料的物化结构的研究，利用机械物理法回收废旧热固性塑料就是通过机械力和摩擦热的共同作用使得热固性塑料交联键发生断裂，从而发生降解，恢复一定的可塑性。因此，机械力作用使热固性塑料降解是机械物理法回收废旧热固性塑料的基本理论依据。

7.4.3.4　机械物理法回收热固性塑料的工艺流程及工艺参数

机械物理法回收热固性塑料的工艺流程如图 7-1 所示。

随着粉碎的进行，物料粉末颗粒进一步细化，随着颗粒间距和粒径的减小，颗粒之间由于相互作用力增大而团聚。最终机械力与颗粒间作用力相互平衡，粉末粒径不再减小或减小缓慢。

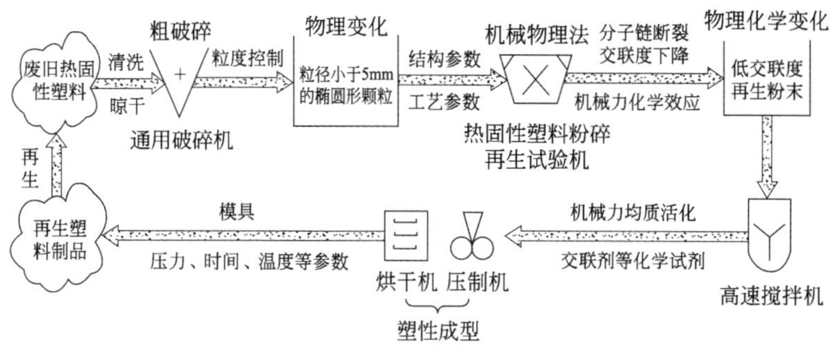

图 7-1　基于机械物理法的热固性塑料闭环回收示意图

影响热固性塑料机械力粉碎后的物化性质（粒度和粒度分布、形状、表面形态、分子链断裂、分子结构等）变化的工艺参数主要有旋转刀盘转速、粉碎时间、入料量、入料粒径等。

（1）刀盘转速的影响　在腔体内，高速旋转的动刀盘和静刀盘之间会产生相对速度很高的气流，形成强烈的流场，处于流场中的颗粒会受到彼此之间强烈的撞击作用。刀盘转速越高，气流流速越大，颗粒间相对速度就越大，颗粒间相互撞击的作用力也就越大，颗粒撞击变形以致粉碎的效果就越明显。同时，转速的提高，也使得颗粒间撞击的频率大大提高，当颗粒间相互撞击强度达到疲劳极限后，高频的空间无规则撞击会促使机械能的大量累积，导致颗粒内部产生缺陷（裂纹、空隙等），扩展并最终产生断裂。

（2）粉碎时间的影响　粉碎时间是影响颗粒粉碎效果的又一重要因素。随着粉碎时间的延长，机械力作用的时间延长，颗粒与颗粒、颗粒与刀盘、颗粒与粉碎腔内壁之间的碰撞次数都会相应提高，机械能会大量积累，最终达到物料的疲劳极限，导致断裂。

（3）入料量和入料粒径的影响　入料量的增多，同样会提高颗粒间相互撞击的频率，同时也有利于机械能和摩擦热的累积。入料粒径减小，物料颗粒数目越多，颗粒之间相互撞击的频率会提高，同样也会提高粉碎效果。随着粉碎的继续，粉碎会进入一个平衡状态，工艺参数的影响会逐渐降低。

机械物理法成本低，工艺简单，效率高，回收产物的价值高，对环境的污染很小，是热固性塑料回收再利用较为理想的方法。

7.4.3.5　机械物理法力化学降解机理

热固性酚醛树脂在多种强烈的机械力综合作用下，一方面由于内应力分布不均或者能量集中在个别链段上，产生临界应力造成化学键断裂；另一方面，机械力持续作用产生的摩擦热能促使酚醛树脂分子结构中键能较弱的化学键发生断裂，因此，其高度交联的体型结构趋于非体型化，交联密度降低，产生更加有效的机械力化学反应，热固性酚醛树脂发生降解，其活性和塑化性能增加，从而实现回收再生。

热固性酚醛树脂在持续的机械力作用下发生了降解，其高度交联的网状体型结构遭到破坏，主要表现在亚甲基桥（$\cdot CH_2\cdot$）的断裂和甲基（CH_3）的生成。

机械力作用机理如图 7-2 所示。

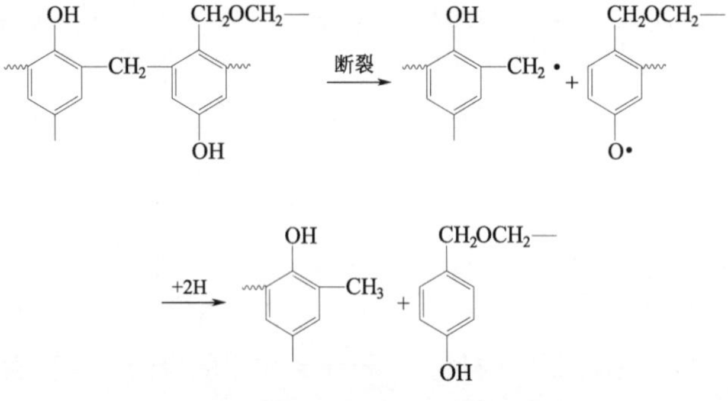

图 7-2　酚醛树脂交联键断裂示意图

酚醛树脂降解过程如下：

① 分子链被机械应力切断，末端产生活性原子基团$\leftarrow CH_2 \rightarrow$；

② 这些端部原子基团活性非常大，能够从邻近分子内获得 H，生成稳定的端部原子基团（$—CH_3$）和内部原子基团；

③ 反复循环，分子链不断断裂，交联度降低，微细裂纹产生，

最终降解。

硼酚醛塑料广泛应用于航空、汽车和电子工业等领域中。废旧硼酚醛塑料主要包括：① 生产和使用过程中产生的边角料、废品、残次品、下脚料、实验料、混合料等；② 报废的汽车、家电和电子产品中的酚醛树脂等。废旧硼酚醛塑料机械物理法再生可以生产优质的防火阻燃材料，有很好的应用前景。

参考文献

[1] 赵敏．涂料毒性与安全使用手册．北京：化学工业出版社，2004.
[2] 赵敏．胶黏剂毒性与安全使用手册．北京：化学工业出版社，2004.
[3] 胡健．基于机械物理法的热固性酚醛树脂回收工艺及试验研究［D］．合肥：合肥工业大学，2012.
[4] 陈功．回收热固性酚醛树脂研究［D］．长沙：湖南大学，2012.

第8章　其他国家和地区硼酚醛树脂的合成和应用

本章综合了美国、巴西、西班牙、韩国、中国等国家近10年来在硼改性酚醛树脂的合成和应用领域的研究进展。为研究硼酚醛树脂的专家了解其他国家和地区硼酚醛树脂的合成工艺、分子结构的表征方法、性能的表征方法和在功能材料领域的应用提供帮助。

8.1　硼酚醛树脂的合成方法

本节对比了美国专家Mohamed O. Abdalla在2003年的硼酚醛树脂的合成方法和巴西专家Aparecida M. Kawamoto在2010年的硼酚醛树脂合成方法。两种方法使用的反应物和合成工艺完全不同，所合成出来的硼酚醛树脂也各有特点。

8.1.1　美国专家的硼酚醛树脂合成方法

商业三苯基硼酸酯（TPB）是从美国TCI公司获得的。甲醛水溶液（37%，质量分数）、氢氧化钠以及多聚甲醛是从飞世尔科技公司获得的。使用了两种方法合成硼改性酚醛树脂。

1. 方法Ⅰ TPB与PF之间进行化学反应

TPB（3.01g，0.01mol）被放入25mL三颈圆底烧瓶中。酯在温度为60～70℃之间时熔化，把多聚甲醛（2.33g，0.03mol）加入熔化的酯中。升温速率是每分钟1～2℃，一直加热到130℃。在温度达到130℃时，一种黄色的固体生成了。在温度为120℃和90℃时再重复此化学反应，使用的反应物多少与之前大概相似。在之后的这些反应中，高度黏稠的黄色物体在冷却时凝固。所有实验获得物都是可溶于二甲基亚砜的，在氯仿中的溶解度是可调的，溶解度的调整取决于实验的温度。为了进行 NMR 分析，在 130℃的温度下制备的 30.0mg 的树脂样品放在 2.0mL 的氯仿中，静置过夜。所得混合物被慢慢加热 10min，温度控制在氯仿的沸点以下，直到三分之一固体溶解。通过倾倒的方法把液体和固体分开。为了制备 120℃和 90℃时的 NMR 树脂样品，把 30.0mg 的树脂样品放入 2.0mL 的氯仿中，样品被慢慢加热 10min，直到一半固体被溶解。固体用充满玻璃绒的巴斯德吸管过滤分出。

尽管苯基硼酸酯有很强的热稳定性，但它们对湿度极其敏感使得它们很难合成。因此，在这篇文章中，我们使用商业 TPB 和多聚甲醛反应生成 BPR。在之前的工作中，Hirohata 和他的同事们让 TPB 和多聚甲醛在 150℃时反应进而树脂化，然后先在 80℃的温度下让树脂硬化 24h 后在 100℃的温度下让树脂硬化 24h。

在 130℃的温度下，商业 TPB 和多聚甲醛反应生成黄色固体。因为我们的重点是液体 BPR 的合成，所以 TPB 和多聚甲醛的反应温度限制被降低到 120℃和 90℃，所得物用溶液 NMR 表征来测定它们的化学结构是否与 130℃时反应结果一致。所获得的树脂的物理状态随限制了的反应温度而变化。在 120℃的时候，在室温状态下固化，获得了一种非常黏稠的物质。在 90℃的时候获得的树脂是黏稠度最低的，在室温状态下放置数小时才固化。120℃和 90℃时获得的树脂当再加热时都会熔化，这显示出这些树脂有加工应用的希望。它们一旦合成出来就可以立即被加工或者当它们固化后如果需要使用还可以加热。

一个在可使用的加工温度下流动的硼改性酚醛树脂，是通过 TPB 和多聚甲醛之间的反应制备的。制备的树脂的物理特点依赖于限制的树脂化温度 130℃、120℃和 90℃。130℃的树脂在限制反应温度下固化，然而黏稠的 120℃和 90℃树脂放在室温下才固化。固化的树脂（120℃和 90℃）再加热后又熔化，这表明这些树脂有被加工应用的希望。

2. 方法Ⅱ酚醛树脂和硼酸发生化学反应生成树脂

(1) 酚醛树脂　甲醛水溶液（37%）（87.78g，2.92mol）被放入250mL的三颈圆底烧瓶中，烧瓶带有磁性搅拌器，在烧瓶中加入苯酚（84.87g，0.90mol）。氢氧化钠（0.35g，0.009mol）作为催化剂被加入到正在发生化学反应的烧瓶中。烧瓶的反应温度由插入到反应溶剂中的温度计监控。反应温度维持在70℃，维持时间是1h。反应所得物允许冷却到40～45℃，30mL的水在真空状态下被蒸发。

(2) 酚醛树脂/硼酸反应　总共获得酚醛树脂（66.04g），大概其中的一半放入一个100mL的三颈圆底烧瓶中，烧瓶自带搅拌器。在烧瓶中添加硼酸（7.23g，0.012mol），反应温度维持在102～110℃，时间是40min。冷却时，一种固体从黏稠的物体中沉淀了出来。混合物中的固体和液体用一个烧结玻璃漏斗通过抽吸过滤的方法分开。用红外光谱法分析沉淀物。

8.1.2 巴西专家的硼酚醛树脂合成方法

含硼苯酚-甲醛树脂（硼酚醛树脂）是一种改性酚醛树脂。它通过在酚醛树脂的主骨架中引入硼而制得。硼酚醛树脂具有良好的耐热性、力学性能、电性能和中子辐射的吸光度。有一些论文描述硼酚醛树脂的合成和应用。这种树脂通常是由甲醛方法合成的，其中苯酚硼酸盐由苯酚和硼酸合成，之后和聚甲醛反应。另一种流行的方法是使用福尔马林，它存在于苯酚与甲醛的反应中，以形成醇，然后接着与硼酸反应。

(1) 原材料　溶剂硼酸和2-羟基苄醇购自Aldrich、Fluka或Merck公司，根据它们所需的纯度、价格和可用性进行选择。丁二醇、二氯甲烷和表氯醇在使用前经过蒸馏纯化。

(2) 合成过程　硼酸和2-羟基苄醇以1∶2的比例溶解于甲苯中，并放置在一个配有搅拌器、温度计、冷凝器和迪安-斯达克系统的四颈圆底烧瓶，并在回流下搅拌4h。在此期间，在迪安-斯达克装置收集的水的总量是按照计算出的量，并且醇的总消耗量可以在TLC板进行观察。然后，将溶剂蒸发，得到的高黏度的琥珀色产物的产率是 89.4%。

该反应在带热控制油浴的迪安-斯达克系统中进行，并且通过监测在反应过程中被释放的水量和薄层色谱监测反应的进行。

(3) 结果和讨论　据文献报道，水杨醇与硼酸的初始缩合产物主要由苯酚硼酸盐和一些水杨醇硼酸组成，如图 8-1 所示。

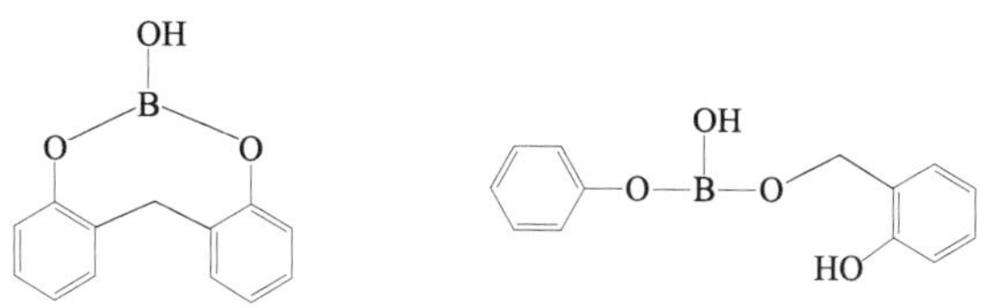

图 8-1　水杨醇与硼酸反应的缩合产物

在本文中，合成采用的是福尔马林法，这存在于水杨醇（苯酚和甲醛的反应）的最初形成，随后与硼酸反应。然而，苯酚与甲醛的反应中产生的几种化合物的混合物，如图 8-2 所示。

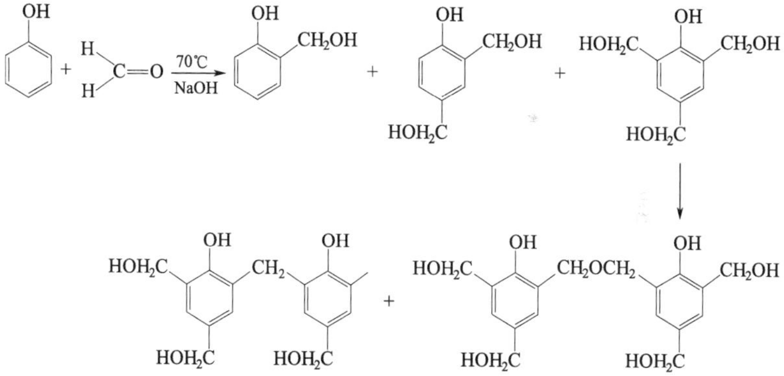

图 8-2　水杨醇的合成方法

这种混合物是难以分离的，对在后续反应中得到所需的单体造成问题。

Hirohata 等使用的策略是苯酚与硼酸反应，随后与甲醛反应。然而，这也导致了几种化合物的混合物，这一混合物是难以分离的，如图 8-3 所示。

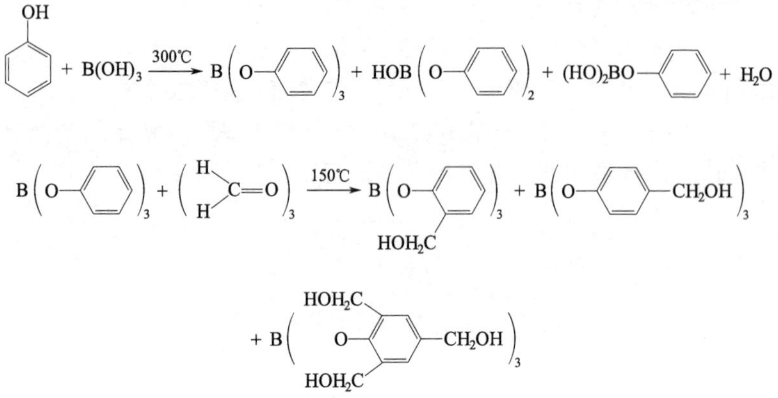

图 8-3　合成硼酚醛树脂的方法

然而，已经证明，水杨醇和硼酸的反应在 50min 内进行的比例为 50%，而与苯酚的反应在 150min 内只有 4%。因此，显而易见的是，该缩合产物具有连接到硼酸氧原子的水杨醇基团(图8-4)。

已经尝试过使用福尔马林方法得到硼树脂，然而，得到无副化合物的单体是不可能的，因此，下面得到硼酚醛树脂的反应没有继续进行。在这个项目中提出的替代方案是从可用纯酒精得到单体，并与硼酸反应。然后，反应根据图 8-4 进行。

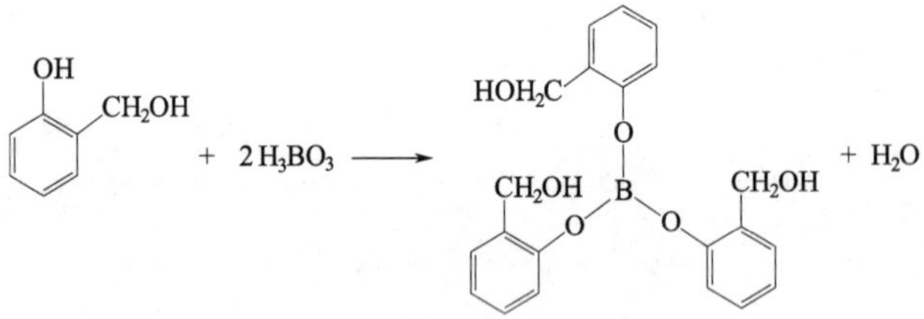

图 8-4　硼酚醛树脂单体的合成

为了取代硼酸上的三个 OH 基为醇基，所用的醇∶酸的摩尔比为 3∶1，这样产生的化合物如图 8-5 所示。正如已经在实验部分中描述过的，反应是在甲苯中于 120℃下进行的。然而，所得到的化合物仅有两个 OH 基团被醇基取代。第三个基团不能被替换，这可能是由于空间位阻。4h 以后，反应结束，因为它可以从在迪安-斯达克系统中形成并收集到的水看出。当反应进行的时间较长(大约 12h)，已经证实有副产物的生成，这是由于羟甲基相互浓缩形成亚甲基和醚键的反应，如图 8-5 所示。

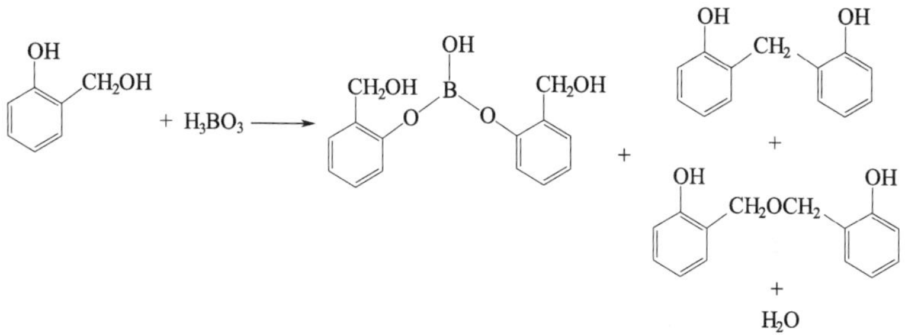

图 8-5　硼树脂的合成

当 4h 之后反应被中断，产物只是硼酸和水杨酸的缩合产生的化合物，一种琥珀色高黏度的化合物。未反应水杨酸沉淀为白色固体。

8.2　硼酚醛树脂分子结构的表征方法

本节以前文美国和巴西方法合成的硼酚醛树脂为例，介绍了硼酚醛树脂分子结构的表征方法。包括核磁共振、红外光谱和元素分析三种方法。

8.2.1　核磁共振

1. 美国方法Ⅰ合成的硼酚醛树脂

溶液核磁共振（NMR）光谱是在氯仿和 1% 四甲基硅烷里，在傅立叶变换 NMR 光谱仪上，^{13}C 频率为 62.89MHz，^{1}H 频率为 250.133MHz 获得的。对于商业 TPB 和多聚甲醛在温度为 90℃时经过化学反应生成的树脂和酚醛树脂和硼酸通过化学反应生成的滤液所做的基础分析是在 Galbraith 实验室进行的。

大体上讲，通过商业 TPB/多聚甲醛的化学反应获得的树脂的^1H NMR 电磁光谱［图 8-6（a）～（c）］类似于那些不含硼的酚醛树脂，同样反映出含硼系统的复杂性。与氯仿中 TPB 的^1H NMR 电磁光谱相比图 8-6（d），在 130℃、120℃和 90℃时制备的树脂的电磁光谱显示出羟甲基基组的替代物的生成，很可能在酯苯环（4.86～4.57）的对位和邻位位置。

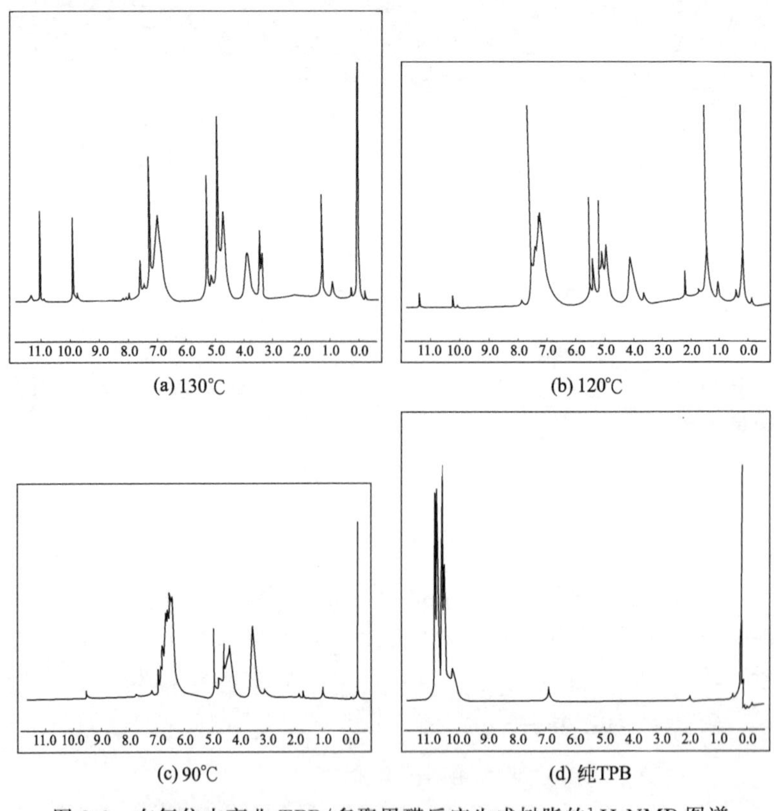

图 8-6　在氯仿中商业 TPB/多聚甲醛反应生成树脂的^1H NMR 图谱

通常出现在不含硼的酚醛树脂电磁波谱中不同特征化学键的吸收峰也出现在了所制备的含硼树脂的电磁波谱中。大概位于7.45～6.74 的很宽的共振线被归于芳香氢原子。位于 4.93～3.36 以及

5.29～4.91 区域的共振被分别归于亚甲基桥和醚键。大概位于 10 和 11 的两个共振峰被解释为是由于羟甲基基组加入反应的结果，形成了乙醛和羧酸基组［方程（8-1）］。

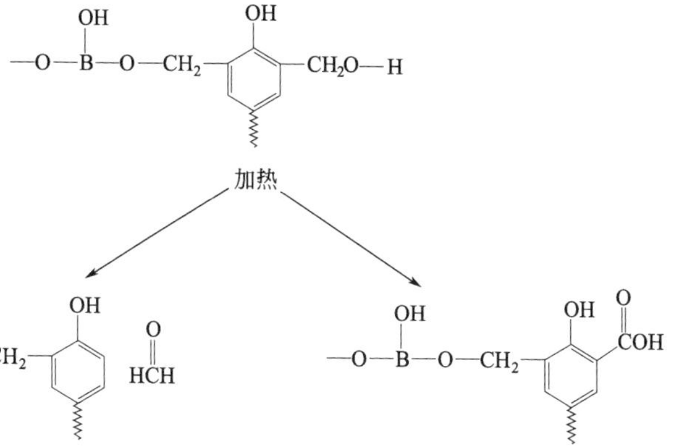

加热

(8-1)

随着温度的升高，替代反应重回开始材料（甲醛溶液和苯酚）；羧酸基组是羟甲基基组被乙醛和羧酸氧化的结果。相比于在 120℃ 和 90℃获得的树脂，在 130℃时获得的树脂的电磁波谱中大概位于 10 和 11 的两个共振的强度变得更高。这个发现是合理的，因为更高的树脂化温度有助于醛和羧基在羟甲基基组中的形成。一般来讲，130℃、120℃和 90℃树脂的吸收形式是相似的。这个结果更加确定以下事实，即 TPB 和多聚甲醛的反应形成 BPR 预聚合物可以在此系统之前的工作中温度低于 150℃时发生。关于 BPR 系统复杂性的进一步信息从制备树脂的 ^{13}C NMR 电磁光谱中获得［图 8-7（a）～（c）］。

这三个树脂化温度下的树脂的 ^{1}H NMR 与 ^{13}C NMR 电磁波谱有相似的吸收形式。如图 8-8 所示。羟甲基基组的替代物大概发生在苯基酯环状物的对位和邻位位置（4.86～4.75）。芳香烃、亚甲基以及醚键质子被分别归于吸收峰 7.45～6.74，4.93～3.36 以及 5.30～4.91。

2. 巴西方法合成的硼酚醛树脂

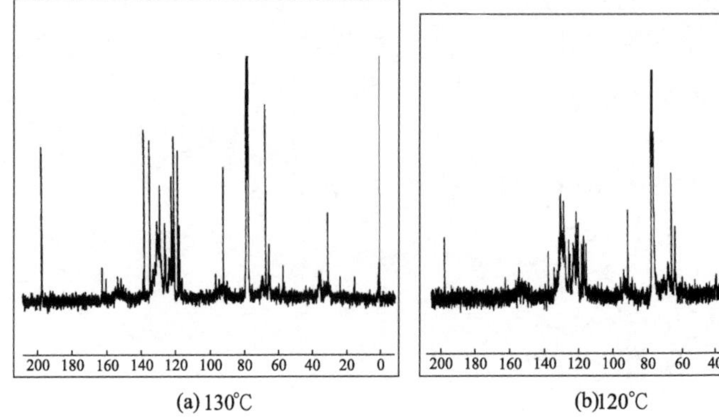

(a) 130℃　　(b)120℃

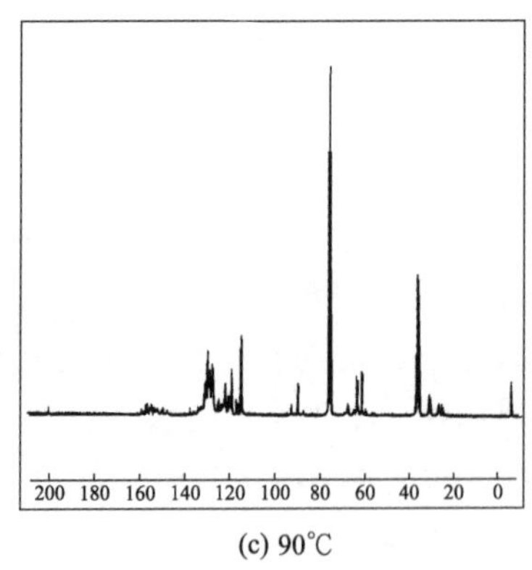

(c) 90℃

图 8-7　在氯仿中商业 TPB/多聚甲醛反应生成的树脂的^{13}C NMR 图谱

H^1 核磁共振、C^{13} 核磁共振分析在使用甲基-d_6 亚砜作为溶剂的 300MHz Brüker DPX 光谱仪上进行。质子和碳化学位移以溶剂作为内标进行校准。

总的来说，硼酚醛树脂的 H^1核磁共振和 C^{13} 核磁共振光谱总是很难分析，这反映了含硼系统的复杂性。H^1 核磁共振光谱如图 8-8 所示。在 6.89～7.19 区域出现的宽的共振谱线（多重线）属于芳香质子（Ar-H）。在 4.97～5.04 和 3.60～3.90 区域的共振态属于亚甲基（CH_2OH）和醚键（CH_2OR）。在 2.5 区域出现的峰值属于硼酸和水杨醇的 OH 基。

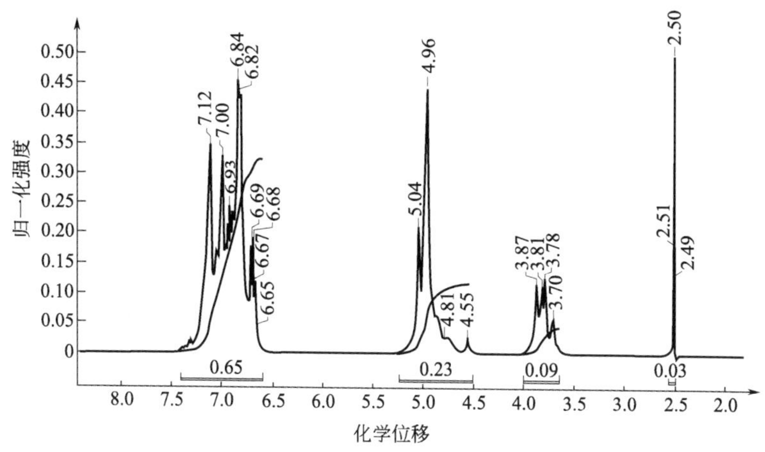

图 8-8　硼树脂的 H^1 核磁共振

8.2.2 红外光谱

1. 美国方法Ⅱ合成的酚醛树脂

红外光谱（KBr 压片）是从 FT-IR 光谱仪（Bomem，Michelson 系列，型号 MB-102）上获得的。可观察到，在酚醛树脂和硼酸反应完成后立即形成了大量的黄色沉淀物（8.25g）。这个黄色沉淀物通过抽吸-过滤的方法被分出来并用红外光谱法进行了表征。沉淀物和硼酸的 IR 光谱对比（图 8-9）表明，黄色固体主要是硼酸。

看起来好像是加入到酚醛树脂系统的硼酸［溶解度：6.35g·cm^{-3}（30℃）和 27.6g·cm^{-3}（100℃）］在热的溶液中溶解了，形成了均一系统。当这个系统的温度降低时，硼酸从这个溶液中沉淀出来。因此，硼酸与酚醛树脂的羟甲基基组之间的反应好像比羟甲基基组之间的反应少得多。羟甲基基组之间相互缩合，形成亚甲基和醚键（图 8-10）。

Jungang 做的关于酚醛树脂/硼酸系统的 IR 结果报告就支持这种趋势。根据 Jungang 的报告，把硼酸加入酚醛树脂中，由于羟甲基基组，在峰值 1020cm^{-1}处有一个明显的减小。Jungang 解释说，

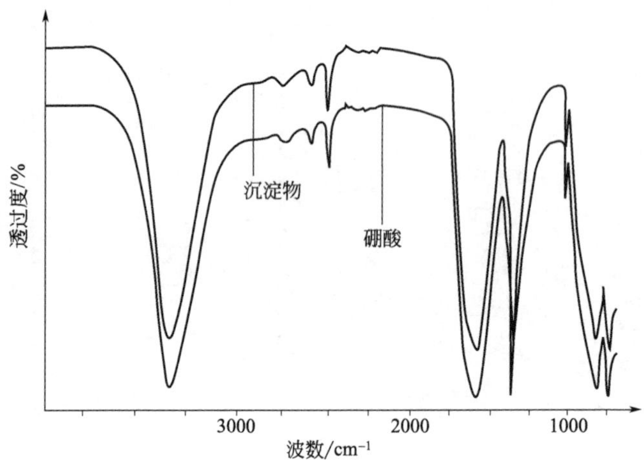

图 8-9　酚醛树脂和硼酸反应生成沉淀与硼酸的 FT-IR 光谱

这是因为羟甲基基组与硼酸之间的反应形成了硼酸苄酯［方程（8-2）］。

$$2\,HO{-}C_6H_4{-}CH_2OH + H_3BO_3 \xrightarrow{102\sim110^{\circ}C} HO{-}C_6H_4{-}CH_2{-}O{-}B(OH){-}O{-}CH_2{-}C_6H_4{-}OH + 2H_2O \qquad (8\text{-}2)$$

然而，很明显的一点是羟甲基基组在峰值处的减少是因为它们之间相互的缩合形成了亚甲基和醚键，而不是它们与硼酸之间的反应。

从酚醛树脂/硼酸的反应而获得固体的质量分析支持沉淀物的 IR 分析结果，沉淀物最初的质量（8.25g）比硼酸一开始的质量（7.23g）要高。这个质量的增加归因于高度黏稠的酚醛树脂对硼酸的黏附增加了沉淀物的质量。当沉淀物被丙酮冲洗后，回收的硼酸的质量是 6.95g，这相当于最初硼酸质量的 96.13%。硼酸的高回收百分比表明硼酸的氢氧根与羟甲基以及酚基的反应性都很低。

酚醛树脂（PR 是在基础水溶液介质里制备的）和硼酸反应合成 BPR 是不可行的。在酚醛树脂/硼酸系统中，大量的硼酸（96%）在持续反应结束时都被隔离了。隔离材料和硼酸的 IR 电

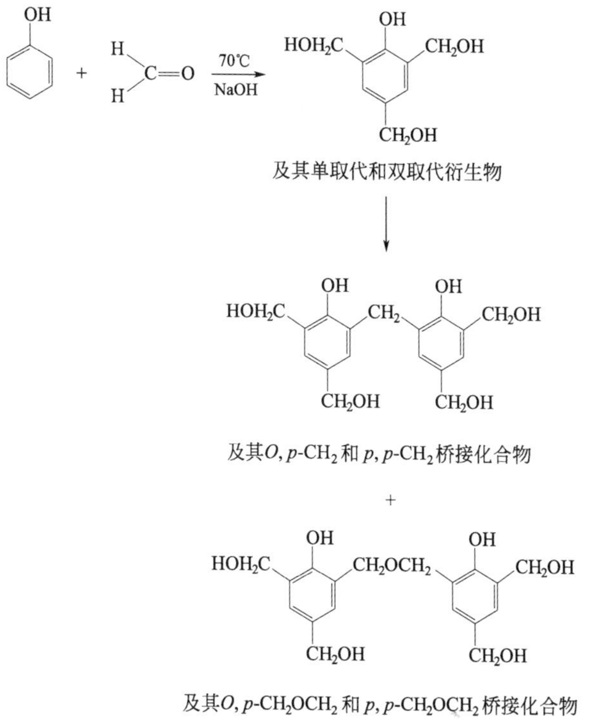

OH　+　H₂C=O　$\xrightarrow[NaOH]{70℃}$　HOH$_2$C、CH$_2$OH、CH$_2$OH 取代苯酚

及其单取代和双取代衍生物

↓

及其O,p-CH_2和p,p-CH_2桥接化合物

+

及其O,p-CH_2OCH_2和p,p-CH_2OCH_2桥接化合物

图 8-10　苯酚和甲醛溶液在有 NaOH 存在的条件下的反应以生成酚醛树脂

磁波谱是相同的。酚醛树脂样品之间的相互反应比酚醛树脂与硼酸之间的反应更活跃。因此，硼酸反应物溶解在加热的水溶液中，溶液冷却时，硼酸沉淀。

2. 巴西方法合成的酚醛树脂

红外光谱用 750Fa 型麦格纳红外光谱仪记录，Thermo Nicolet 公司（4000～400cm^{-1}，40 次扫描）。

图 8-11 为硼树脂的 FT-IR 光谱。主谱带和源于硼和醇的谱带一致。3400～3300cm^{-1}区域为醇和酸的特征谱带，1592cm^{-1}谱带属于醇。硼酸在 1480cm^{-1}有一个强的特征谱带，醇在 1482～1417cm^{-1}之间有几条谱带。因此，在 1493～1421cm^{-1}之间观察到的谱带同时属于酸和醇。在 1395～1234cm^{-1}的谱带只属于醇，不

属于酸，在 1350～1300cm^{-1}（BO）的谱带属于酸。1200cm^{-1}的强谱带和剩余的 700cm^{-1}谱带属于醇和酸。

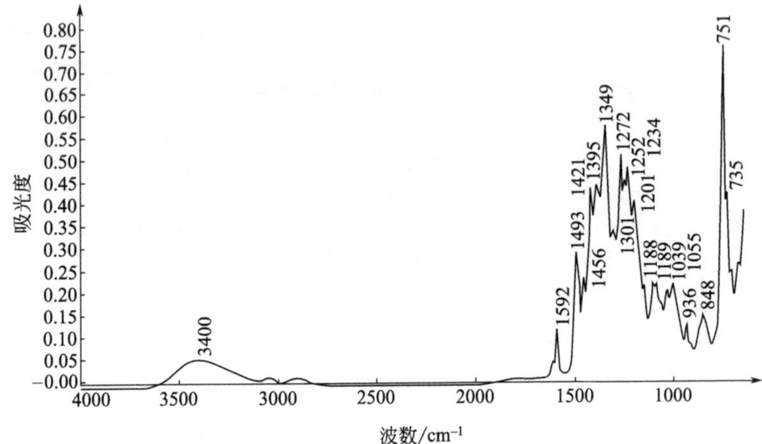

图 8-11　硼树脂的傅立叶变换红外光谱（FT-IR）

8.2.3　元素分析

1. 美国专家合成的酚醛树脂

（1）方法Ⅰ用商业三苯酯硼酸盐合成 BPR　在潜在的加工性能方面，在 90℃时制备的 BPR 是最好的树脂。因此，我们进一步分析的重点是在这个树脂上。这个树脂的元素分析显示组成元素是 63.02%的碳，5.78%的氢，以及 2.71%的硼。假设单、双、三替代 TPB 分子是这个化学反应的唯一产物，做出关于硼的百分比的质量平衡计算［方程（8-3）］。

$$\mathrm{B}\left(\mathrm{O}-\mathrm{C_6H_5}\right)_3 + 2.5\left(\mathrm{H_2C{=}O}\right)_3 \xrightarrow{150^\circ\mathrm{C}} \mathrm{B}\left(\mathrm{O}-\mathrm{C_6H_4}(\mathrm{CH_2OH})\right)_3 + \mathrm{B}\left(\mathrm{O}-\mathrm{C_6H_3}(\mathrm{CH_2OH})_2\right)_3 + \mathrm{B}\left(\mathrm{O}-\mathrm{C_6H_2}(\mathrm{CH_2OH})_3\right)_3 \tag{8-3}$$

在这个计算中，我们假设 TPB 和多聚甲醛在温度为 90℃时的产物不会包含来自替代 TPB 分子的大量百分比的交联（亚甲基和酯键）。这个计算得到 2.85％、2.30％以及 1.95％的硼，分别对应单、双、三替代 TPB。比较计算出来的硼百分比数值和实验数值（2.71％），结果说明单替代 TPB（2.85％）是树脂化产物中最主要的结构。

（2）方法Ⅱ从酚醛树脂/硼酸中制备 BPR　滤液的元素分析显示为 68.66％的碳、6.45％的氢、0.37％的硼。计算硼的百分比可以在预聚合物中显示出来，预聚合物是从酚醛树脂/硼酸的反应中获得的，硼的百分比大概是 4％。这个计算是在双酯产物上做的，双酯产品是从硼酸和单取代酚分子的双分子之间的假设反应获得的。[方程（8-2）]。滤液中小比例的硼同样可能是由于硼酸困在了酚醛树脂分子中。

2. 巴西方法合成的酚醛树脂

树脂的元素分析显示为 66.49％碳、5.36％氢、13.96％氧和 4.46％硼。从硼酸反应得到的硼可以存在于树脂（预聚物）的百分比值的计算值约为 4％。计算值的得出基于硼酸和 2 个水杨醇分子反应生成的化合物［图 8-12（a）］。元素分析测量产生的误差大约是 10％，这可能源于少量产物含有羟甲基聚合物［图 8-12（b）］，这种羟甲基聚合物含硼量更高。

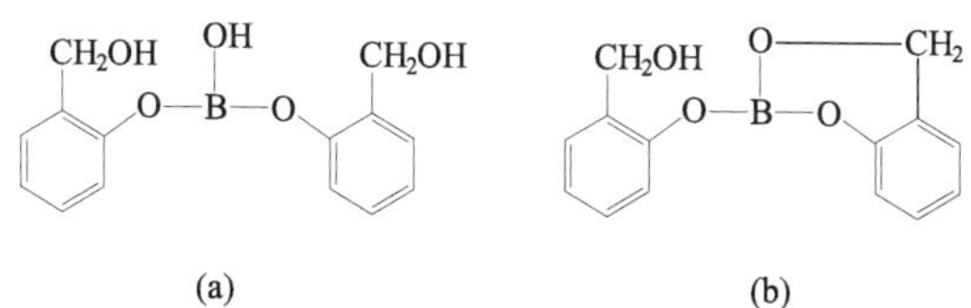

图 8-12　水杨醇分子（a）包含羟甲基聚合物（b）的产物

8.3　硼酚醛树脂性能的表征方法

本节以巴西方法合成的硼改性酚醛树脂为例，介绍了硼酚醛树脂的热学性能和力学性能的表征方法。

8.3.1 差示扫描量热分析

差示扫描量热（DSC）分析在 Perkin Elmer Pyris 1 型 DSC 分析器上进行，在升温速率为 20℃·min^{-1} 和氮气气氛（20mL·min^{-1}）环境下，质量 11mg 的样品放在密闭铝样品容器中，并就反应的固化过程、温度和反应热以及固化树脂的玻璃化温度提供信息。玻璃化温度在第二次加热时测量。

用差示扫描量热法（DSC）测定可能得到热动力或等温扫描条件下所研究样品的热剖面。从该测量的结果可以得知反应过程，反应何时开始，何时结束和在何时反应达到其最大峰值。动态扫描也给出了反应热和玻璃化温度。

图 8-13 显示了硼酚醛树脂的 DSC 曲线。反应开始于 205℃左右，在 224℃出现峰值，并结束于 260℃。反应热大约 120J·g^{-1}。

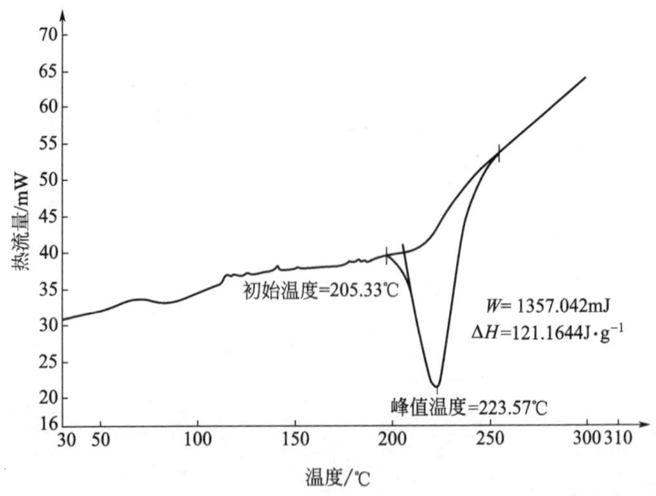

图 8-13 硼树脂的 DSC 曲线［升温速率 20℃·min^{-1}，氮气气氛，（20mL·min^{-1}）环境下，样品质量 11mg 紧闭铝样品盒］

用 DSC 从已固化的样品测量的玻璃化温度如图 8-14 所示。硼酚醛树脂的玻璃化温度的值大约为 266.4℃，这个值优于市售酚醛树脂的玻璃化温度 130℃。

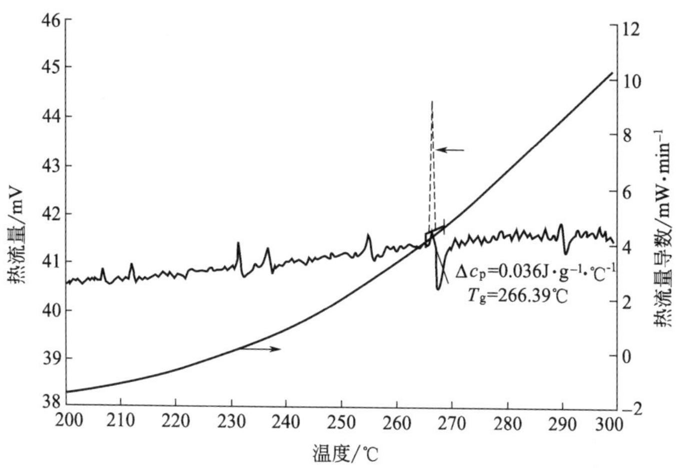

图 8-14　DSC 分析测定的 DSC 固化后硼树脂的玻璃化温度

8.3.2　热重分析

用一台 SDT-Q600 TA 型分析仪对未固化树脂进行热重/微商热重（TG/DTG）分析，使用氧化铝坩埚（11mg）、氮气气氛（$100mL \cdot min^{-1}$）、升温速率 $10℃ \cdot min^{-1}$。固化的硼改性酚醛树脂的 TG/DTG 曲线是在氮气或合成空气（$20mL \cdot min^{-1}$）气氛里，以 $10℃ \cdot min^{-1}$，用一台 Perkin Elmer Pyris 1TG 分析仪，在铂坩埚（11mg）里测得的。TG/DTG/DTA 曲线是在一台 Seiko TG/DTA 6200 型分析仪上，在合成空气（$20mL \cdot min^{-1}$）气氛里，以 $2.5℃ \cdot min^{-1}$ 和 $10℃ \cdot min^{-1}$ 速度升温，在铂坩埚（2mg）测得的。

热重分析（TG）是一种重要的热分析展示材料的热稳定性。同时，也可以得到分解过程和与热处理有关的材料的屈服的图形。

未固化硼改性酚醛树脂的 TG 曲线如图 8-15 所示。这展示了失重的两个阶段。第一个阶段开始于室温并持续至 250℃，失重率是 12.5%±0.3%，这与固化反应有关。在第二个阶段，250～790℃，失重率是 25.7%±0.2%，这是由于聚合物的分解，残留的碳质残渣等于初始质量的 61.9%±0.4%。

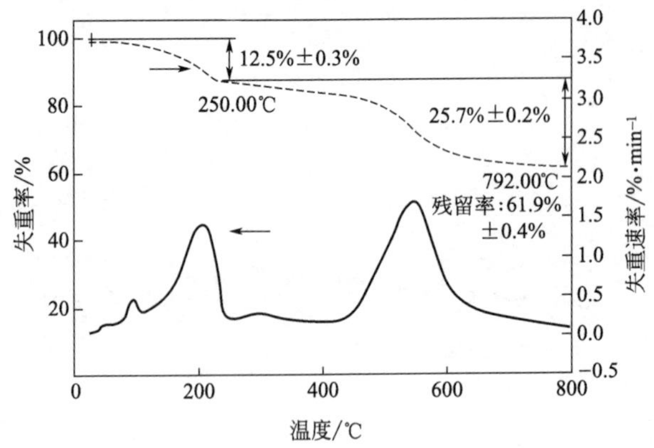

图 8-15 未固化硼树脂的 TG 和 DTG 曲线（氮气气氛，10℃·min^{-1}）

图 8-16 和图 8-17 展示固化的硼改性酚醛树脂分别在氮气气氛和空气气氛中的 TG 分析。在氮气气氛，大于 500℃直到大约600℃出现拐点，材料展示的最大的失重率为 5%。直到 800℃，材料展示的失重率大约为 25%，这导致一个 75%的有意义的产量。作为对照，在同样的条件下测得缩合固化酚醛树脂表现出 45%的产碳率。在空气气氛，材料展示出类似的行为，可是直到 500℃的失重率为 10%，到 800℃为 27%，表现出的产量为 72%。

酚醛树脂热解的可控降解机制已经在过去的四十年中在许多文献里被报道过。结构的改变主要用热重分析法与质谱和 FT-IR 相结合的方法检测。在惰性气氛和温度高于 350℃，主要是水的演化和未反应的低聚物。直到 500℃，聚合物网络本质上保持不受影响，然而高于 500℃以后可以注意到明显的改变，导致网络的倒塌和芳香烃区域的形成。

根据 Costa 在 1997 年的研究，与树脂在惰性气氛中加热不同，空气氧化在低温（约 300℃）下就会发生。这与对硼改性酚醛树脂的现代研究成果一致（图 8-16 和图 8-17）。虽然类似形态可能重现，在氧化气氛中，氧化降解作用不是主要的热分解途径，如同Costa 在 1997 年的研究中所提到的。

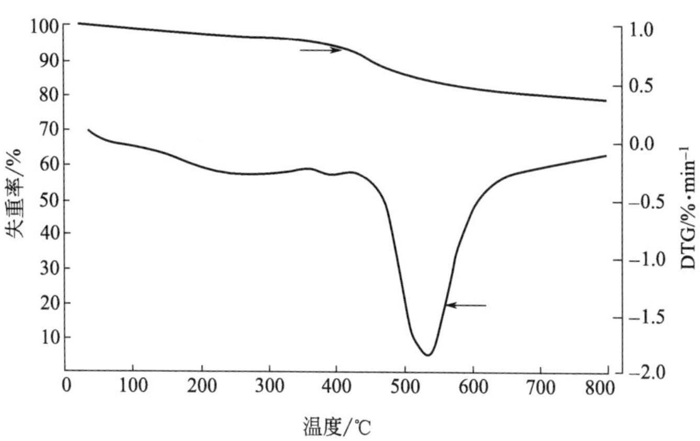

图 8-16　固化硼改性酚醛树脂在氮气气氛（20mL·min^{-1}）中的 TG 曲线（升温速率为 10℃·min^{-1}，样品质量为 12mg）

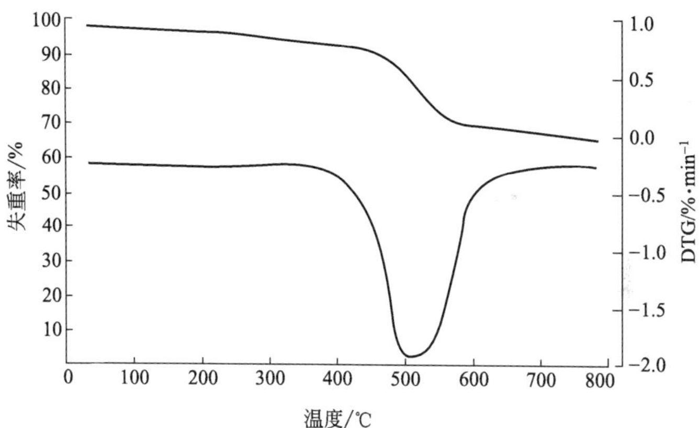

图 8-17　固化硼改性酚醛树脂在空气气氛（20mL·min^{-1}）中的 TG 曲线（升温速率为 10℃·min^{-1}；样品质量为 11.6mg）

在硼改性酚醛树脂的情况下，超支化结构在固化之后可能发生，相对于传统的酚醛树脂（在 800℃氮气气氛下为 45%），这增加了在空气中的产碳量（在 800℃氮气气氛下为 80%）。

在另一方面，C. L. Liu 在 2007 年用热重分析法研究了热分解和超支化硼氧改性酚醛树脂的热分解和结构。该树脂是用在丙酮里混合水溶性酚醛树脂和硼酸的方法制得的。用热重分析法测得的失重量为75%（在800℃氮气气氛下），这与现代研究的结果一致（图8-16）。

对硼酚醛树脂的热重分析研究表明，这种材料在氧化环境下（图8-18）与普通酚醛树脂（图8-19）相比所表现出的出色性能。硼在碳材料中被用作抗氧化材料，作为表面涂料或作为碳材料的配方中的混合物。所以，在树脂的碳化过程中形成的B—C键可能能提高温度剧增时的抗氧化性。

图8-18和图8-19展示硼酚醛树脂与CR2830酚醛树脂在不同的升温速率和合成空气中的固化过程的对比。结果可以证明硼改性酚醛树脂与火箭计划的热保护学会通用的普通酚醛树脂对比具有优秀的热性能。此外，与普通酚醛树脂相比，硼改性树脂的高产碳量（在700℃为70%），对于减少碳或碳复合材料的加工时间是一个重要的结果，因此减少了热解/浸渍工艺的循环数。

8.3.3 热扩散率

热扩散率的测量按照ASTM E1461-07在25～175℃温度范围内进行。材料的热扩散率取决于它的热导率、密度和比热容，如公式8-4所示。热扩散率表征瞬态状态下材料的热传输过程。

$$热扩散系数=\frac{k}{\rho c_p} \tag{8-4}$$

式中，k为热导率；ρ为密度；c_p为比热容。

图8-20显示硼酚醛树脂热扩散系数的曲线。大多数高分子聚合物在室温下的热扩散系数在$1.0\times10^{-7}\sim1.5\times10^{-7}\,m^2\cdot s^{-1}$之间。未填充的酚醛树脂的热扩散系数在文献中很难找到。此外，未填充的聚合物材料的热性能由它们的热导率决定。无论如何，未填充的酚醛树脂在25℃的热导率是$0.21W\cdot m^{-1}\cdot K^{-1}$在316℃时增加到$0.28W\cdot m^{-1}\cdot K^{-1}$。典型酚醛树脂的比热容是$1.2kJ\cdot kg^{-1}\cdot K^{-1}$密度是$1250kg\cdot m^{-3}$，这导致在25℃时的热扩散系数是$0.14mm^2\cdot s^{-1}$，这与硼改性酚醛树脂的结果（图8-20）一致。当温度高于200℃，酚醛树脂发生形态变化，在316℃的热导率只能被

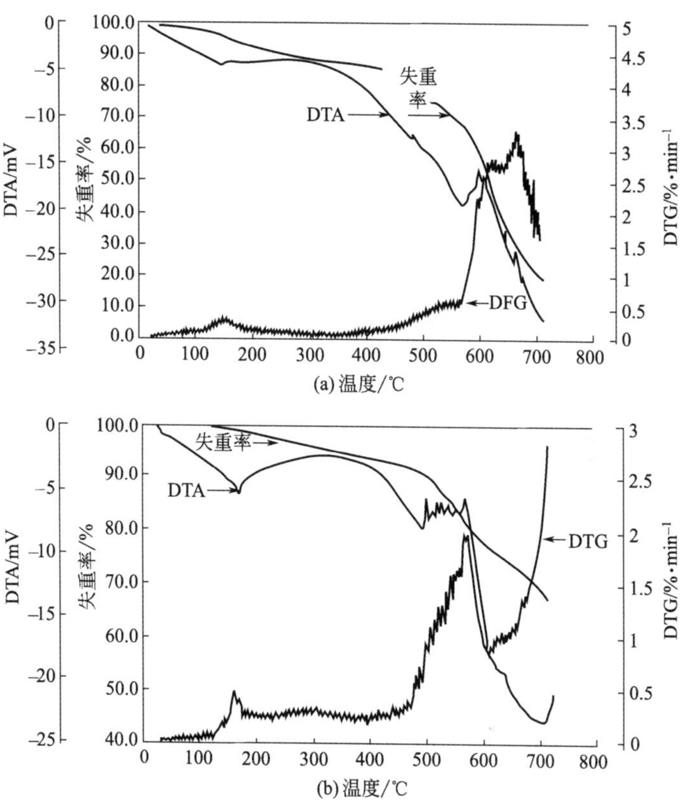

图 8-18　固化硼改性酚醛树脂的 TG/DTA 曲线

(a) 升温速率 2.5℃·min^{-1}，合成空气，样品质量为 2.184mg；

(b) 升温速率 10℃·min^{-1}，合成空气，样品质量为 2.2669mg

当作参考值。

8.3.4　流变学特性

未固化树脂的流变学表征是在一台 Rheometrics SR5 流变仪上用平行板测量系统测得的。流变学表征有助于得到时间、温度和剪切速率的黏度表，这个黏度表可用于确定纯树脂的加工窗口。

图 8-21 展示了储能剪切模量（G'）、损耗模量（G''）、δ 正切值和黏度（η）随剪应力（τ）变化的结果。

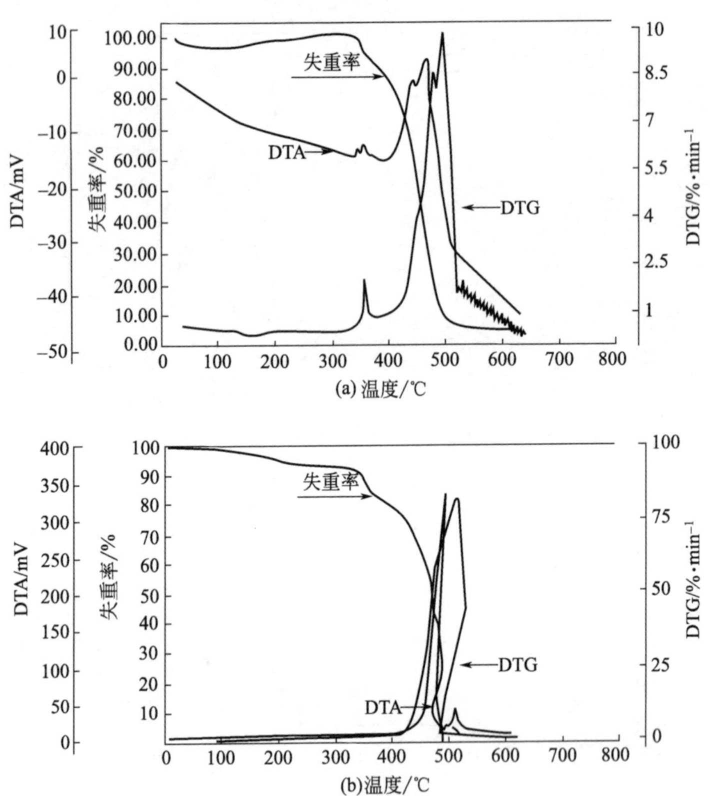

图 8-19　固化的 CR2830 酚醛树脂的 TG/DTA 曲线

(a) 升温速率 2.5℃·min^{-1}，合成空气，样品质量为 2.432mg；

(b) 升温速率 10℃·min^{-1}，合成空气，样品质量为 2.206mg

剪应力定义了测试纯树脂的条件，这相当于近似的牛顿特性与储能剪切模量有关。对于硼酚醛树脂，剪应力被选定为 6Pa，这相当于最大的 G' 区。这个值对所有的其他实验都保持不变。

图 8-22 表示硼改性酚醛树脂的黏度随温度变化图。能够看出树脂的最小黏度在 60℃ 达到一个小于 20Pa·s 的值，直到大约 200℃保持不变。这表示，在这个温度范围内，固化反应是潜在的。这个结果有益于加工，例如，树脂有更长的储存期。在这个温度范

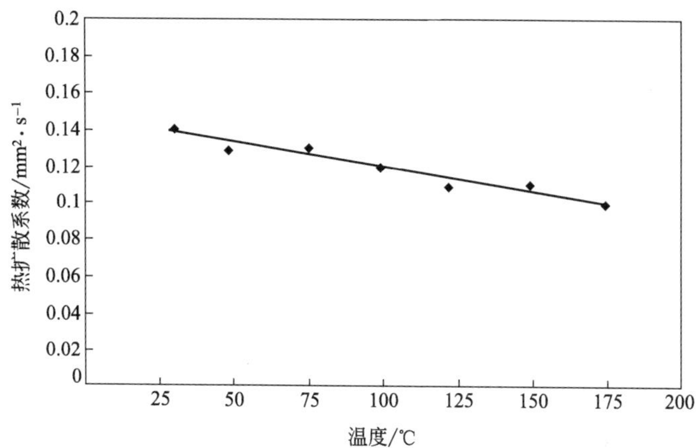

图 8-20　固化硼改性酚醛树脂的热扩散系数随温度的变化

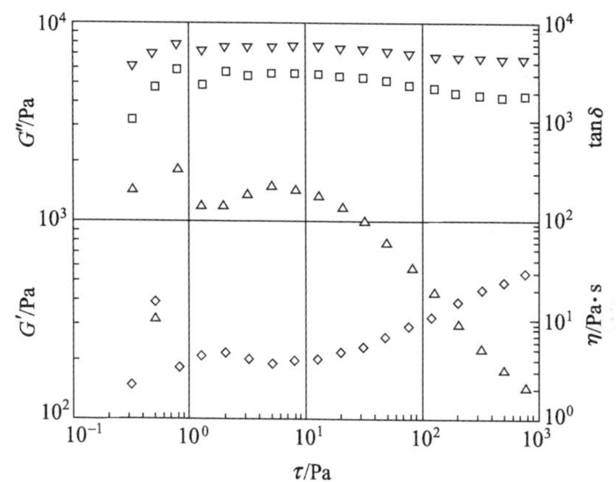

图 8-21　硼酚醛树脂在室温（25℃）下的弹性模量（G'）、损耗模量（G''）、δ 正切值和黏度（η）随剪应力的变化

△—G'；□—G''；◇—tanδ；▽—η

围内（60～200℃），对温度不敏感，表示聚合物主要包含低聚物。

图 8-23 表示硼改性酚醛树脂的黏度在 160℃，180℃和 200℃等温过程随时间的变化图。既然这样，能够看出固化反应分别在 20min、13min 和 5min 时开始。

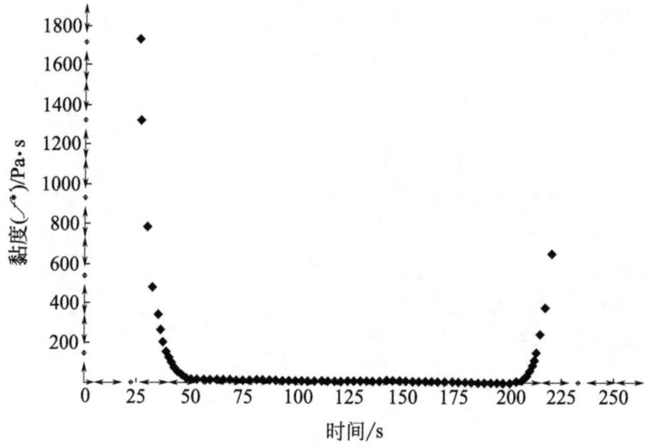

图 8-22　以升温速率 5℃·min^{-1}、频率 1rad·s^{-1}和剪应力 6Pa 动态扫描剪切弹性模量（G'）、剪切损耗模量（G''）、δ 正切值和黏度（η）

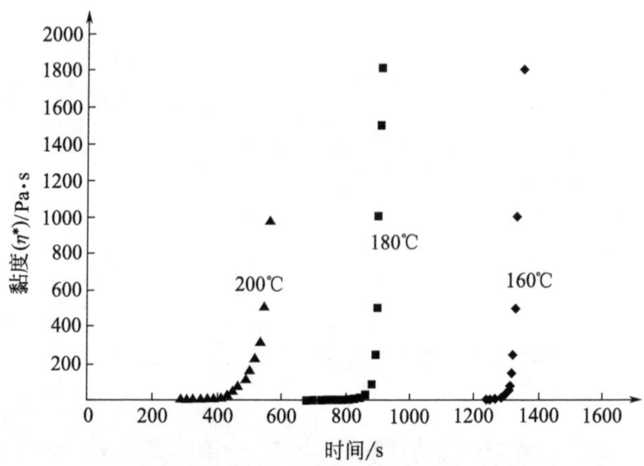

图 8-23　硼改性酚醛树脂在 160℃、180℃和 200℃等温过程黏度随时间的变化

对于复合材料的加工，黏度随时间和温度变化的结果是非常重要的，因为它们能决定固化周期的设定。图 8-24 表示用硼改性酚醛树脂基体制造的固化复合材料的设计固化周期。固化过程开始于

3℃·min^{-1}的加热速率直到 160℃。在 60℃以后，材料展示了足够的流动性，这促进了强化纤维的润湿。在 160℃持续 30min 以后，为压实层 0.7MPa 的压力和真空被应用于模塑系统。在 160℃持续 1h 以后，固化继续进行直到 220℃。

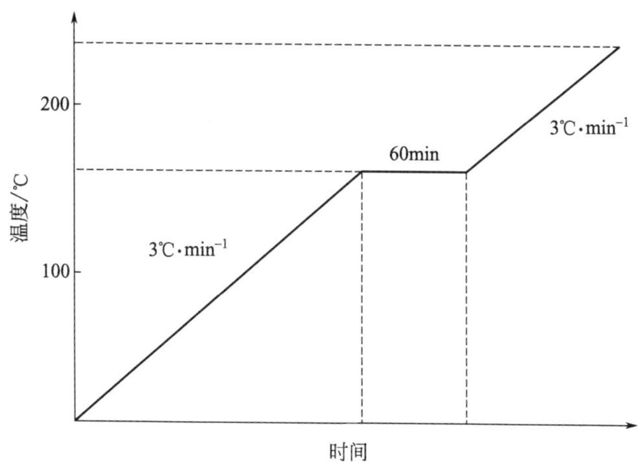

图 8-24　硼改性酚醛树脂复合材料制备的设计固化周期

8.3.5　层间剪切应力

复合材料用一个实验室规模的高压器压成盘形。复合材料用硅织物纤维和硼改性酚醛树脂造型。固化制度根据本研究建立的循环制定。在硅纤维/树脂复合材料中纤维体积分数的测量值是 55%。复合材料用层间和约西佩斯库剪切试验表征。

层间剪切强度根据 ASTM D2344—06 测量，试样外形尺寸如图 8-25 所示。

层间剪切可接受的失效模式的特征在于在试样的中心叠层体之间微小的细长裂缝。层间剪切强度是根据公式 8-5 计算的。

$$\tau_{平均}=\frac{3}{4}\times\frac{P_{断裂}}{A} \tag{8-5}$$

式中，$\tau_{平均}$为表观层间剪切强度，MPa；$P_{断裂}$为对应于样品的断裂极限负荷，N；A 为用 W（宽度）$\times t$（厚度）计算横截面

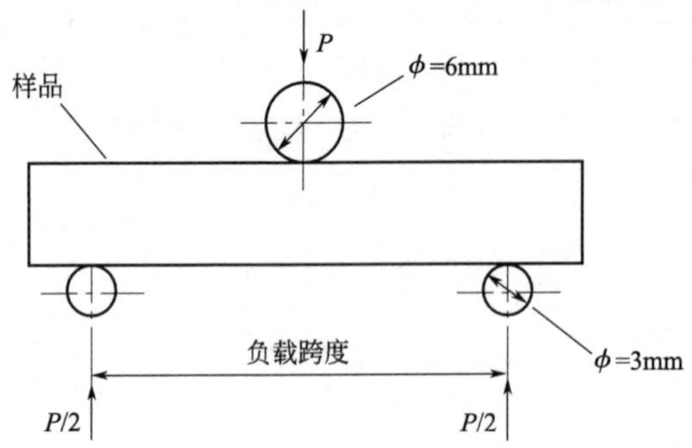

图 8-25　按照 ASTM 2344—06 进行实验的样品外形尺寸和在设备上的装配

面积，mm^2。

图 8-26 表示层间剪切应力（ILSS）随硼改性酚醛树脂复合材料和硅纤维的挠度的变化函数。图 8-27 表示用普通酚醛树脂和硅纤维制成的复合材料的对比结果。

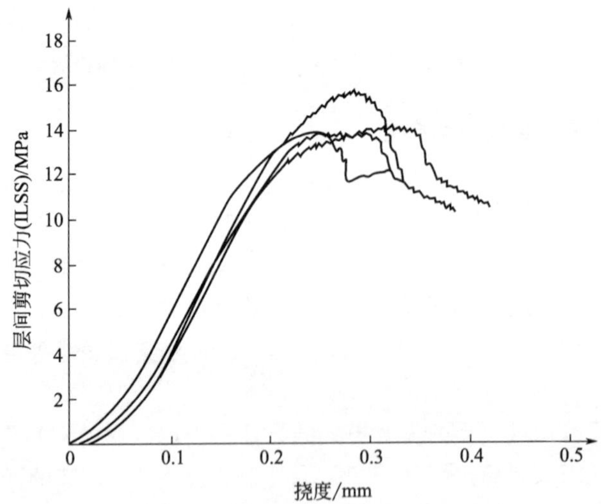

图 8-26　ILSS 随硼改性酚醛树脂复合材料/硅纤维挠度的变化函数

虽然普通酚醛树脂制备的复合材料相对于硼改性酚醛树脂制备的复合材料，存在一个微小的失效，但结果表示没有两种材料的

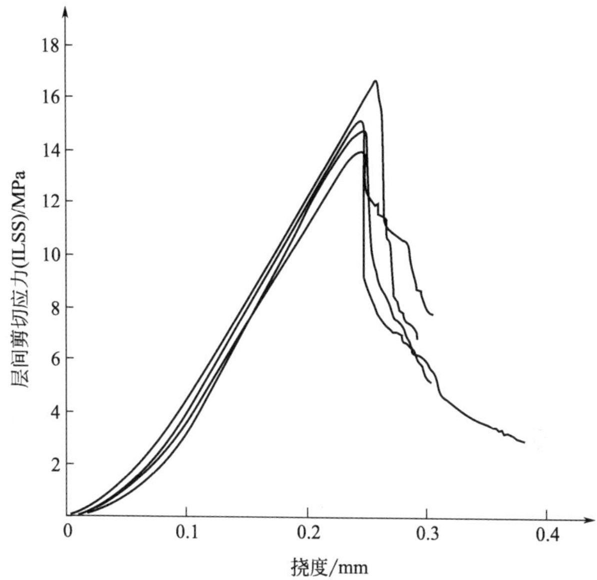

图 8-27　ILSS 随普通酚醛树脂（CR2830）和硅制成的复合材料的挠度变化函数的对比结果

ILSS 平均值存在显著差异的证据。这并不奇怪，因为层间剪切性能是由基质决定的性质。

8.3.6　约西佩斯库剪切试验

约西佩斯库剪切试验根据 ASTM D5379—98 进行。复合材料样品的受力和模数在 1-2 方向上测量，如图 8-28 所示。

在这种情况下，负载是平行于堆叠层的。用于测试的测试夹具示于图 8-29。

可接受的约西佩斯库剪切破坏模式主要在 V 形缺口之间。约西佩斯库剪切强度可以从式（8-6）算得：

$$\tau = \frac{P_{极限}}{A} \tag{8-6}$$

式中，τ 为表观平均剪切强度，MPa；$P_{极限}$ 为样品在破裂时的极限荷载，N；A 为试样在 V 形缺口处的横截面面积（宽度×

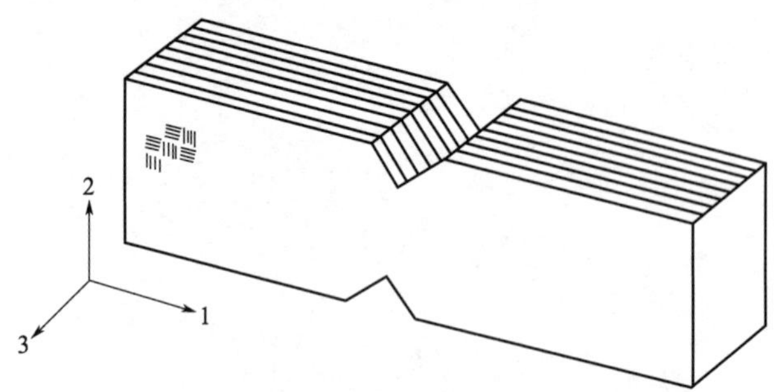

图 8-28　约西佩斯库剪切试验的在 1-2 平面试样几何形状

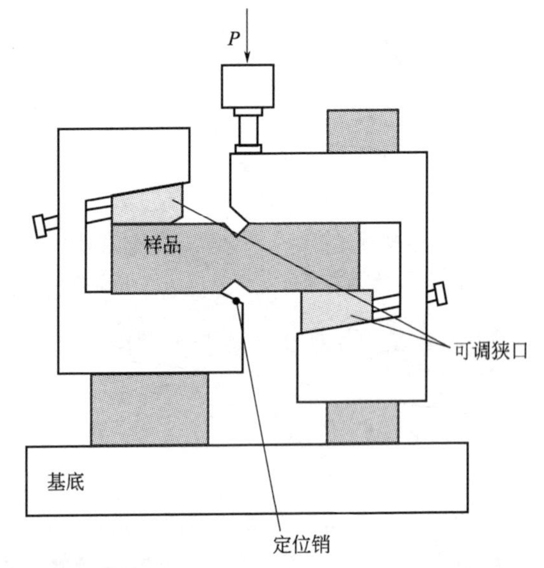

图 8-29　约西佩斯库剪切试验测试夹具（根据 ASTM D5379—98）

厚度)，mm^2。

约西佩斯库剪切强度的值大约为 25MPa，对应于一个接近 1.5%的变形。剪切模量（G_{12}）在 20MPa 的极限的计算值，大约为 3.5GPa，这个值接近于许多其他的聚合物复合系统。图 8-30 表示约西佩斯库抗剪强度随硼酚醛树脂剪切应变的变化函数。图(8-31）表示一个有代表性的试验后的约西佩斯库复合材料样品。可以观察到，该失效区域位于所述 V 形凹槽之间，这是一个有代表性并且有效的约西佩斯库剪切失效模式。

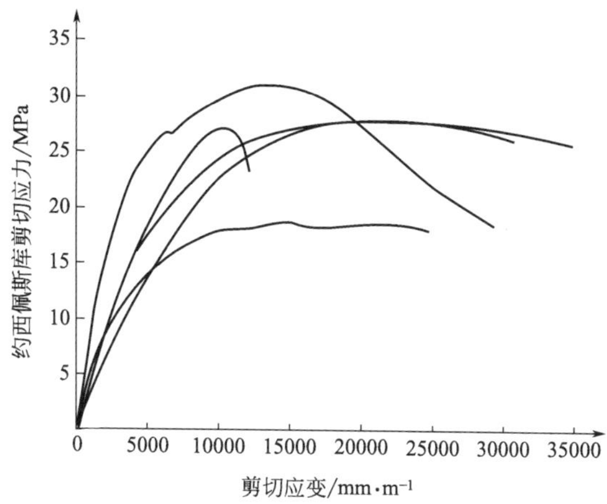

图 8-30　约西佩斯库剪切应力随硼酚醛树脂/硅纤维复合材料剪切应变的函数变化

图 8-31　硼改性酚醛树脂/硅纤维的约西佩斯库样品在 V 形切口中心区域的失效图像

8.4 硼酚醛树脂的应用

8.4.1 西班牙专家应用硼酚醛树脂研制阻燃材料

含硼化合物在聚合物材料里的阻燃作用是化学反应同时也是物理反应。这些无机硼化合物能促进在燃烧过程中炭的生成。炭的生成机理很明显与硼酸和醇部分的热力作用有关。硼酸酯进一步形成了脱水物，可能是因为碳阳离子机理。经研究发现，硼正好能在比这些材料的正常热解温度低的温度下，在聚合物材料里发挥它的阻燃作用。

然而，添加剂也有缺点，它们必须添加以相当高的浓度（典型有 30％或更多，质量分数），这样会影响聚合物的物理性能和化学性能。另外，添加剂在使用过程中可能被过滤或可能从聚合物里挥发。替代方法是用反应型阻燃剂，经由共聚作用或一些其他类型的化学改性（即阻燃基团是聚合物主干的固有部分或作为侧基共价地附着在聚合物上）。含硼反应基团对简单的链式反应聚合物比如聚苯乙烯和涤纶（乙烯醇）的阻燃性能的影响已见报道。

酚醛树脂主要用于增强型热固性成型材料。一般地，它们被用于与有机纤维或无机纤维和填料结合。这些化合物具有卓越的热稳定性、阻燃性和耐热性。酚醛树脂应用的快速增长也使得人们对其展开了广泛的研究，以提高它们的热性能。此外，为了增大在电力电子产业里的关键应用，酚醛树脂必须提高阻燃和抗热氧化性能。在这个方面，由硼酸、苯酚和多聚甲醛合成的含硼酚醛树脂已见报道。

在本文里，含硼酚醛树脂通过用双（苯并-1,3,2-二氧硼戊环）氧化物和双（4,4,5,5-四甲基-1,3,2-二氧硼戊环）氧化物化学改性市售酚醛树脂的方法合成，以得到各种各样的硼改性酚醛树脂。

下面表征了各种各样的硼改性酚醛树脂，评估了它们的热性能，研究了硼在阻燃性方面的影响。

8.4.1.1　原材料

硼酸、邻苯二酚、频哪醇、2,6-二甲苯酚、酚醛树脂和甲苯，甲苯经过标准过程烘干。

(1) 双（苯并-1,3,2-二氧硼戊环）氧化物（a）和双（4,4,5,5-四甲基-1,3,2-二氧硼戊环）氧化物（b）的合成　在一个100mL圆底烧瓶里，邻苯二酚（15.4g，0.14mol）或频哪醇（16.5g，0.14mol）、硼酸（8.7g，0.14mol）和甲苯（50mL）的混合物煮4h或6h，同时用分水器进行共沸除水。在低压下除去甲苯，产物用真空升华的方法提纯。用这种方法，得到了16.9g的双（苯并-1,3,2-二氧硼戊环）氧化物（95%产率）和17.5g的双（4,4,5,5-四甲基-1,3,2-二氧硼戊环）氧化物（92%产率）细白色粉末。

(2) 2-(2,6-二甲基苯氧基)-苯并-1,3,2-二氧硼戊环（Ⅰ）的合成　这种硼酸酯由2,6-二甲基苯酚和双（苯并-1,3,2-二氧硼戊环）氧化物用摩尔比1∶1和2∶1制备。也就是说，羟基和硼原子的摩尔比分别是1∶2和1∶1。

在一个装有索格利特提取器的100mL圆底烧瓶里，充满4A分子筛和一个冷凝器带装有氯化钙的管子，2,6-二甲基苯酚（6.1g，0.05mol或12.2g，0.1mol）和双（苯并-1,3,2-二氧硼戊环）氧化物（12.7g，0.05mol）放入无水甲苯（50mL），在回流条件下搅拌2h或4h。在减压蒸发后，得到产物（Ⅰ）棕色油。

(3) 2-(2,6-二甲基苯氧基)-4,4,5,5-四甲基-1,3,2-二氧硼戊环（Ⅱ）的合成　过程类似，但是用2,6-二甲基苯酚（6.1g，0.05mol或12.2g，0.1mol）和双（4,4,5,5-四甲基-1,3,2-二氧硼戊环）氧化物（13.5g，0.05mol），8h或24h后得到产物（Ⅱ）棕

色油。

(4) 硼改性酚醛树脂的合成　市售酚醛树脂用双（苯并-1,3,2-二氧硼戊环）氧化物和双（4,4,5,5-四甲基-1,3,2-二氧硼戊环）氧化物改性，用两种摩尔比，羟基比硼原子分别是 1∶2 和 1∶1，生成 M-a 和 M-b。用以上合成中所述同样的方法进行改性，但是这次通过加入二氧杂环己烷来溶解酚醛树脂。

8.4.1.2　仪器仪表

^{1}H NMR（300MHz 或 400 MHz）和^{13}C NMR（75.4MHz 或 100.6 MHz）光谱仪采用的是 Varian Gemini 300MHz 或 400Hz，光谱仪包含傅立叶变换，DMSO-d_6 或 $CDCl_3$ 作为溶剂，TMS 作为内部标准物。

热量的测量在 Mettler DSC821e 热分析仪上进行，净化气体是 N_2，扫描率是 20℃·min^{-1}。热稳定性研究在一台 Mettler TGA/SDTA851e/LF/1100 上进行，净化气体是 N_2，扫描率是10℃·min^{-1}。

样品被放进烘箱在不同温度下降解，烘箱连接到一台冷凝器，冷凝器用通入氮气的方法收集不同的挥发物。这些浓缩的挥发物溶入丙酮进行 GC-MS 分析，方法是把一台 HP5890 气相色谱仪用 Ultra 2 毛细管柱（交联的 5% PHME 硅氧烷）连接到 HP 5989 A 质谱仪上。

硼的定量分析用电感耦合等离子体（ICP）光谱法进行。

极限氧指数（LOI）是在流动的氧气和氮气混合物里刚能支持材料有焰燃烧的最小氧气浓度。LOI 值是在一台 Stanton Redcroft 仪器上测量的，装备有一台氧气分析仪，实验是在用压塑法制备的 100mm×6mm×4mm 聚合物平板上进行的。

8.4.1.3　结果和讨论

我们制备了两种有机硼化合物，双（苯并-1,3,2-二氧硼戊环）氧化物和双（4,4,5,5-四甲基-1,3,2-二氧硼戊环）氧化物，方法是硼酸和邻苯二酚或频哪醇的酯化反应。这些化合物作为硼试剂，非常易溶于有机溶剂，例如甲苯和二氧杂环己烷，这使和羟基的反应更容易。在另一方面，硼酸和硼酸盐溶于有机溶剂，它们和多羟基化合物反应生成部分交联的化合物。

为了研究酚基和这些硼试剂的反应，我们用了 2,6-二甲苯酚作为模型化合物和两种 OH∶B 摩尔比。对于这两种情况，硼的嵌入由^{1}H NMR 和^{13}C NMR 光谱确认。

图 8-32 显示双（苯并-1,3,2-二氧硼戊环）氧化物的反应方案和按 OH∶B 摩尔比 1∶2 得到的反应混合物的^{13}C NMR 光谱。

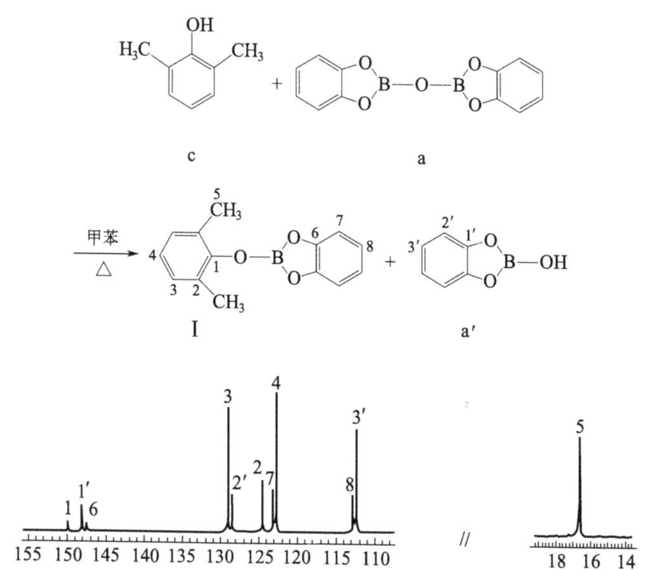

图 8-32　2,6-二甲苯酚和双（苯并-1,3,2-二氧硼戊环）氧化物反应生成产物的^{13}C NMR 光谱（摩尔比 OH∶B 为 1∶2）

硼从双（苯并-1,3,2-二氧硼戊环）氧化物到苯酚的嵌入经过了在 152.3 的芳香四元 C—OH 信号的消失和在 149.8，148.1 和 147.9 的三个新芳香四元碳信号的出现的确认，所有的信号都归属于两种新化合物Ⅰ和 a’ 中的 C—O—B。此外，两种不同的 CH 芳香碳基团能够被区别开。考虑到它们的相对强度和化学位移，并且把它们和原始化合物对比，我们可以把两个信号的基团都归因于提及的化合物（图 8-32）。

图 8-33 显示了苯酚和双（4,4,5,5-四甲基-1,3,2-二氧硼戊环）氧化物混合物的反应的^{1}H NMR 光谱。酚质子（在 4.6）的消失和在间位和对位的芳香质子的非屏蔽化和Ⅱ的甲基质子可以被看到。此外，在大约 5 出现的信号确认了存在 b′。

OH
H_3C CH_3 + B—O—B

c b

H_b
H_c CH_2
甲苯 △ → H_d O—B + B—OH_a
CH_3

Ⅱ b′

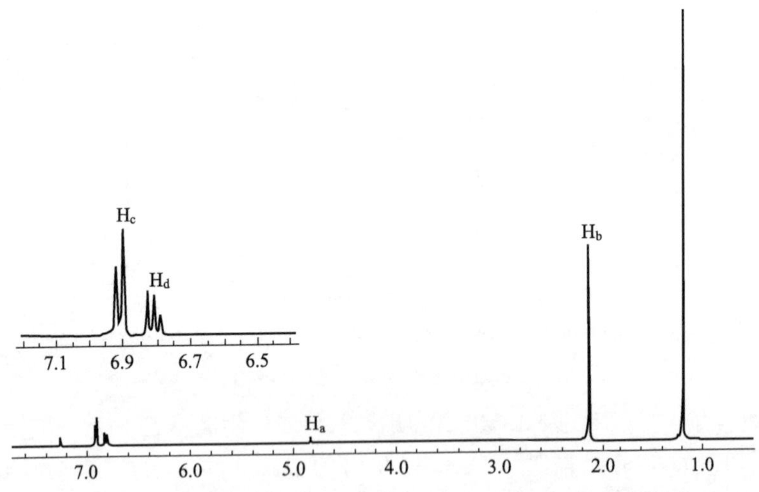

图 8-33 2,6-二甲苯酚和双（4,4,5,5-四甲基-1,3,2-二氧硼戊环）氧化物反应产物的^{1}H NMR 光谱，（摩尔比 OH∶B 为 1∶2）

虽然在两种情况下苯酚和双（苯并-1,3,2-二氧硼戊环）氧化物和双（4,4,5,5-四甲基-1,3,2-二氧硼戊环）氧化物都完全反应了，但这些硼化物显示了相当不同的反应性。因此，和双（苯并-1,3,2-二氧硼戊环）氧化物的反应对于 OH∶B 摩尔比为 1∶2 时在 2h 之后结束，对于 OH∶B 摩尔比为 1∶1 时在 4h 之后结束。另一方面，和双（4,4,5,5-四甲基-1,3,2-二氧硼戊环）氧化物的反应对于 OH∶B 摩尔比为 1∶2 时在 8h 之后结束，对于 OH∶B 摩尔比为 1∶1 时在 24h 之后结束。可以通过考虑到硼芳香化合物具有更高的路易斯酸性使这种现象合理化。

用双（苯并-1,3,2-二氧硼戊环）氧化物和双（4,4,5,5-四甲基-1,3,2-二氧硼戊环）氧化物在相同的两种摩尔比对酚醛树脂进行改性。不同的改性程度得到了结构为 M-a 和 M-b 的化合物（图 8-34）。

首先，酚醛树脂和等量的硼反应（OH∶B 摩尔比为 1∶1）。树脂和双（苯并-1,3,2-二氧硼戊环）氧化物反应生成原料的光谱，见图 8-34（a），显示了酚醛树脂具有的低强度酚羟基的相应信号的典型模式，这表示硼化合物的部分反应。同样的特点在树脂和双（4,4,5,5-四甲基-1,3,2-二氧硼戊环）氧化物反应生成的原料的光谱里也可以观察到。

此外，检测到一个信号对应于连接在 a′或 b′中硼上的 OH，这是在酚的 OH 攻击分子里的两个硼位之一后形成的离去基团。这个信号出现在图 8-34（a）光谱的 8 处。为了清除这些次生化合物，原料在 110℃的真空里加热 2h 使其升华。对这些升华物的分析确认了 a′和 b′的结构。

纯化树脂的光谱显示上述硼化合物已经完全消失了，如图 8-34（b）所示。酚醛树脂的改性程度，通过 ^{1}H NMR 和硼元素分析计算值是大约 65%对于 M-a 和 45%对于 M-b，证明所有的硼化合物没有和酚的 OH 反应。这些结果证实了芳香硼化合物具有更高的反应性，如同在模型反应中观察到的一样。

为了增加改性程度，反应按 OH∶B 摩尔比为 1∶2 进行，可是只有少量增加。

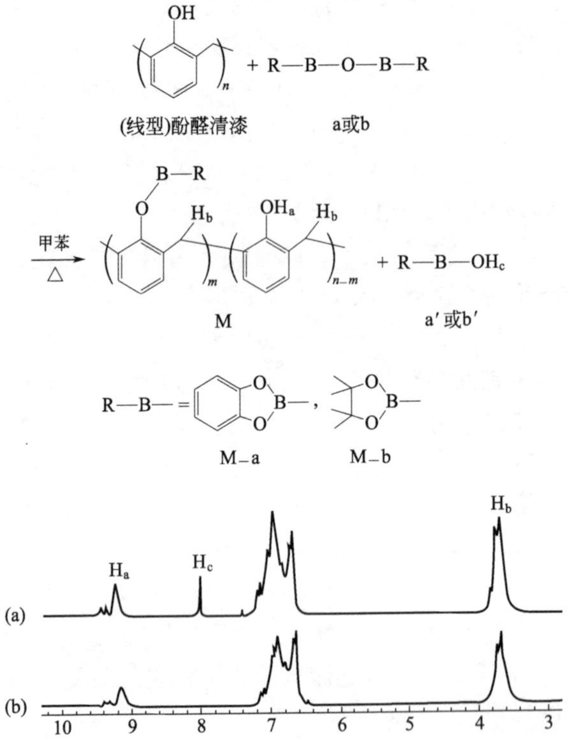

图 8-34 有机硼酸化合物对酚醛树脂的改性（a）酚醛树脂和双（苯并-1,3,2-二氧硼戊环）氧化物反应原料的^{1}H NMR 光谱；（b）在 110℃加热 2h 后

T_g 值通过 DSC 图确定（表 8-1）。可以观察到，频哪醇衍生物树脂的 T_g 值比未改性树脂的低，这是由于在酚醛树脂里的分子内氢键的减少造成的分子具有更大流动性。另一方面，对于邻苯二酚衍生物树脂，芳香部分的存在增加了硬度和 T_g 值的增加量。

表 8-1 从硼改性酚醛树脂的 DSC 图得到的 T_g 值

聚合物	酚醛	M-a①	M-a②	M-b①	M-b②
T_g/℃	79	84	88	63	65

① 摩尔比 OH∶B 为 1∶1；

② 摩尔比 OH∶B 为 1∶2。

为了确定聚合物的热稳定性，在氮气和空气里进行了热重分析。用 TGA 研究了无硼和硼改性酚醛树脂，这些酚醛树脂所含硼含量不同。图 8-35 显示 TGA 曲线，表 8-2 给出失重和温度的 TGA 数据。

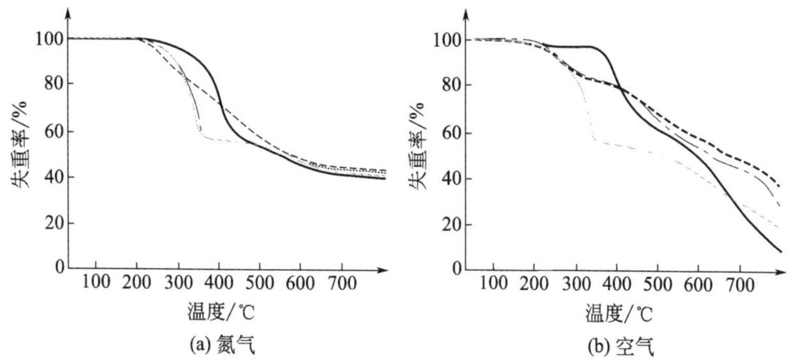

图 8-35　10℃·min^{-1}时在氮气和空气中改性酚醛树脂的 TGA 图

---摩尔比 OH∶B 为 1∶1 的 M-a；----摩尔比 OH∶B 为 1∶2 的 M-a；——摩尔比 OH∶B 为 1∶1 的；M-b；----—摩尔比 OH∶B 为 1∶2 的 M-b

表 8-2　硼改性酚醛树脂的 TGA 数据和 LOI 值

聚合物	硼含量/%	LOI 含量（O_2 下）/%（体积分数）	TGA 氮气			TGA 空气		
			$T_{10\%}$/℃	T_{max}/℃	残渣(800℃)/%	$T_{10\%}$/℃	T_{max}/℃	残渣(800℃)/%
酚醛	0	24.6	357	398/548	40	385	402/664	7
M-a①	3.4	38.0	273	380/453	44	285	266/469/623	31
M-a②	3.8	38.2	271	375/451	44	274	254/463/640	38
M-b①	2.3	24.8	294	348/584	43	283	338/567/641	21
M-b②	2.4	24.8	296	345/579	42	280	336/568/640	20

① 摩尔比 OH∶B 为 1∶1；

②摩尔比 OH∶B 为 1∶2。

所有改性酚醛树脂的 10%失重温度与未改性酚醛树脂相比都降低了，可是这些温度比更高硼含量的样品低（也就是说，邻苯二酚衍生物树脂）。这个硼改性树脂发生降解表明第一步降解可能对应于邻苯二酚或频哪醇部分的减少。在硼改性酚醛树脂观察到的第二个最大的失重率（T_{max}），在氮气和空气里，邻苯二酚衍生物比频哪醇衍生物低，这似乎说明邻苯二酚部分比频哪醇部分更容易被释放。这也一定与邻苯二酚衍生物酚醛树脂具有更高的硼含量有关。在空气里，在更高温度下发生的第三次失重，大约640℃，对应于热氧化降解。

同时测定800℃时的产碳量。产碳量与聚合物的阻燃性有关，可是应该指出，对于含硼和无硼酚醛树脂，氮气里的实验产碳量无显著差异。在空气里观察到了差异。对于未改性的酚醛树脂实际上不存在产碳，硼改性酚醛树脂的产碳量随硼含量的增加而增加，因此硼在碳的形成过程中起到了作用。因为产碳和阻燃性相联系，这些树脂应该具有优秀的阻燃性能。

酚醛树脂的热降解已经通过热解-气相色谱法在770℃研究过。结果表明，苯酚-甲醛树脂的降解包含芳香环和亚甲基桥之间键的断裂。因此，主要的降解产物是苯酚和其甲基衍生物，还有少量的简单芳香烃。此外，还有上述酚醛树脂的热解产物，它是一种低挥发性化合物，比如萘、甲基萘、联苯、氧芴、芴、菲和蒽等。

为了研究硼改性酚醛树脂和未改性树脂的不同失重，我们用烘箱研究了树脂的热降解，在氮气里，连接了一台冷凝器使得我们能够在不同的控制温度下收集加热产生的挥发物。这些温度是通过在TGA图中观察降解步骤选择的，对于所有的实验都进行了2h。因此，无硼酚醛树脂被加热到360℃，GC-MS分析确认了苯酚、羟苄基苯酚以及一甲基和二甲基衍生物。当加热到550℃时，主要检测到以下物质：苯酚、邻甲酚、对甲酚、2,6-二甲苯酚、2,4-二甲苯酚、邻二甲苯、对二甲苯以及微量的芴。这些最后的化合物可以在与亚甲基桥邻位的羟基或甲基基团有关的环化反应中生成。这些多环芳香烃的出现说明发生了一些脱水和脱氢作用。含硼酚醛邻苯二酚衍生物（M-a）被加热到310℃、360℃和550℃所有上述化合物都能检测到。在最低温度，邻苯二酚也检测到了。含硼酚醛频哪醇衍生物（M-b）被加热到300℃、340℃和570℃，同样的，所有上述化合物也都检测到了。然而，在这时最低温度下检测到了频哪醇；频哪酮由频哪醇的频哪酮化重排生成；2,3-二甲基-1,3-丁二烯，从频哪醇和 2-羟基-4,4,5,5-四甲基-1,3,2-二氧硼戊环（b′）的二脱水反应生成。图 8-36 显示上述化合物的 GC 分离和 2-羟基-4,4,5,5-四甲基-1,3,2-二氧硼戊环的质谱图。

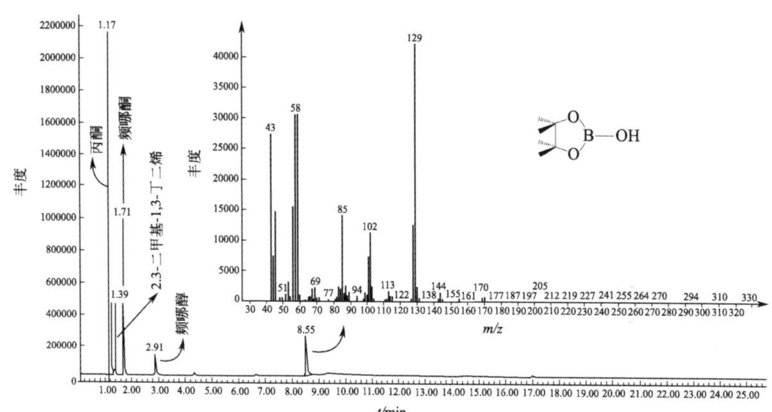

图 8-36　2-羟基-4,4,5,5-四甲基-1,3,2-二氧硼戊环的 M-b 和 MS 在 300℃时挥发物的 GC 图

这次基峰对应于［M-15］$^+$，由于 b′的最有效的甲基破碎和分子峰，在 144 能观察到但是丰度低。这个硼化合物 b′的释放可以解释为什么频哪醇衍生物酚醛树脂在空气里的产碳量比邻苯二酚衍生物酚醛树脂低。这说明硼的存在对于高温下形成残渣是十分重要的。

LOI 值可以被看作评价硼改性和未改性酚醛树脂的聚合物阻燃性的指标，也被测量后列于表 8-2 中。如表 8-2 所示，频哪醇衍生物树脂的 LOI 值相似于无硼酚醛树脂的值，这是因为在热降解的 GC-MS 分析中观察到的硼损失。因此，在碳里的硼总量可以非常低。然而，邻苯二酚衍生物树脂有更高的 LOI 值，这是由于更高的硼含量和产碳量。这个现象与硼改性提高耐火性能的机理是一致的。这个推迟降解现象形成一个绝缘的保护层，一层玻璃层可以有助于膨胀效果，这个膨胀效果阻止可燃气体转移到材料的表面，增加高温下的热稳定性并且提高耐火性。

8.4.1.4　结论

两种邻苯二酚和频哪醇的有机硼衍生物通过引入硼作为反应物使得酚醛树脂能够被部分地改性。模型化合物2,6-二甲苯酚和这些有机硼的反应完全，但是当酚醛树脂反应时，改性度适中，甚至硼化合物过量。空气中热降解显示硼的存在对于高温下产生残渣是非常重要的。高产碳量和LOI值的相关性表示，在酚醛树脂被双(苯并-1,3,2-二氧硼戊环）氧化物改性后的阻燃性得以提高。

8.4.2　我国台湾地区专家应用硼酚醛树脂研制黏土纳米复合材料

酚醛树脂是一种不可替代的材料，其工业应用包括胶黏剂、涂料、层压制品和复合材料。一些专家在酚醛树脂中加入硼以提高其热稳定性，因为在热降解过程中能形成不可穿透的玻璃层。玻璃层有效地将酚醛树脂隔绝氧气以阻止燃烧的蔓延。研究者通过在基础介质中通过水溶液反应制备了含硼的酚醛树脂。其他的含硼酚醛树脂通过用双酚A和双酚F替换苯酚的方法制备。所有的含硼酚醛树脂比普通酚醛树脂都表现出优越的热稳定性。Abdalla等通过三苯基硼酸和多聚甲醛的无溶剂反应制备硼改性酚醛树脂。结果显示羟甲基的取代推测起来可能发生在酯苯基环的邻位和对位。酚醛清漆型酚醛树脂从双（苯并-1,3,2-二氧硼戊环）氧化物和双（4,4,5,5-四甲基-1,3,2-二氧杂丙氨酰基硼）氧化物合成。空气中热降解显示硼的存在对于增加高温时的残渣质量具有重要的意义。然而，到目前为止，硼和黏土与酚醛树脂的组合以提高热稳定性还没有被试验和报道过。

本文试验采用酚醛树脂和黏土制备纳米复合材料以提高其热稳定性。已经发现所有有机改性黏土/酚醛树脂纳米复合材料显示了比纯酚醛树脂更好的热稳定性。特别是用含苄基或苯基的铵盐改性的有机黏土制成的纳米复合材料，显示了最高的分解温度（T_d）。例如，含苄基二甲基苯基氯化铵改性的MMT的纳米复合材料，含有苄基和苯基，其T_d（553℃）比纯酚醛树脂（464℃）高许多。在本文中，我们通过原地聚合作用进一步将硼合并进酚醛树脂/黏土纳米复合材料里。对硼在纳米复合材料的热降解和热稳定性产生的效果进行了详细的报道和讨论。含硼纳米复合材料的吸水性也通过和不含硼材料的对比进行了研究。

8.4.2.1　原材料

钠蒙脱石购自美国南方黏土产品公司，阳离子交换能力(CEC) 是 92.6meq·100g^{-1}。十六烷基二甲基苄基氯化铵 [$CH_3(CH_2)_{15}CH_2C_6H_5N^+(CH_3)_2Cl^-$，BH] 和三乙基苄基氯化铵 [$C_6H_5CH_2N^+(C_2H_5)_3Cl^-$，BE] 购自瑞士 Fluka 公司；苄基二甲基苯基氯化铵 [$C_6H_5CH_2N^+(CH_3)_2C_6H_5Cl^-$，BP] 购自美国 TCI 公司。苯酚、甲醛（37%水溶液）和氨水（28%水溶液）是分析纯（AR)。所有的试剂未经过进一步提纯。

8.4.2.2　有机改性层状蒙脱土的制备

制备有机改性 MMT 的一般程序如下。例如，在 150mL 的去离子水中加入 MMT（2g)，混合物在 80℃搅动 16h。苄基二甲基苯基氯化铵（BP：0.55g）的去离子水溶液（50mL）加入上述分散的 MMT 溶液并在 80℃猛烈搅拌 3h。处理过的 MMT 用新制 1∶1去离子水和乙醇混合液反复洗涤直到用 0.1mol/L $AgNO_3$(aq) 滴定无 AgCl 形成。过滤收集固体，滤饼 100℃真空干燥 24h 得到苄基二甲基苯基氯化铵改性的 MMT（BPMT)，然后在研钵里研磨成粉。十六烷基二甲基苄基氯化铵改性的 MMT（BHMT）和三乙基苄基氯化铵改性的 MMT（BEMT）用类似的程序制备。

8.4.2.3　硼酚醛树脂/蒙脱土纳米复合材料的制备

一个 150mL 双颈玻璃反应器装入 BPMT（1g，相对于苯酚的质量分数为 10%)、苯酚（10g，0.106mol)、甲醛（10.35g，0.127mol)（P∶F 摩尔比=1∶1.2）和氨水（0.67g，相对于苯酚的摩尔分数为 5%）作为催化剂。混合物首先在 70℃搅拌 20min，再加热到 120℃后额外反应 3h。然后产品用旋转式蒸发器在大约 45～50℃脱水以得到酚醛树脂/MMT 纳米复合材料（BP-10%)。酚醛树脂/十六烷基二甲基苄基氯化铵改性的 MMT（BH-10%）和酚醛树脂/三乙基苄基氯化铵改性的 MMT（BE-10%）用同样的程序制备。百分数代表有机改性的 MMT 相对于苯酚的质量分数。

固化前，纳米复合材料装入一个铝盘并在真空干燥箱中加热到 50℃保持 6h 以去除微量的挥发性化合物。随后固化过程在 70℃进行 6h，80℃进行 1h，90℃进行 1h，110℃进行 2h，120℃进行 1h，140℃进行 1h，160℃进行 1h，180℃进行 2h，200℃进行 3h。固化的样品用于热重分析（TGA）和透射电子显微镜（TEM）。

8.4.2.4　含硼酚醛树脂/蒙脱土纳米复合材料的制备

例如，在一个 150mL 双颈玻璃反应器里装入改性 BPMT（1g，相对于苯酚的质量分数为 10%）、苯酚（10g，0.106mol）、甲醛（10.35g，0.127mol）和氨水（0.67g，相对于苯酚的摩尔分数为 5%）作为催化剂。混合物首先在 50℃搅拌 20min 然后在 70℃搅拌 2h，然后用旋转蒸发器在 45～50℃脱水。在上述混合物里加入硼酸(2.63g，0.0424mol)并在 120℃搅拌 1h。用旋转式蒸发器在 50～60℃脱水以得到含硼酚醛树脂/MMT 纳米复合材料（BP-B10%）。其他纳米复合材料包含质量分数为 8% 和 12% 的改性 BPMT(相对于苯酚)用同样的程序制备。按照前面提及的程序，含硼酚醛树脂/十六烷基二甲基苄基氯化铵改性的 MMT(BH-B8%～12%)和含硼酚醛树脂/氢氧苯基三乙基胺改性 MMT（BE-B8%～12%）也用类似的方法制备。固化过程和条件与前文相同。百分数代表有机改性 MMT 相对于苯酚的质量分数。

8.4.2.5　先加入硼酸型硼酚醛树脂的制备

制备无改性 MMT 含硼酚醛树脂用于研究硼酸在含硼纳米复合材料吸水性的作用。苯酚（10g，0.106mol）和硼酸（2.19g，0.0353mol）被放入一个 150mL 双颈玻璃反应器。最初，混合物在 160℃反应 20min，然后在 180℃反应 4h，跟着用旋转蒸发器在大约 95℃进行脱水。向混合物中加入甲醛（10.35g，0.127mol）和氨水（0.67g，相对于苯酚的摩尔分数为 5%）作为催化剂；在 50℃搅拌 20min，然后在 70℃搅拌 2h，120℃搅拌 1h。最后，用旋转蒸发器在 50～60℃脱水以得到硼改性酚醛树脂（TPB）。固化过程和条件与前文一样。通过最后加入硼酸制得的硼酚醛树脂（BP）与前文一样，只是不加入改性蒙脱土。

8.4.2.6　测量

X 射线衍射（XRD）分析在一台 Rigaku X 射线发生器（Cu Kα 辐射，λ=0.154nm）上进行，发电机电压 40kV，电流 30mA。

扫描范围 2θ 是 $2°\sim10°$ 以 $2°\cdot min^{-1}$ 的速度。一台热重分析仪（TGA）用于研究固化纳米复合材料的分解行为和热稳定性。一个典型样品的质量是大约 8～10mg，分析是在 $10℃\cdot min^{-1}$ 的加热速率从 50～790℃氮气气氛条件下进行的。为了研究纳米复合材料的微观结构，将固化的样品埋入环氧树脂，然后切成 30nm 厚的样品（用 Ultrathin 超薄切片机）以微观观察。纳米复合材料的形态用透射电子显微镜（日立 H7500 型）成像，加速电压 80kV。

8.4.2.7　结果和讨论

（1）X 射线衍射　改性蒙脱土和经原地聚合作用制备的含硼层状硅酸盐纳米复合材料的硅酸盐通道间距（d_{001}）的结构和变化用 X 射线衍射法检测。图 8-37 显示改性 MMT 和纳米复合材料的 XRD 图谱，它们的 2θ 和 d 间距（d_{001}）如表 8-3 所示。原始的蒙脱土（PM）基面间距 d_{001} 是 1.25nm，根据布拉格公式 $\lambda=2d\sin\theta$ 计算。

表 8-3　改性 MMT 的 X 射线峰位和 d 间距（d_{001}）

样品	2θ/(°)	d 间距/nm
Na^+-MMT	7.04	1.25
BHMT	4.80	1.84
BPMT	5.74	1.54
BEMT	5.97	1.47

注：d 间距根据布拉格公式 $\lambda=2d\sin\theta$ 计算。

BHMT 的 XRD 图谱（图 8-37）显示，离子交换后 001 反射的 2θ 值从 7.04°移动到 4.80°，表明基面间距扩大到 1.84nm，因为夹层通道的钠离子已经和苄基二甲基苯基氯化铵进行了交换。BPMT 和 BEMT 显示类似的结果，它们的 d 间距分别是 1.54nm 和 1.47nm。在加入硼以后，所有的含硼酚醛纳米复合材料 BH-B10％、BP-B10％和 BE-B10％从 $1°\sim10°$的 2θ 范围内没有显示出衍射峰。这表示所有纳米复合材料在这个尺寸范围没有有序结构，同时黏土通道已经被含硼酚醛树脂充分地扩大或剥离。

（2）透射电子显微镜　剥离型纳米复合材料的制备需要黏土层

承担一个高效的膨胀，从而导致更好的分散。当层间基面间距很小的时候（例如，在 1.5～3nm)，纳米复合材料被称作夹层型的。如果间距很大，纳米复合材料被称作剥离型的。然而，直接的

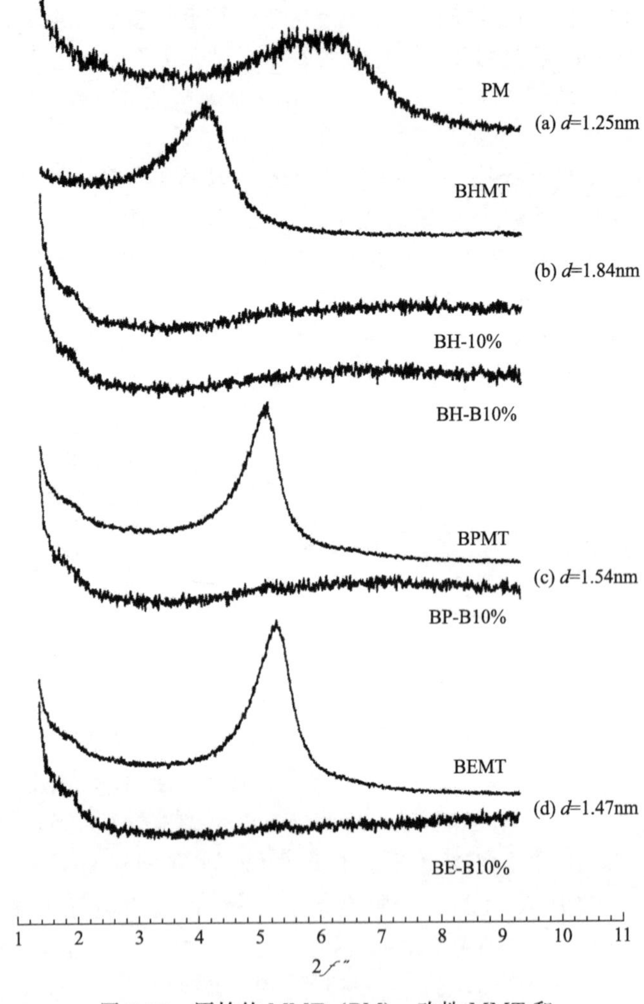

图 8-37 原始的 MMT（PM)、改性 MMT 和纳米复合材料的标准化 XRD 图谱

TEM 调查对于核实纳米复合材料的结构（夹层型或剥离型）经常是必要的。无硼 BH-10%和含硼 BH-B10%纳米复合材料固化后的 TEM 图像如图 8-38 所示。

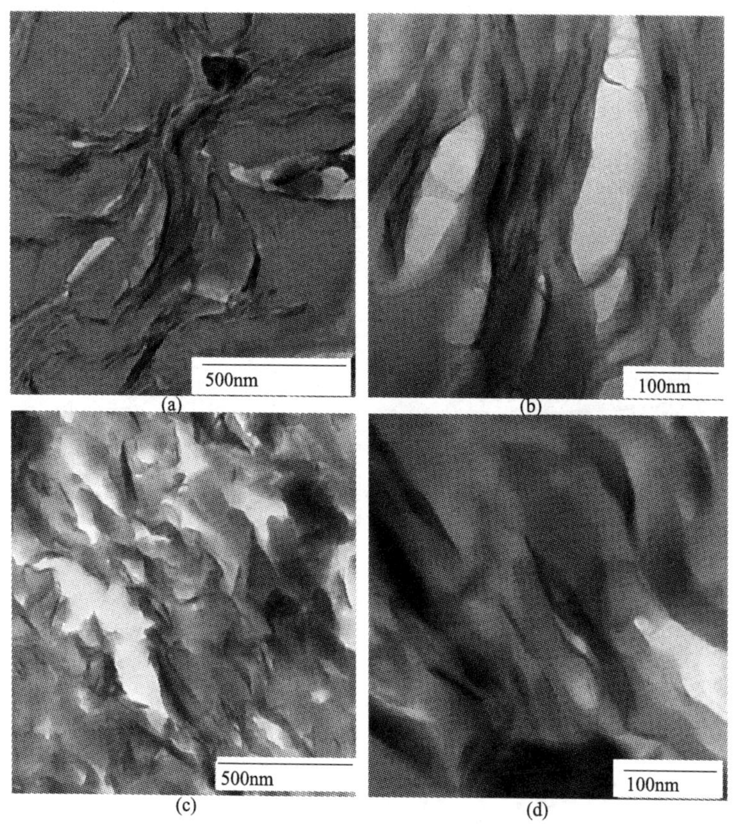

图 8-38　无硼 BH-10%（a），（b）和含硼纳米复合材料 BH-B10%（c），（d）的 TEM 图像

图 8-38 中黑线和灰色区域分别表示 MMT 层和聚合物基体。虽然 BH-10%和 BH-B10%的 XRD 图谱在 1°～10°的 2θ 范围内没有显示出衍射峰（图 8-37），它们的 TEM 图像彼此非常不同。BH-

10%有部分的夹层结构，如图 8-38（a）和（b）所示，图中硅酸盐层被酚醛树脂基体插层，MMT 类晶团聚体高度地剥落成一些 1～2nm 厚薄片。对于 BH-B10%纳米复合材料，在纳米分散的范围内远远优于 BH-10%。如图 8-38（c）和（d）所示，BH-B10%的结构部分地被含硼酚醛树脂所剥离，硅酸盐层的尺寸减小到大约 50nm×1nm（长×厚）。类似地，BP-B10%［图 8-39（a）和（b）］和 BE-B10%［图 8-39（c）和（d）］的结构部分地被酚醛基体所剥离。

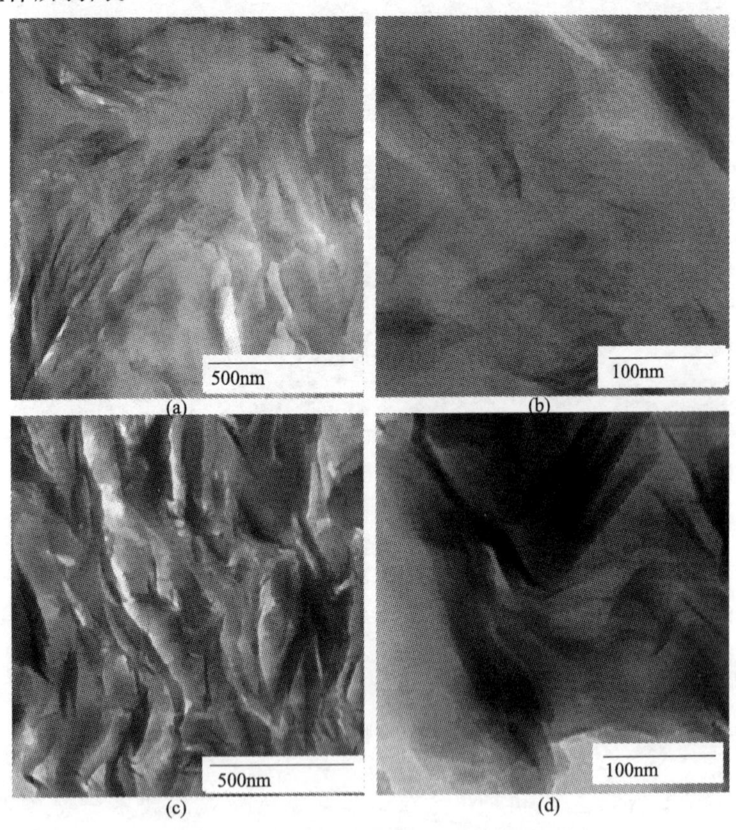

图 8-39　含硼纳米复合材料 BP-B10%（a），（b）和 BE-B10%（c），（d）的 TEM 图像

（3）热重分析　热重分析（TGA）在氮气气氛中进行以研究固化含硼纳米复合材料的热稳定性。图 8-40～图 8-42 中的点显示对于含硼纳米复合材料（BH-B，BP-B 和 BE-B）温度造成的质量差异。热分解温度（T_{ds}）定义为 10%失重温度，纳米复合材料在 790℃的剩余质量总结在表 8-4 中。明显地，含硼纳米复合材料（BH-B，BP-B 和 BE-B 系列）的热稳定性优于无硼样品（BH-10%，BP-10%和 BE-10%）。例如，和 BH-10%（T_d＝485℃）对比，在 BH-B10%中加入硼显著地提高了它的 T_d（从 485℃到 542℃）和产碳量（从 63.2%到 70.5%）。这可归因于由酚式羟基和硼酸形成的耐热硼酸酯。TGA 图形显示所有含硼纳米复合材料的降解在 250℃以上变得明显，这可能是由于未反应的硼酸的脱水。此外还发现玻璃层含有无机硼（B_2O_3）促进了燃烧过程中碳的形成，这确保了硼在材料中阻燃的角色。因此，含硼纳米复合材料残渣量的增加可以被主要归因于合并的硼。BP-B10%（从 523℃到 552℃）和 BE-B10%（从 520℃到 541℃）的分解温度（T_d）分别提高了大约 29℃ 和 21℃，然而产碳量的增加是 9.2%（从 63.4%到 72.6%）和 4.4%（从 66.2%到 70.6%）。

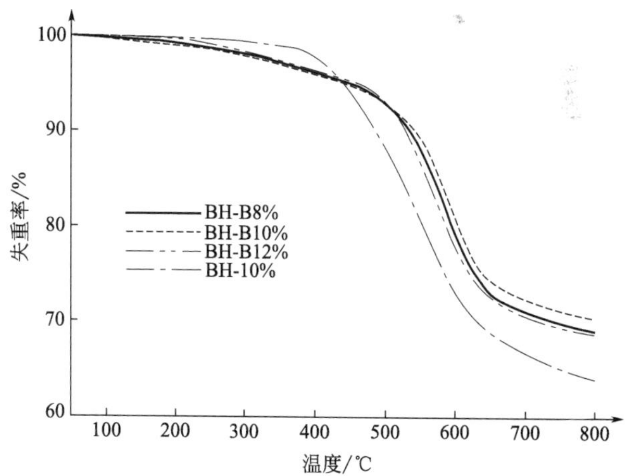

图 8-40　BH-10%和含硼 BH-B 纳米复合材料的 TGA 热重分析

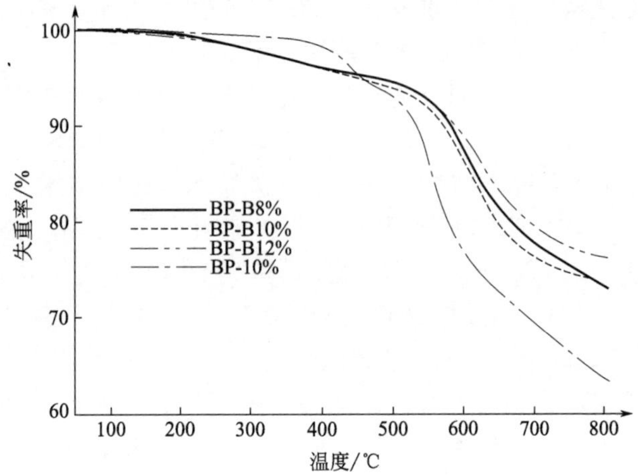

图 8-41 BP-10％和含硼 BP-B 纳米复合材料的 TGA 热重分析

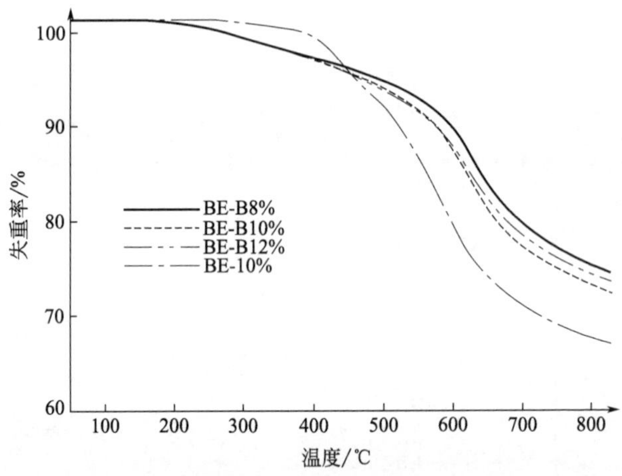

图 8-42 BE-10％和含硼 BE-B 纳米复合材料的 TGA 热重分析

表 8-4 纳米复合材料的热分解温度和残渣质量

样本	$T_d^①$/℃	790℃残渣质量/％(质量分数)	样本	$T_d^①$/℃	790℃残渣质量/％(质量分数)
BH-10％	485	63.2	BH-B12％	521	68.8
BH-B8％	534	69.2	BP-10％	523	63.4
BH-B10％	542	70.5	BP-B8％	568	73.0

续表

样本	$T_d^{①}$/℃	790℃残渣质量/%(质量分数)	样本	$T_d^{①}$/℃	790℃残渣质量/%(质量分数)
BP-B10%	552	72.6	BE-B8%	562	72.6
BP-B12%	566	76.1	BE-B10%	541	70.6
BE-10%	520	66.2	BE-B12%	538	71.8

① T_d 为 10%失重时的分解温度。

(4) 纳米复合材料的吸湿性　经研究发现含硼纳米复合材料易于在环境中吸潮。吸潮性可能对材料导致有害的影响，比如纳米复合材料的热稳定性的减退。为了研究纳米复合材料的吸潮量，一个干样品（大约 1g）被置于设定的环境温度和湿度里，每小时重复测量质量直到恒重。在此之前，样品被放入真空干燥器里在 80℃干燥直到恒重。结果显示含硼复合材料（BH-B，BP-B 和 BE-B 系列）比无硼样品（BH，BP 和 BE 系列）吸收更多的水分。如图 8-43所示，对于 BE-10%和 BE-B8%～12%样品质量随时间逐渐增加到一个渐近值。然而，260h 以后最终的吸潮量不止取决于纳米复合材料系列，也取决于含硼量。如表 8-5 所示，BH-10%的吸湿量是 4.3%，对于 BH-B 含硼量为 8.2%～12.2%。对于 BP 系列，

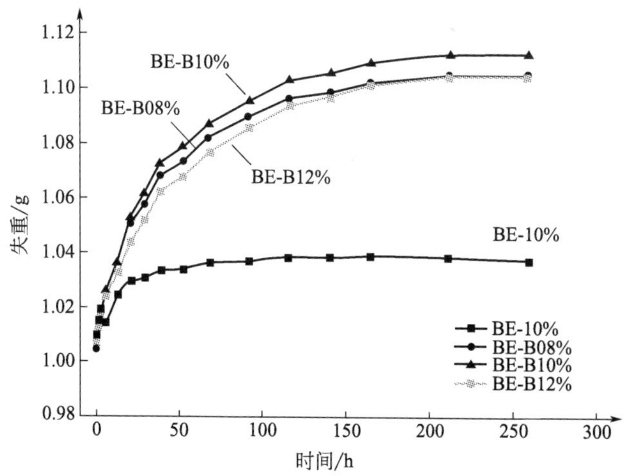

图 8-43　含硼纳米复合材料 BE 系列的吸湿性

对于BP-10%和BP-B系列的值分别是2.8%和10.1%～13.7%。有趣的是，BE-B系列（9.9%～10.9%）吸湿性的波动是含硼纳米复合材料中最小的，虽然无硼BE-10%系列（2.9%）的值与BH-10%和BP-10%的值平行。因为所有含硼纳米复合材料加入了大约10%质量分数的硼酸，本文认为吸潮性主要由未反应或部分反应的硼酸引起。

表 8-5　含硼纳米复合材料和无硼样品的质量变化

样品	吸潮量/%			
	X-10%	X-B8%	X-B10%	X-B12%
BH	4.3	9.1	8.2	12.2
BP	2.8	10.1	12.9	13.7
BE	2.9	10.4	10.9	9.9

注：吸潮量为在环境条件下260h后的质量增加量。

如果吸潮性主要取决于复合材料里未反应的或部分反应的硼酸，那么理论上可以通过使苯酚和硼酸的反应更完全的方法减少吸潮量。合成策略是苯酚和硼酸反应首先生成尽量多的三苯甲烷（图8-44），接下来在基本条件下加入甲醛以制备硼改性酚醛树脂TPB31和TPB61（31和61分别指苯酚：硼酸的摩尔比＝3：1和6：1）。图8-45表示硼改性酚醛树脂（TPB和BP）的失重随温度变化的点。很明显，与BP31相比，TPB31的T_d增加了27℃（从579℃到606℃），产碳量增加了5%（质量分数）（从73.2%到78.2%）。TPB61的分解温度增加了大约23℃（从537.0℃到560℃），可是残渣量基本保持不变（从71.4%到71.8%）。因此，由先加入硼酸制备的TPB比BP显示出高得多的分解温度，在BP里苯酚和甲醛反应后再加入硼酸（图8-46），说明前者由于硼酸和苯酚的反应更完全产物含有更高的硼酸酯浓度。

图8-47显示硼改性酚醛树脂（TPB和BP）的增重随时间的变化的点。这揭示了TPB的吸湿量比BP小得多。260h后的最终吸湿量对于BP31和BP61分别是14.8%和13.2%，然而，TPB31和TPB61的值只有大约6.2%和3.8%。很明显，苯酚和硼酸的预反

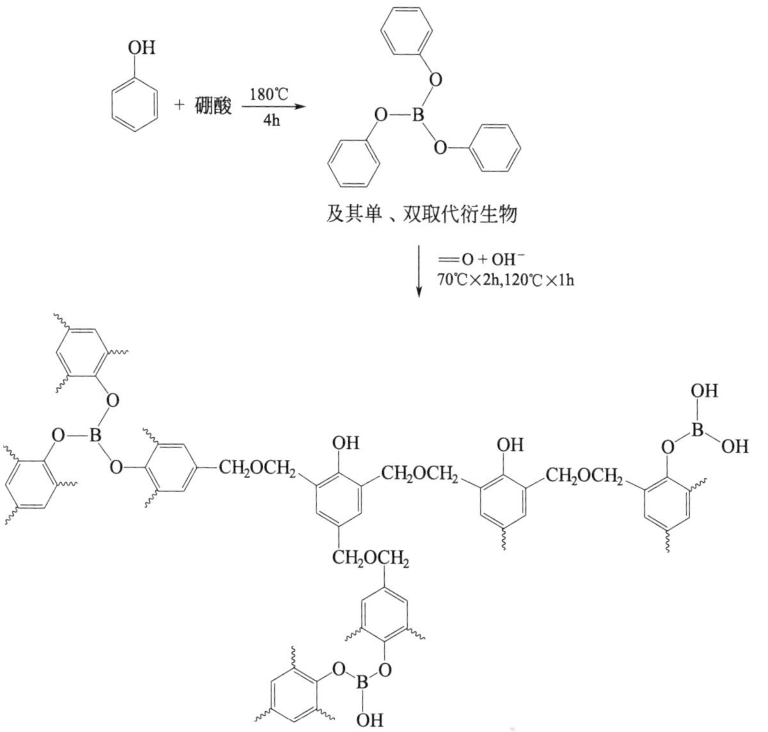
OH
+ 硼酸
180℃
4h
O
O—B
O
及其单、双取代衍生物
=O + OH⁻
70℃×2h,120℃×1h
O
O—B
O
CH₂OCH₂
OH
CH₂OCH₂
OH
CH₂OCH₂
OH
B
O
OH
CH₂OCH₂
O
B
O
OH

图 8-44　硼改性酚醛树脂的合成：苯酚和硼酸先反应

应对于减小酚醛树脂的吸湿量是有效的。这也证实了之前的推论：未反应或部分反应的硼酸导致更高的吸湿性。

8.4.2.8　结论

本节用含硼酚醛树脂和蒙脱土（MMT）成功地制备了纳米复合材料（BH-B，BP-B 和 BE-B 系列），其中 MMT 用十六烷基二甲基苄基氯化铵（BH）、苄基二甲基苯基氯化铵（BP）和苄基三乙基氯化铵（BE）改性。TEM 图像显示在 BH-B10％、BP-B10％和 BE-B10％里硅酸盐层均匀地在聚合物基体里被部分地剥离和分散。它们的 T_{ds} 和在 790℃ 的产碳量分别是 21～57℃ 和 4.4％～9.2％（质量分数），比无硼样品（BH-10％，BP-10％和 BE-10％）

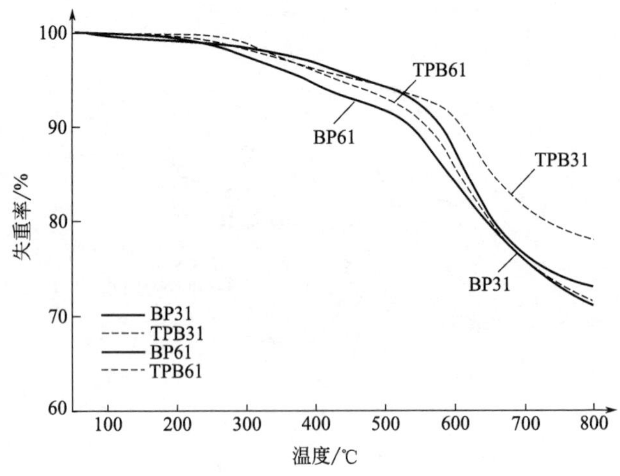

图 8-45　含硼酚醛树脂的 TGA 热重分析

高。现在的结果说明加入硼可以有效地提高酚醛树脂的热稳定性。然而，含硼纳米复合材料更易于吸收水分，在环境条件下的平衡吸湿量大约是 9%～14%，然而无硼样品的值只有 3%～4%（质量分数）。高吸潮量源于在制备过程中未反应的或部分反应的硼酸。事实证明，用硼酸和苯酚先反应制备的含硼酚醛树脂（3.8%～6.2%）比在最后阶段再加入硼酸制备的样品（13.2%～14.8%）显著地展现出更低的吸湿性。硼酸和多余的苯酚的预反应能有效地减少含硼酚醛树脂和其复合材料的吸湿性。

8.4.3　韩国专家应用硼酚醛树脂研制摩擦材料

8.4.3.1　实验

本节研究的摩擦材料是用简单的配方制作的，包含 4 种成分：钛酸钾（晶须型，日本大冢化学株式会社）、聚芳基酰胺纤维（Kevlar　型号 979）、$ZrSiO_4$（1μm，粉状）以及酚醛树脂。在这个实验中一共使用了三种不同的树脂。纯酚醛树脂和硅改性酚醛树脂是由韩国江南化工有限公司生产的，硼-磷改性的酚醛树脂是由韩国瀚森特种化工有限公司生产的。树脂的分子结构如图 8-48

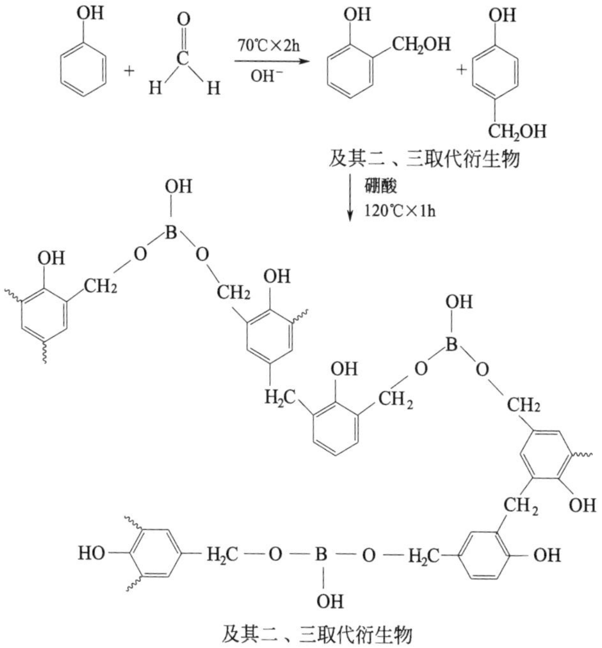

70℃×2h
OH⁻
及其二、三取代衍生物
硼酸
120℃×1h
及其二、三取代衍生物

图 8-46　硼改性酚醛树脂的合成：苯酚和甲醛先反应

失重/g
时间/h
BP31
BP61
TPB31
TPB61

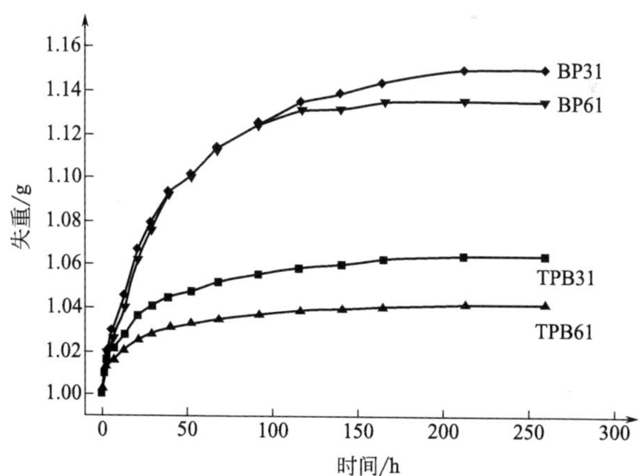

图 8-47　含硼酚醛树脂的吸湿量

所示。

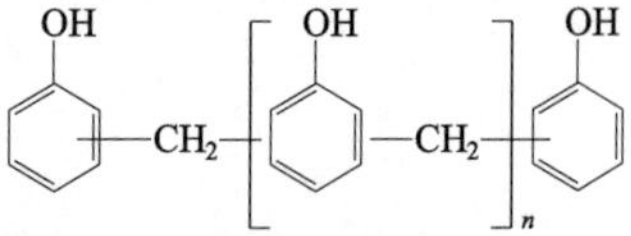

(a) 纯酚醛树脂

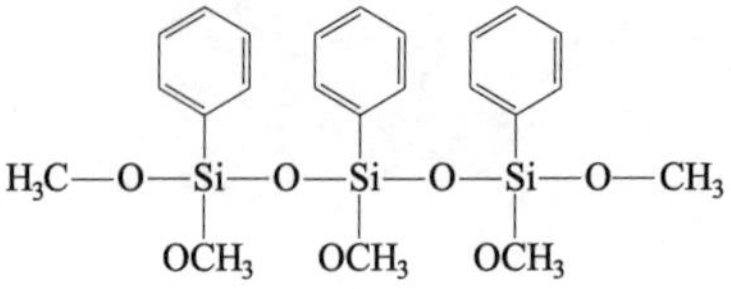

(b) 硅改性酚醛树脂

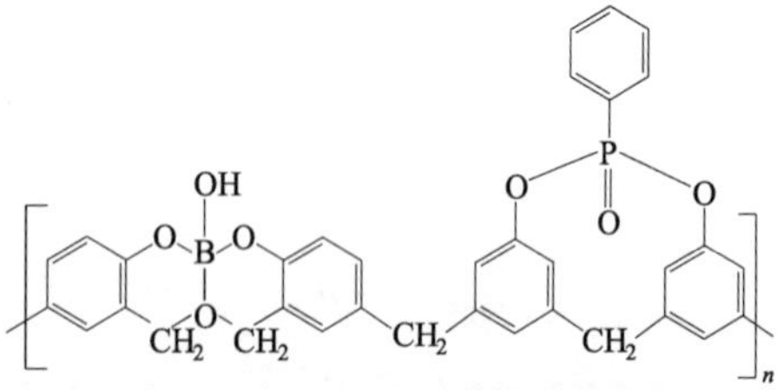

(c) 硼-磷改性酚醛树脂

图 8-48　三种树脂的分子结构

摩擦材料中成分的相对量如表 8-6 所示。

表 8-6　本文研究的摩擦材料的成分

成分	类型	样品 A 的体积分数/%	样品 B 的体积分数/%	样品 C 的体积分数/%
酚醛树脂	纯酚醛树脂	30	0	0
	硅改性的酚醛树脂	0	30	0
	硼磷改性的酚醛树脂	0	0	30
聚芳基酰胺纤维	Kevlar 979	20	20	20
钛酸钾	晶须型	40	40	40
锆石	平均直径约 1μm	10	10	10

摩擦材料的制作过程是混合、先成型、热压，后固化。摩擦材料表面接触尺寸是 2cm×2cm，C-SiC 圆盘被当作基台材料。这个

圆盘是韩国 DACC 公司使用液体渗透的方法生产的，直径是 162mm，厚度是 8mm。表面形态学和表面的摩擦面积是由电子扫描显微镜检测的（SEM，Horiba EX-200），结果如图 8-49 所示。

物质	颜色	面积率/%
SiC	灰	32.8
Si	白	11.0
C	黑	56.2

图 8-49　C-SiC 盘的不同相的扫描电子显微镜图像
（该表面的面积率用图像分析仪计算）

摩擦实验是用一个 Krauss 型摩擦测试仪做的（图 8-50），实验包含磨光停顿和拖拽测试，恒定温度为 50℃、80℃、100℃、150℃、200℃、250℃、300℃、350℃、370℃、400℃，固定负荷是 0.69MPa。摩擦测试期间的圆盘温度是使用一个非接触红外热追踪装置测量的。磨损量是通过测量摩擦材料的厚度变化而获得的。为了比较三种不同样品的磨损量，单位磨损率是用摩擦实验过程中的摩擦能标准化磨损量计算的。摩擦材料的热分析是用热分析仪进行的，加热速率是 5℃·min^{-1}，一直加热到 650℃。

8.4.3.2　结果和讨论

（1）摩擦系数　制动摩擦材料的摩擦系数是影响制动性能的一个重要参数，还可以用来理解制动现象的各种问题，比如停止距离、衰退、噪声习性、脚蹬感觉以及制动产生的震动等。在本次研究中，摩擦系数被当作一个温度的函数去测量，以理解在不同温度下树脂对摩擦效率的影响。图 8-51 显示当温度上升到 400℃时摩擦系数随温度的变化。数据显示摩擦系数的水平和在峰值处的温度是受所使用的树脂影响的。

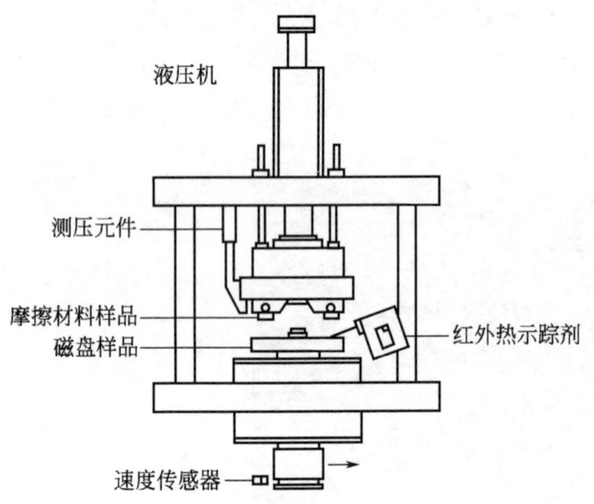

图 8-50　克劳斯型摩擦试验机的示意图

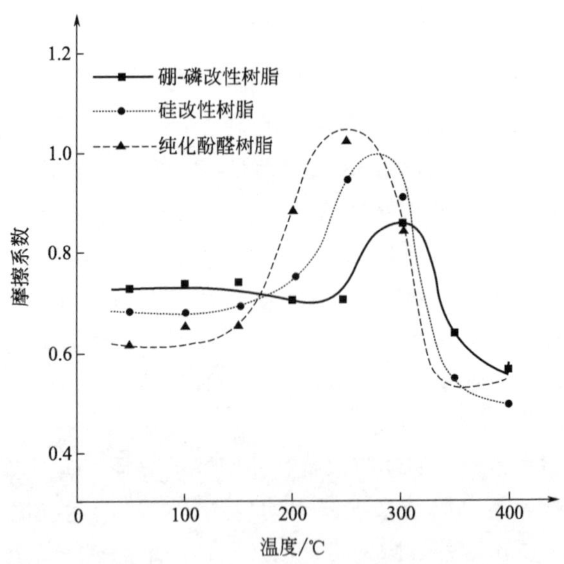

图 8-51　拖曳实验过程中摩擦系数随温度的变化

在温度低于 200℃时，含有 B-P 或者 Si 改性树脂的摩擦材料显示出高摩擦系数，表明酚醛树脂的酯化作用提升了聚合物链之间功能基组的结合强度。另一方面，在温度处于 200～350℃之间时，摩擦系数迅速增长，含有纯化酚醛树脂的摩擦材料记录了摩擦系数的最高水平。图 8-51 中的图像归因于树脂在温度升高时的黏弹性性能，因为酚醛树脂的黏弹性行为超出玻璃化转变，玻璃化转变显著影响摩擦系数，所以酚醛树脂的黏弹性行为受酯化作用之后的聚合物链之间的功能基组类型的影响。众所周知，纯酚醛树脂在 280℃左右显示了玻璃化转变，当温度上升到 320℃时经历橡胶状态，一直到未反应的酚醛树脂经历后固化。因此，图 8-51 中不同温度下的不同峰值表明玻璃化温度以上的结构变化，同时表明硼酸和磷酸的酯化作用比聚合物链中 Si 原子的合并或者纯化树脂的亚甲基键更高效。

然而，在摩擦水平中峰值过后，摩擦系数迅速降低，这表明树脂开始热分解。众所周知，纯化酚醛树脂的热分解开始于 350℃，通过羟基和亚甲基基组之间的后固化反应，同时在两个羟基组之间展示无规则链的断裂，温度高于 550℃时，树脂变成炭。树脂的热重分析在空气中进行，来研究温度升高时摩擦系数的改变（图 8-52）。

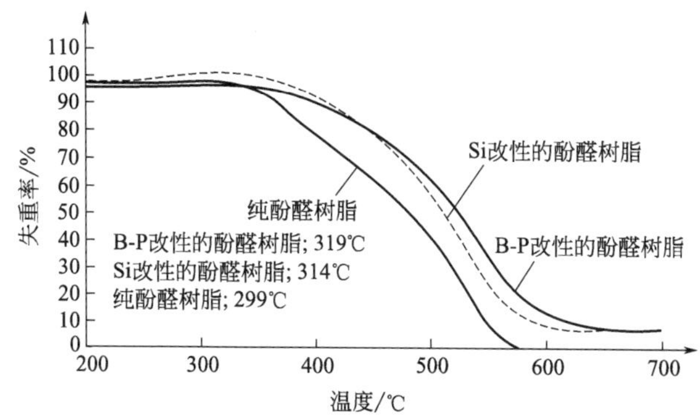

图 8-52　三种酚醛树脂随温度变化和热分解温度的热重分析

图 8-52 显示，如果纯化树脂处于 299℃时，热分解进行的就早；而这个分解温度对于改性树脂来说稍微有点高。314℃和 319℃分别对应 Si 和 B-P 改性的树脂。图 8-52 中分解温度细微的差别归因于存在于分子链中不同的官能团，这导致摩擦稳定性产生

更大的差别。这与之前得到的结果吻合，即热重分析中转化温度的些许提升可以大大提升摩擦材料的热稳定性，在高温拖拽条件下大大促进抗衰退性。

（2）磨损　实验测量了含三种不同酚醛树脂摩擦材料随温度变化的磨损率，如图 8-53 所示。

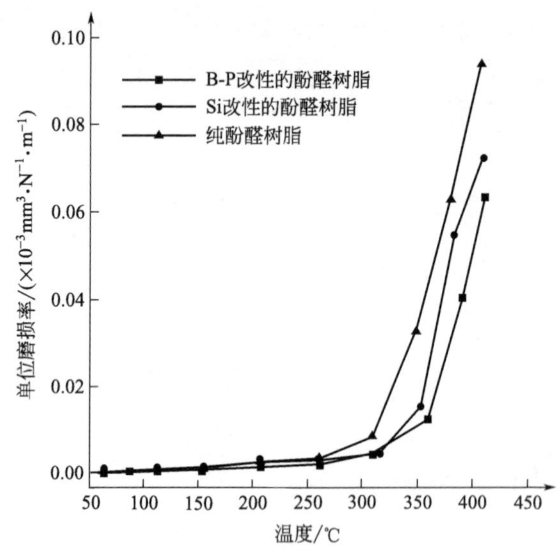

图 8-53　单位磨损率根据温度变化的图形

磨损率的计算方法是用滑动过程中的摩擦能标准化磨损量。摩擦材料单位磨损率（$mm^3 \cdot N^{-1} \cdot m^{-1}$）显示，当温度在 300℃以下时，其增长缓慢；而当温度在 300℃以上时，磨损迅速。当温度适中时，不管是何种树脂类型，磨损率是相似的；但是，当温度高于 325℃时，差别显著。这表明，磨损机制在临界温度前后是不同的。表面看起来，当温度在 300℃以下时，磨损机制基于聚合物链之间弱键的破坏，而当温度超出 300℃时，材料的磨损依赖于无规则链断裂以及酚醛树脂的碳化。在测试后，我们同样测量了累积的单位磨损量，如表 8-7 所示。

表 8-7　含不同酚醛树脂的三种摩擦材料的单位摩擦量总和

酚醛树脂的类型	磨损量总和/($\times 10^2 mm^3 \cdot N^{-1} \cdot m^{-1}$)
纯酚醛树脂	14.34
Si 改性的酚醛树脂	10.25
B-P 改性的酚醛树脂	8.69

表 8-7 数据表明，在使用硼和磷改性纯化树脂后，耐磨损性大概提升了 65%；在使用 Si 改性树脂后，耐磨损性大概提升了 18%。

为了研究在不同温度范围内的磨损机制，Arrhenius 曲线是按如下构建的：单位磨损率（$mm^3 \cdot N^{-1} \cdot m^{-1}$）被当作温度倒数（$K^{-1}$）函数而测量（图 8-54）。

图 8-54 清楚地表明在转化温度前后磨损过程的活化能是不同的（表 8-8），这表明不同的磨损机制。

表 8-8　三种不同酚醛树脂在适当温度（200℃以下）和高温（350℃以上）磨损测试中的活化能

树脂类型	200℃以下的活化能/$kcal \cdot mol^{-1}$	350℃以上的活化能/$kcal \cdot mol^{-1}$
纯酚醛树脂	3.11	15.48
Si 改性的酚醛树脂	3.12	23.64
B-P 改性的酚醛树脂	2.53	28.02

不管是何种类型的树脂，在转化温度之前从磨损测试中获得的活化能都是很小的且相似的。在温度适中的范围内，相似的活化能显示出磨损过程不受黏合树脂类型的影响，而是由其他成分的耐磨损度决定的。然而另一方面，在高温下的磨损过程针对不同的树脂类型与活化能相关。从图 8-54 中获得的活化能的量与树脂的化学结构及其在温度升高时的分解紧密相关。200℃以下的小的活化能表明磨损过程依赖于弱键的断裂，如链之间的氢键。另一方面，350℃以上的大的活化能似乎是由于聚合物链的无规则断裂，酚醛树脂的氧化和碳化。

酚醛树脂分解的动力学研究同样显示出相似的趋势，表明磨损率与酚醛树脂的分解动力学紧密相关。含有纯化酚醛树脂的摩擦材料的活化能（$15.48 kcal \cdot mol^{-1}$）与纯酚醛树脂的热分解相关的活

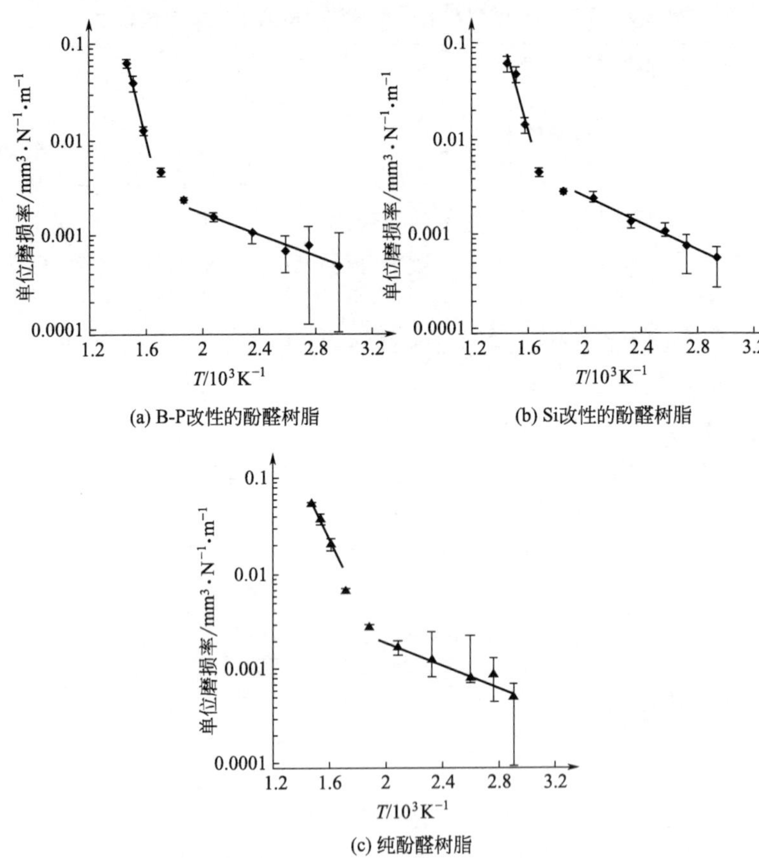

(a) B-P改性的酚醛树脂

(b) Si改性的酚醛树脂

(c) 纯酚醛树脂

图 8-54 三种不同酚醛树脂摩擦材料的单位磨损率随热力学温度倒数变化的 Arrhenius 曲线

化能相似。这表明摩擦材料的高温磨损过程主要是由黏合树脂的热降解决定的。相同的基本原理可以在 Si 或者 B-P 改性的树脂的摩擦材料中发现，因为典型的耐热酚醛树脂热分解活化能（22～27$kcal\cdot mol^{-1}$）类似于本研究中获得的活化能（23.64$kcal\cdot mol^{-1}$和 28.02$kcal\cdot mol^{-1}$）。

摩擦材料的破损表面也被测量了，以便证实以上提到的在不同温度区域内的磨损过程。图 8-55 显示了用 B-P 改性的酚醛树脂生产出来的摩擦材料的破损表面的 SEM 显微照片。

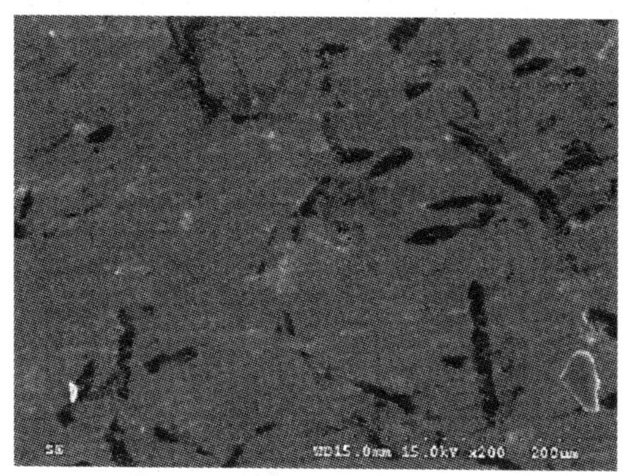

(a) 80℃

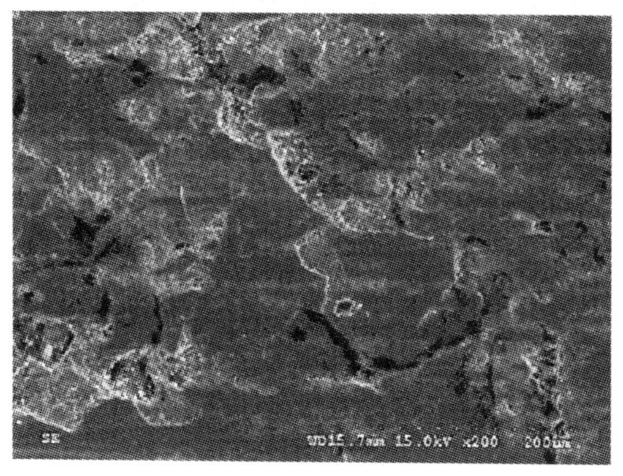

(b) 370℃

图 8-55　含 B-P 改性酚醛树脂摩擦材料在恒温拖曳实验后的破损表面

在 80℃进行磨损测试后的破损表面展示了一个统一的表面，然而在 370℃进行测试后的破损表面揭示出巨大的受热影响后的表面区域的分离。低温磨损测试后的统一表面表明树脂在滑动过程中成分保存良好，因此磨损过程主要由暴露在滑动表面的成分的逐渐移除决定的。另一方面，在高温磨损测试后主要的分离表面区域显示，磨损过程主要是由表面下的黏合树脂的热分解决定的，产生相对来说大量的补丁作为磨损残骸。被高度放大的破损表面(图 8-56)显示紧凑平滑的高原，连同局部分离区域以及脱离开的成分，支持在温度升高时树脂表面下的热分解基础上的磨损机制。

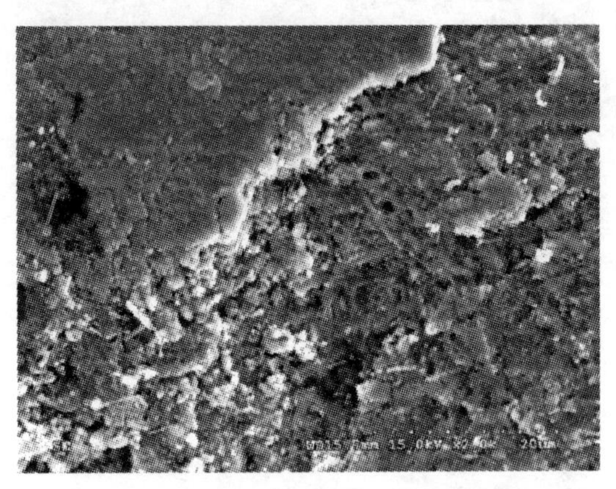

图 8-56　在 370℃摩擦材料表面磨损，显示一个分离区（右下角）和一个紧实光滑的高原（左上角）

图 8-56 的显微照片由含 B-P 改性酚醛树脂摩擦材料制得。分离区内表面揭示了加强晶须和锆石颗粒。纯化树脂摩擦材料的平滑表面在高温测试下显示出更加严重的表面破损，这证实了在温度升高时黏合树脂的重要性。从本研究中在不同温度区域内获得的磨损机制的基础上，我们发现在适当温度下摩擦材料的耐磨性可以通过选择恰当的具有高度耐磨性的成分的方法得以提升。另一方面，当温度升高时，如果要提升耐磨性，黏合树脂的选择就比其他成分重要得多。

8.4.3.3　总结

通过计算作为温度函数的单位磨损率以及分析磨损测试后的表面形态学，不同温度区域的磨损过程都得到了检测。Arrhenuis 曲线被用来比较相变温度前后的磨损机制。

结果显示黏合树脂的热降解决定作为温度函数的摩擦系数的改变。耐热酚醛树脂显示温度越高，摩擦系数越大；随着温度的升高，摩擦稳定性也越好。含耐热树脂的摩擦材料更加耐磨损；在热分解温度以上，温度越高，耐磨损性能越显著。在适当温度下的磨损率不受树脂类型的影响，这表明在普通制动条件下，胶黏剂在摩擦材料的耐磨损方面只起到很小的作用。然而，在临界温度以上，磨损率深受包含无规则链断裂和碳化的树脂热分解的影响。

不同温度下进行的磨损测试过后的破损表面形态学同样支持两种不同的磨损机制。不管何种类型的树脂，低温磨损测试后的摩擦材料的破损表面很光滑，均与之前没有明显区别。另一方面，当温度升高时，破损表面显示出平滑的平面含有很多脱离的区域。破损表面的脱离区域归因于胶黏剂树脂在内表面进行的热分解，失去了成分的保持力。磨损测试结果同样显示含 B-P 改性的树脂的摩擦材料比其他摩擦材料更加耐磨损，更加抗衰退。

参考文献

[1] Mohamed O Abdalla，Adriane Ludwick，Temisha Mitchell. Boron-modified phenolic resins for high performance applications. Polymer，2003，44：7353-7359.

[2] Aparecida M Kawamoto，Luiz Claudio Pardini，Milton Faria Diniz，Vera Lucia Lourenco，Marta Ferreira K Takahashi. Synthesis of a boron modified phenolic resin. J. Aerosp. Technol. Manag，Sao Jose dos Campos，2010，2 (2)：169-182.

[3] Martin C，Ronda J C，Cadiz V. Boron-containing novolac resins as flame retardant materials. Polymer Degradation and Stability，2006，91：747-754.

[4] Duan-Chih Wang，Geng-Wen Chang，Yun Chen. Preparation and thermal stability of boron-containing phenolic resin/clay nanocomposites. Polymer Degradation and Stability，2008，93：125-133.

[5] Hong U S，Jung S L，Cho K H，Cho M H，Kim S J，Jang H. Wear mechanism of multiphase friction materials with different phenolic resin matrices. Wear，2009，266：739-744.